幕府海軍の興亡

幕末期における日本の海軍建設

金澤裕之
Hiroyuki Kanazawa

慶應義塾大学出版会

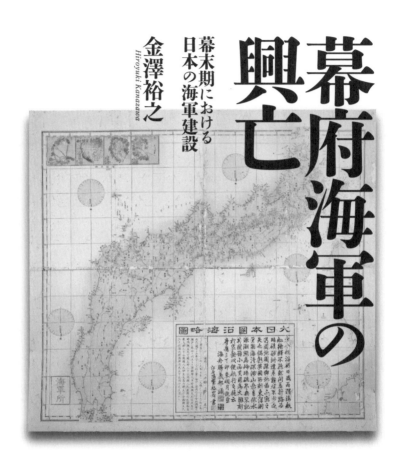

目次

凡　例

一　年代の表記は原則的に「年号（西暦）」で表記し太陰暦で換算、外国の事象や外国史料を引用する場合は西暦のみの表記とし太陽暦で換算した。

二　史料引用に際しては基本的に原文のまま表記し、特殊な合字のみ次のように現代仮名遣いとした。

ヿ→コト

トキ→トキ

𪜈→トモ

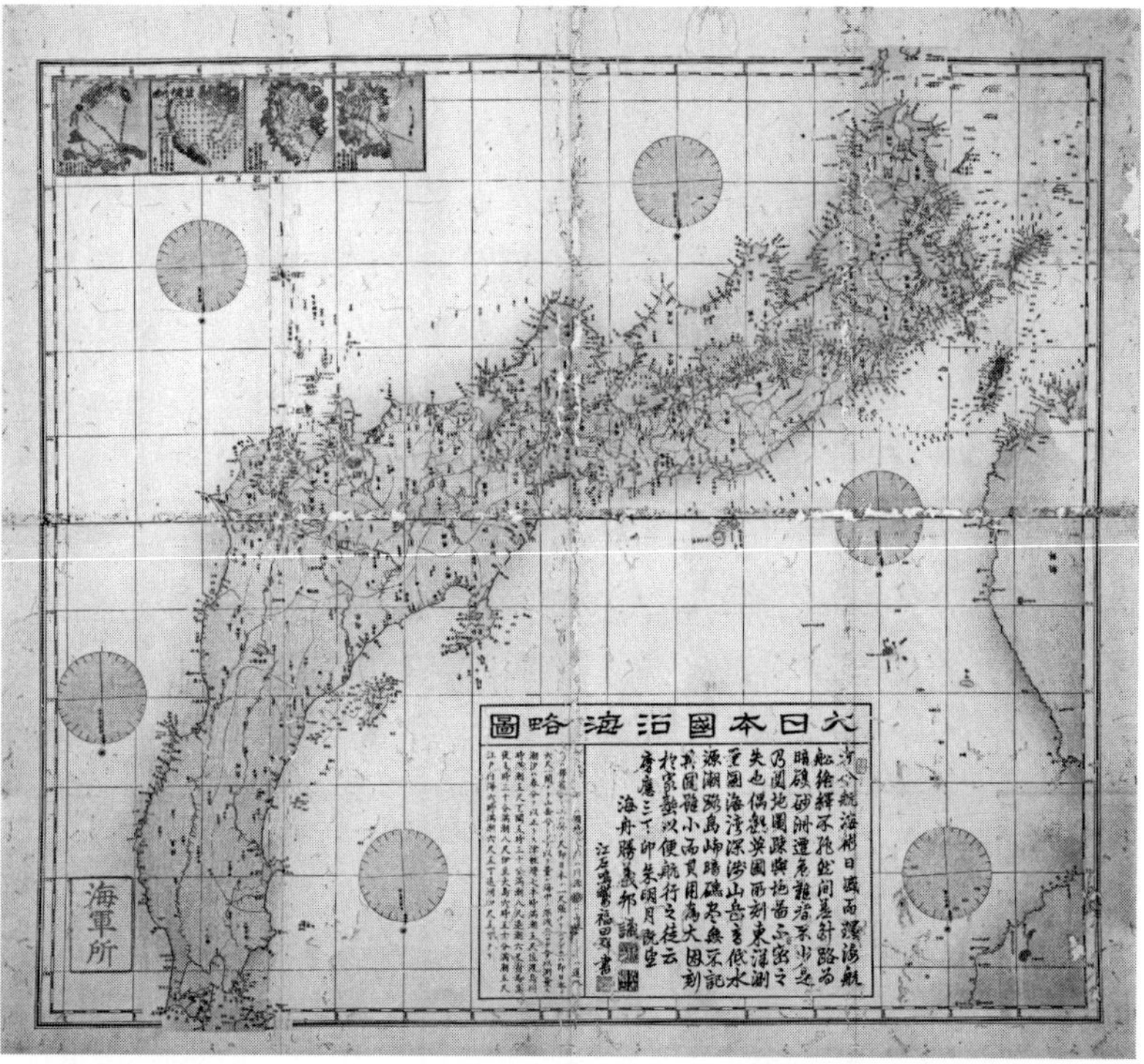

装丁図版　勝海舟識「大日本国沿海略図」（慶応3年）。東京都江戸東京博物館所蔵。
Image：東京都歴史文化財団イメージアーカイブ。

勝海舟の監修による日本近海の海図で、幕府艦長崎丸二番（本書第六章参照）で使用されていたもの。南北が通常の逆となっている珍しい海図である。

本図はイギリスで刊行された海図をもとに作成されたが、イギリス版は文久元年（1861）にイギリス海軍が日本から持ち帰った「大日本沿海輿地全図」（伊能図）を原図としており、本図は伊能図の逆輸入版と位置づけることができる。

序　章　近世日本の海軍力に関する諸問題

はじめに

本書は幕末期における日本の海軍建設過程、特に江戸幕府によって創設された海軍、いわゆる幕府海軍[1]の実態の解明を目的とする。「幕府海軍は日本における近代海軍の端緒と言えるのか、言えるとするならば、幕府海軍は日本の近代海軍建設において如何なる役割を果たしたのか」これが本書全体を貫く問いとなる。では、なぜ幕府海軍が考察対象となるのか。幕末期、海軍建設の試みは幕府・諸藩で広く行われ、諸藩海軍に関する史料も研究も豊富である[2]。その中で幕府海軍を取り上げるのは、単に幕府の海軍力が諸藩海軍を懸絶していたからだけではない。

第一の理由は、幕府海軍のみが一元的日本国家を代表する海軍として活動していた点である。文久の改革で策定された海軍建設計画では、幕府が諸藩の海軍力を一元的に掌握することを前提に、自らを全国の沿岸防備に責任を負う存在と規定している。こうした意識は純軍事的な面だけでない。文久元年以降行われた天領に限定されない全国の沿海測量[3]は、日本の統治機構の海軍という性格を浮き彫りにするものである。

第二の理由は、幕府海軍が近世的軍隊から近代海軍への転換を志向した点である。近世的軍隊は知行に応じて定められた軍役により編成され、騎乗の士が自らの知行収入から調達した、自律的戦力の集合体である[4]。幕府の軍事動員時に大名や旗本が負う役割は、個人ではなく家格・知行に付与されるものであり、幕府海軍もその例外ではなかった。しかし、軍艦運用実務を通じて、幕府海軍は個人単位の役職任用をはじめとする近代軍隊の原則なくして、海軍の運用は不可能であることを認識し、自らの近代海軍化を志向してゆく。これは軍事力の近代化という問題に留まらない、近世から近代への移行という日本近代史上の現象でもある。

第三の理由は、幕府海軍の士官が維新後多数帝国海軍に出仕し、その黎明期を支えている点である。旧幕臣の明治政府への出仕は、近代国家建設の過程で多くの分野に共通するものであり[5]、近世から近代への連続性を検討する上で重要な要素となる。「薩摩の海軍[6]」という帝国海軍イメージは実態に即したものなのか再検討する必要があろう。

第四の理由は、それにもかかわらず、日本の近代海軍建設といえば明治以降が対象にされがちであり[7]、幕末期の海軍建設に関する諸問題が等閑視されてきたという、研究史上の問題点である。特に近世と近代の断絶性を重視する論者にはこの傾向が強い。

以上の点を踏まえ、本書ではペリー来航を契機に海軍建設論が頻出するようになった嘉永六年(一八五三)から、幕府海軍が解体される慶応四年(一八六八)までの間を検討対象とする。

1　海軍と水軍

「海軍(navy)」という語の示す意味は、「軍艦、潜水艦、特務艦、艦載機など、海に由来する軍事力及びこれらに関連する陸上基地」であり、人類と海との関係を最も包括的に表す概念「海事(maritime)」の軍事面を構成している。[8] 海軍の明確な起源を挙げることは困難であるが、陸上で行われていた原始的な戦争に、地形上の困難克服や敵の意図しない場所への兵力集中といった要素が加わることで、舟艇による渡河・渡海が行われるようになる。その阻止のため敵が対抗措置をとるようになるに及び、戦闘空間が陸上から水上や海上に拡大、原始的な海軍が成立したと考えられている。[9]

また、近代海軍を論ずるにあたり、本書における「近代」について定義しておく必要があろう。時代区分としての近代は多様性に富んだ概念である。市民社会の成立、資本主義形成をその起点とする西洋諸国と、欧米を中心とする近代社会システム、世界資本主義へ組み込まれた時期を起点とする非西洋諸国では、近代の指す範囲が当然異なる。[10] 本書と密接に関わる軍事史研究においては、国民国家の成立とともに国民軍が創設されたナポレオン戦争時代（一八〇三〜一八一五）を近代の開始とする見解が一般的である。[11] しかし、これも視点によりアジャンクールの戦い（Battle of Agincourt, イングランドの長弓隊が数に勝るフランスの重装騎兵に圧勝した戦闘）の生起した一四一五年、イギリスのジョン・チャーチル（John Churchill, 1st Duke of Marlborough, 一六五〇〜一七二二。スペイン継承戦争で活躍）やプロイセンのフリードリヒ大王（Friedrich II, 一七一二〜一七八六、在位一七四〇〜一七八六。オーストリア継承戦争、七年戦争で活躍）が優れた軍事能力を発揮した十八世紀、フランス革命の生起した一七八九年、アメリカ南北戦争が生起した一八六一年と、いくつもの起点が提示されている。[12] 地域や分野の特性を無視して画一的な近代定義を行うことは、必ずしも意味のある議論に繋がらないだろう。この点を踏まえ、本書における近代の起点は、近世軍役体制が根本的に見直される契機となった「西洋の衝撃（Western Impact）」の中でも、最大のインパクトとなった嘉永六年のペリー来航に置くこととする。

近代海軍の構成要素として、イギリスの海軍史家マイケル・ルイス（Michael Lewis, 一八九〇〜一九七〇）は 'permanent', 'national', 'maritime', 'fighting', 'force' の五要素を挙げており、[13] これらを包括的に表現すると、「国家の所有に属した恒久的な組織で、国家の支出により維持される、海上を活動の舞台とする軍事力」となる。[14] 本書でも近代海軍の定義は基本的にこれに拠ることとする。近代海軍の成立時期は各国で異なるが、イギリスでは概ね十七世紀半ばまでに、国家の予算により維持される国家所有の海軍が成立したとされ、[15] 一六七二年に初の海軍ドクトリン *Fighting Instructions* が刊行されたことと併せて、[16] 近代海軍の誕生をこの時期に置いている。

近代海軍が誕生するまで日本の海上軍事力を担ったのは水軍である。水軍もまた広義の海軍に含まれる軍事力であるが、日本では特に中・近世の大名権力が海上で武力を行使するため組織した軍事力を指す。その起源は中国や朝鮮へ貿易船を派遣した守護大名が、貿易船の警固に領内の海賊衆を雇った室町時代まで遡る。[17] 守護大名同士の海戦に海賊衆が参加した戦功として、土地や海上関での関銭徴収のような海上諸権益を安堵されるに及び、海賊衆は次第に大名権力に組み込まれ水軍に変質していく。戦国時代初期における戦国大名と海賊衆の関係は被官ないし同盟関係であり、主従関係の流動性は時として戦国大名の軍事行動に支障をきたした。[18] このため、戦国大名は海賊衆の地縁・血縁的紐帯を排し、自らの権力に直結した組織の育成に取り組むが、[19] その形態は大名権力の浸透度合いにより直属家臣を水軍の頂点に据えたもの、海賊衆をそのまま頂点に迎えたものなど多様であった。織豊期の水軍として織田氏及び豊臣氏の天下統一過程で服属した伊勢九鬼氏、伊予来島氏など中世海賊衆の系譜を持つ氏族、脇坂氏、加藤氏、藤堂氏など沿岸部を領有する豊臣直臣の水軍が挙げられる。江戸時代に入ると幕府・諸藩に置かれた水軍は船手と称され、参勤交代、上洛、異国警固、藩の海上交通、船舶に関わる業務を担当するようになる。

中でも幕府の船手は徳川氏の戦国大名時代に向井氏、小浜氏など海賊衆、沿岸地域の国人が、隷属する同心・水夫、船舶を率いて「船手頭」を務めるという形でその原型が成立する。徳川氏の関東入国時には小浜氏が三浦半島の三崎に配され、大坂の陣の後に小浜氏が伊勢に転封されると、向井氏が上総国望陀郡と三崎を知行して江戸内海防衛にあたるようになった。[20] すなわち、海上軍事に関する独自の経験、技術を有する特定の氏族が、私兵である海賊衆の指揮権を徳川氏から追認される形で幕府の海軍力を担ったのである。[21]これは国家の所有によらない海軍という点で同時代におけるイギリス海軍と異ならない。それが寛永期に入ると、船手頭に水軍の系譜を引かない旗本が任用されるようになり、事実上の家職として船手頭を務めてきた水軍系氏族に付属する同心・水夫、船舶が、幕府を通じて船手頭に「御預」されると同時に、江戸船手、大坂船手に加え山田奉行が伊勢湾の海上軍事を担うなど、全国的な海上軍事力の展開と組織の幕府化が進む。これは徳川氏が海賊衆などに海上軍事を委託する体制から転換し、海上直轄軍団を組織的に確立したことを示し、[22]国家所有による恒久的な海軍組織はこの時期に成立したと言える。

しかし、幕府船手が参加した実戦は大坂の陣（一六一四〜一六一五）が最後であり、武家諸法度寛永十二年令（一六三五）で五百石以上の大船建造が禁止されて以降、航洋能力を持たない船手の活動範囲は河川・沿岸部に留まった。外国船来航に伴い軍事力が動員された際も、船手の任務は警戒、通信に限定されている。近世後期の段階では、船手は実効的な戦闘力を持たない組織となっており、海軍力というよりも水上警察として捉えるべきであろう。[23]沿岸防備を担うべき船手にルイスの定義する‘fighting’の機能が欠落している以上、「西洋の衝撃」に直面した幕府が新たな海上軍事力創設に着手したのは当然の帰結だった。

では、幕府が最新兵器を搭載し航洋能力を有する蒸気船を購入し、船手がこれを運用すれば近代海軍となるのだろうか。答えは否である。それは近代兵器を装備した水軍に過ぎず、従来の組織、人員、軍事概念のまま装備を近代化したところで、これを十分に活用することは不可能であった。日本に近代海軍を建設するためには次の三要素が必要であった。

一つ目は人事制度である。幕府軍は家ごとの自律的戦力の集合体であり、軍事職（＝番方）への幕臣の任用も原則的に家禄、家格に基づいて行われた。これが近世的軍隊と近代軍隊を分かつ一番の要素となる。一方、海軍に限らず近代軍隊を成立させる要素の一つは「官僚制（bureaucracy）」である。官僚制は大規模な組織を合理的かつ効率的に管理・運営するシステムであり、規則に従い行われる職務、没主観的な職責、官職階層制に基づく監督・統制秩序、行政の文書主義、私有財産からの官庁財産の分離、規定された教育課程や専門試験を経た専任職員の任用、身分的平準化などを特徴とする。(24) 近代海軍でも官僚制は当然その構成要件の一つとなる。近代軍隊の一員たる士官の権能の大小は階級によって規定され、階級は個人に備わる。(25) そして、階級は経験、年功、教育及び能力によって決定される。つまり、近世的軍隊たる幕府船手と近代海軍を分かつ一つ目の要素は、編成の前提が家単位であるか、個人単位であるかとなる。

二つ目は軍艦運用能力である。従来の軍事概念のままで近代装備を運用することは不可能だった。例えば蒸気軍艦の運用には個人の能力・経験に応じた役職への任用、指揮官から末端に至るまでの一元的な指揮系統、構成員の没個性化による規律などの存在が必須であったが、これらはいずれも近世期までの日本の軍事概念にはなかったものである。

三つ目はフリート・アクション（fleet action）である。その運用に従来と異なる軍事概念を必要としたのは蒸気船一隻だけの話ではなく、数隻単位の運用も同様だった。フリート・アクションとは、戦隊以上の部隊の交戦を伴う海上における戦闘行動を指すが、(26) 一般的に敵主力を撃滅、無力化、あるいは捕獲し、それにより海上における戦いの主目的を達成するものとされている。(27) ただし、軍艦を同一の海域で複数同時に運用すればフリート・アクションになるわけではなく、複数の軍艦が単一の戦術単位として有機的に運用されることが必要である。例えば明治二七年（一八九四）に日本海軍と清国海軍が戦った黄海海戦において、清国は日本に勝る戦力で対峙したが、清国海軍は艦隊ではなく、「軍艦の集団」でしかなかったとされている。(28) フリート・アクション概念の獲得は、単に船数を増やすだけで解決できる問題ではなかったのである。

また、二と三に影響する要素として、補給、造修といった後方の問題がある。[29]特に石炭は蒸気軍艦の運航に欠かせないものであった。鉄道、船舶の順序で蒸気機関が実用化されていった欧米と異なり、日本は鉄道整備の段階を飛び越して、先に蒸気船の導入と貯炭施設の整備を同時並行で行わざるを得ず、石炭の確保は大きな課題となった。

2　研究史における問題点

ここで研究史上の問題点について検討する。日本の近代海軍建設過程を巡る言説は明治期以降に関するものがほとんどであるが、僅かに見られる明治以前への言及は、概ね二つの流れに分けられる。一つ目は幕府政治史、制度史研究、[30]二つ目は航海学や技術史の観点から、運用術や造船技術の発展を分析したものである。[31]また、海防史研究の系譜も重要である。関東沿岸部の警備体制、[32]諸藩の海防体制、[33]幕末期における江戸内海防衛構想、[34]幕府の海防政策、[35]海岸砲台＝「台場」[36]などが挙げられる。

文久期は従来から軍制改革期として注目され、保谷（熊澤）徹氏の幕府陸軍に関する研究を中心に議論が積み上げられてきたほか、[37]海軍関係では職制、艦船の導入状況が明らかにされてきた。[38]一九八〇年代以降に入ると、文久の改革の政治過程を分析する中で幕府の海軍建設計画に言及した三谷博氏、[39]三谷氏の「幕府海軍＝輸送部隊」観を継承した高輪真澄、デイヴィッド・エヴァンス（David C Evans）、マーク・ピーティー（Mark R. Peattie）の各氏、[40]軍事力としての幕府海軍を積極的に評価した朴栄濬《パクヨンジュン》氏の研究が現れるが、[41]いずれの研究も政治的視点からの分析であり、艦船運用をはじめとする組織の活動実態は未解明の部分が多い。

また、従来の先行研究は近世史からのアプローチが中心であり、近代海軍の枠組みで幕府海軍を位置づけ、幕府海軍と帝国海軍の連続性あるいは非連続性の問題に言及されることはほとんどなかった。特に、制度、行政、運用のいずれにおいても、軍事的視点からの検討がほとんど行われてこなかったことは、軍事組織の研究として大きな欠落と言わざるを得ない。一九八〇年代から九〇年代にかけて長崎海軍伝習や咸臨丸の研究を中心に成果を挙げた藤井哲博氏は、他国では一流の海軍を育成するのに百年を要したところ、日本がこれをより短期間で達成し得た背景として、実験期としての幕府海軍十年間の持つ重要性について問題提起した。[42] しかし、こうした視点の研究の蓄積は今なお不十分である。最新の海軍百科事典である *Naval Warfare: An International Encyclopedia* では、幕府海軍の成立について次のように述べている。

（ペリー来航後）日本は経済的譲歩と政治的綱渡りを強いられる一方、独立維持のため近代兵器・艦船獲得を目指した。（中略）オランダは将軍に三等蒸気船スムービング号（砲六門）を贈呈し、日本はオランダで建造された木造船咸臨丸（ヤッパン号）、朝陽丸（エド号）を購入。この三隻は一八五七年と一八五八年に就役し、帝国海軍の基礎となった[43]

ここで幕府海軍の意義として挙げられているのは三隻の蒸気軍艦の存在だけである。近代海軍建設で問題となるのが、洋式艦船の導入過程だけでないことは言うまでもないが、「国家の発展と力の象徴であり、日本人に誇りをもたらし、世界に対して日本の『近代における台頭』を明示した」[44]といった視点で帝国海軍を評価するような形での幕府海軍研究が必要となってくるのである。

3　本書の構成と各章の課題

ここで本書の構成について述べる。本書は序章から終章まで全九章で構成される。

一・二章では伊勢の豪商竹川竹斎（一八〇九〜一八八二）の「護国論」、「護国後論」をはじめとする一連の著作、幕臣勝麟太郎（海舟。一八二三〜一八九九）の「嘉永六年海防建白書」などから、日本の海上軍事力建設を巡る言説が、海岸砲台主体の静的な「海防」から動的な「海軍」へ転換していく過程を検討する。彼らの海軍論は、海外交易利潤による近代海軍の整備、洋式軍艦による海外交易の実施という循環的な海軍建設を目指すもので、その識見に注目した幕閣、海防実務担当者を通じて海軍建設の方向性に影響を与えた。彼らの「平時の商船隊、戦時の艦隊」という理念は、同時代の海防論者の中でも特異なものであり、研究史上においても「注目すべき発想」と位置づけられてきた(45)。例えば、松浦玲氏は勝の海軍構想をオーソドックスな海軍論から外れた独自の発想と位置付け、その特異性を強調している(46)。しかし、この「海軍と海運の一致」ともいうべき発想は、近世期を通じてしばしば見られるものであり、ここに近代海軍黎明期における近世との連続性が指摘できる。また、これを世界史的観点で捉えれば、海軍と海運の一致は軍艦と商船が未分化であった十六世紀までの西洋海軍にも同様の発想が見られる(47)。この二つの章では、竹川、勝の言説を通じて当時の日本人が近代海軍という未知なる軍事力を如何にして認識し、獲得しようとしていったかを検討する。

三〜五章では万延元（一八六〇）年、日米修好通商条約批准に際して幕府軍艦咸臨丸が米国に派遣され、文久の改革における整備・拡充期を経て、幕府海軍が近代海軍化を志向しながらも挫折していく過程を検討する。従来、咸臨丸米国派遣への評価は、軍艦奉行として乗艦した木村喜毅（一八三〇〜一九〇一）の使節「補欠」としての意義(48)、海外事物の見聞、日米文物交流としての意義など(49)、遣米使節の付帯的存在に留まってきた(50)。海軍創設後初の外洋航海となる咸臨丸の米国派遣は、まさに三年間に及ぶ長崎海軍伝習の試金石となった。幕府海軍は外洋体験と米国海軍の見聞を通じて近代海軍イメージを獲得する一方、その組織的な欠陥、術科能力の不均衡という問題も明らかとなったのである。

咸臨丸航海後に行われた文久の改革は軍制改革が焦点となる。この時に初の恒久的な海軍組織として軍艦組が創設され、従来士官のほとんどが出役で構成されていた幕府海軍は、名実共に幕府の正規軍事組織となる。この時に幕府海軍は、知行に応じた軍役に基づく諸藩の海軍力分担を否定して中央集権的軍事組織を志向した他、家を単位とせず個人の能力に応じた士官の登用を求めるなど、近世軍制の枠組みを越えて近代海軍を志向した。一連の改革の結果として、船手が廃止され軍艦組に吸収されるなど、文久～元治期は水軍から海軍への転換期、幕府海軍の拡充期であったと言える。しかし、文久の改革で建議された海軍建設計画は、その多くが実現に至らなかった。この時期、実際の施策として現れるのは従来からの海岸防御充実策が中心であり、海軍は台場を補完する存在に留められた。勝や小野友五郎（一八一七～一八九八）ら海軍士官の建議も海軍建設の根拠に台場の補助戦力としての意義を挙げている。幕府海軍にとって文久の改革は拡充期であると同時に、近代海軍化への道のりの険しさを実感した時期だったのである。

また、一八六〇年代、特に文久から慶応期における幕府海軍の飛躍的な数的拡大の実態は、外国製中古商船の大量購入である。この意味するところは、蒸気軍艦導入への志向と財政等の現実的理由の妥協の産物であったのか、それとも軍艦と商船を一体化させた発想に基づく結果だったのか、これは幕府海軍の抱いた海軍イメージを明らかにする上で重要な要素となる。

六・七章では、慶応の改革における組織の近代化、幕府瓦解による艦船、人員、施設の新政府への移管、榎本武揚（一八三六～一九〇八）による艦隊脱走を経て、幕府海軍が解体していく過程を検討する。戊辰戦争を海軍ないし海戦の観点から見ると、幕府海軍と新政府に与した諸藩海軍との戦いと捉えることができるが、海軍力が戦争の帰趨を決する局面はなかった(51)。これが一般的に「幕末の海軍は輸送部隊だった」とされる根拠にもなっている。しかし、この見方は中古商船の大量購入のような状況証拠のみで論じられてきたきらいがあり、第二次幕長戦争及び鳥羽・伏見の戦いにおける幕府海軍の動向と、幕府首脳部の海軍力への認識を改めて検討する必要がある。幕藩制国家の社会体制は、ヨーロッパ社会における近代国家の仕組みとは異なったものであり、近世的軍隊の枠組みの中で近代海軍建設を志向した幕府海軍の苦悩は、海軍史研究に留まらず日本の近代化を検討する上での有効な手がかりになるだろう。また、それと同時に、清国など「西洋の衝撃」によって近代海軍創設に乗り出した海軍後発国の問題にも関係してくる。(52) 折しも近年、幕末史研究における世界史的視野の欠如について問題提起されているところであり、(53) こうした視点は日本史研究において今後ますます重要となってくる。

4　史　料

江戸幕府関係史料は幕府瓦解、関東大震災、戦災で多くが失われているため、史料の利用には大きな制約がある。幕府の動向を知るためには、江戸幕府や幕府儒者によって編まれた『徳川実紀』、『続徳川実紀』などの編纂史料の他には『大日本古文書　幕末外国関係文書』、『維新史料稿本』(東京大学史料編纂所蔵)など、明治維新後に収集、編纂された史料が従来分析の中心だった。また、明治に入って勝海舟、木村喜毅らが中心となって編纂した『陸軍歴史』、『海軍歴史』は、今まで様々な問題点を指摘されてきたが、(54) 今なお幕府海軍に関する基本史料であり、先行研究の多くがこの記述に基づいて行われてきた。逆に言えば、利用史料がこうした刊行史料に留まってきたことが研究史上の問題点でもある。

これら刊行史料とは別に、本書における根本史料として活用を試みるのが、内閣文庫多聞櫓文書(国立公文書館蔵)に収められている幕府海軍関係史料群である。本史料は幕府海軍に関する根本史料であるにもかかわらず、最近になってようやく海軍研究への活用が本格的になってきた史料群である。[55] 本史料には幕府海軍の行政組織としての活動が記されており、先行研究が触れてこなかった幕府海軍の運用実態を明らかにする事が可能となる。日記、書簡、未公刊の著作といった私文書の担う役割も小さくない。主なものを挙げれば、東京都江戸東京博物館、国立国会図書館憲政資料室がそれぞれ所蔵する「海舟日記」をはじめとした「勝海舟関係文書」、広島県立文書館が所蔵する「小野友五郎家文書」、慶應義塾図書館が所蔵する木村喜毅の関係史料である。その他、全国各地に所在する個人史料により、失われた幕府公文書を補完し、幕府海軍像の再現を試みるものである。

なお、本書は防衛省及び防衛研究所の見解を代表するものではなく、著者個人の見解である。

註

（1）安政四年（一八五七）に創設された軍艦操練所は海軍の教育機関であるのみならず、行政・艦船運用の全てを司る幕府唯一の海軍機関であり、幕府職制の慣例どおり幕府海軍は軍艦方、慶応二年（一八六六）七月に軍艦操練所が海軍所と改称されて以降は海軍方と称された。本書では幕府組織の側面から検討する場合は軍艦方ないし海軍方、近代海軍概念や外国海軍と対比させる場合は研究上の用語である幕府海軍の呼称を用いる。

（2）公爵島津家編輯所編『薩藩海軍史』（薩藩海軍史刊行会、一九二八～一九二九年。一九六八年、原書房より復刻）、秀島成忠編『佐賀藩海軍史』（知新会、一九一七年。一九七二年、原書房より復刻）、川口雅昭「三田尻海軍学校の教育」（『広島大学教育学部紀要　第一部』二十七号、一九七九年三月）、倉沢剛『幕末教育史の研究三』（吉川弘文館、一九八六年）、小川亜弥子『幕末期長州藩洋学史の研究』（思文閣出版、一九九八年）、熊谷光久「毛利家海軍士官の養成」（『軍事史学』百三十七号、一九九九年六月）、田畑勉「加賀藩の洋式軍艦〝発機丸〟について」（『金沢星稜大学論集』四十巻三号、二〇〇七年三月）など。

（3）横山伊徳「一九世紀日本近海測量について」（黒田日出男ほか編『地図と絵図の政治文化史』東京大学出版会、二〇〇一年）。

（4）高木昭作『日本近世国家史の研究』（岩波書店、一九九〇年）五頁。近世軍制については他に根岸茂夫「『雑兵物語』に見る近世の軍制と武家奉公人」（『國學院雜誌』九十四巻十号、一九九三年十月）、谷口眞子「近世軍隊の内部組織と軍法」（『民衆史研究』

四十七号、一九九四年五月）、高木昭作「近世の軍勢」（『日本史研究』三百八十八号、一九九四年十二月）を参照。

（5） 明治初期の旧幕臣登用については、菊池久「維新の変革と幕臣の系譜：改革派勢力を中心に（1）～（7）」（『北大法学論集』二十九巻三・四号～三十三巻五号、一九七九年三月～一九八三年三月）、樋口雄彦『旧幕臣の明治維新』（吉川弘文館、二〇〇五年）、同『沼津兵学校の研究』（吉川弘文館、二〇〇七年）、門松秀樹『開拓使と幕臣』（慶應義塾大学出版会、二〇〇九年）、同「明治草創期における幕臣と明治政府との関係に関する一考察」（『法学政治学論究（法学・政治学・社会）』〈慶應義塾大学〉、四十六号、二〇〇〇年九月）を参照。

（6） 海軍歴史保存会編『日本海軍史』（第一法規出版、一九九五年）一巻、二五五頁。

（7） 日本海軍史の範疇で幕府海軍に言及しているのは海軍有終会編『近世帝国海軍史要』（海軍有終会、一九三八年。一九七四年、原書房より復刻）、池田清『日本の海軍』（至誠堂、一九六六～一九六七年）、外山三郎『日本海軍史』（教育社歴史新書、一九八〇年）、篠原宏『海軍創設史』（リブロポート、一九八六年）、前掲『日本海軍史』一巻、野村実『日本海軍の歴史』（吉川弘文館、二〇〇二年）などが挙げられるが、その内容はいずれも通史における概説的な記述、あるいは一般的な通説に留まっている。

（8） David Jordan, James D. Kiras, David J. Lonsdale, Ian Speller, Christopher Tuck, and C. Dale Walton, *Understanding Modern Warfare* (Cambridge：Cambridge University Press, 2008), p. 125. なお、海事とは商船、漁船など、海洋の非軍事的利用に加え、海軍及びその活動の全てを包含する人類と海洋との関係を表す上での最も広範囲な概念であり、国家や組織体の海洋利用能力に直接影響するあらゆる利点、特性に関係し、陸上基地の航空機、海岸砲台及びミサイル、通信衛星、監視衛星のような宇宙基地システム、効果的な海上保険機能など、必ずしも海軍に由来しない要素も含むとされている。

（9） 長尾雄一郎・石津朋之・立川京一「戦闘空間の外延的拡大と軍事力の変遷」（石津朋之編『戦争の本質と軍事力の諸相』彩流社、二〇〇四年）。

（10） 時代区分上の近代の問題については樺山紘一ほか編『歴史学事典』（弘文堂、一九九八年）六巻、二四〇～二四四、三四九～三五〇、四六八～四六九頁を参照。

（11） 長尾ほか「戦闘空間の外延的拡大と軍事力の変遷」。

（12） Jordan et al. *Understanding Modern Warfare*, p. 5.

（13） Michael Lewis, *The Navy of Britain* (London：G. Allen and Unwin, 1948), pp. 25–27.

（14） 青木栄一『シー・パワーの世界史①』（出版協同社、一九八二年）二六頁。

（15）同上　三二頁。

（16）Ministry of Defence, *Joint Doctrine Publication 0–10 British Maritime Doctrine*, August 2011, https : //www.gov.uk/government/uploads/system/uploads/attachment_data/file/33699/20110816JDP0_10_BMD.pdf Accessed October 1, 2013.

（17）日本の水軍については、田中健夫『中世海外交渉史の研究』（東京大学出版会、一九五九年）、同『中世対外関係史』（東京大学出版会、一九七五年）、宇田川武久『瀬戸内水軍』（教育社歴史新書、一九八一年）、宇田川武久『日本の海賊』（誠文堂新光社、一九八三年）、佐藤和夫『海と水軍の日本史』（原書房、一九九五年）、山内譲『海賊と海城』（平凡社選書、一九九七年）、同『豊臣水軍興亡史』（吉川弘文館、二〇一六年）などを参照。

（18）例えば厳島の戦いにおける来島水軍の参戦問題。前掲宇田川『日本の海賊』八八～九四頁。

（19）同上　一八三頁。

（20）横須賀市編『新横須賀市史　通史編近世』（二〇一一年）五七頁。

（21）小川雄「徳川氏の海上軍事と幡豆小笠原氏」（『織豊期研究』九号、二〇〇七年十月。同『徳川権力と海上軍事』岩田書院、二〇一六年に再録）。

（22）小川雄「船手頭石川政次に関する考察」（『海事史研究』六十五号、二〇〇八年十二月。同『徳川権力と海上軍事』に再録）。

（23）平時における船手の実動実績は、水害時の救助活動などが中心であった。田原昇「寛保水害以後の幕府水防体制と「鯨船」」『東京都江戸東京博物館研究報告』十六号、二〇一〇年三月）。

（24）マックス・ウェーバー『権力と支配』濱島朗訳（有斐閣、一九六七年）七～一八頁及び一二五～一八六頁。

（25）サミュエル・ハンチントン『軍人と国家　上』市川良一訳（原書房、一九七八年）一九頁。

（26）戦隊（squadron）の定義は時代によって異なる。帆船時代は将官（flag officer）が指揮する最小単位の部隊であったが、蒸気海軍以降では一般的に巡洋艦ないしそれより大型の艦艇を含んだ八隻の軍艦で構成される。Spencer C. Tucker, John C. Fredriksen, and James C. Bradford, *Naval Warfare : An International Encyclopedia*（Santa Barbara, Ca. : ABC-CLIO, 2002）, ‘squadron’ の項。

（27）Milan N. Vego, *Naval Strategy and Operations in Narrow Seas*（London : Routledge, 2003）.

（28）H. P. Willmott, *The Last Century of Sea Power-Volume 1 : From Port Arthur to Chanak, 1894–1922*（Bloomington, In. : Indiana University Press, 2009）, p. 22.

（29）一般的には「後方支援」という用語の方が馴染み深いが、「後方」という単語自体が補給、造修、給養、施設といった非戦闘面の軍事機能を包括的に表す軍事用語である。

(30) 奥山英男「幕末の軍事改革について」(『法政史学』十九号、一九六七年一月)、倉沢剛『幕末教育史の研究一～三』(吉川弘文館、一九八三～八六年)、高輪真澄「木村喜毅と文久軍制改革」(『史学』五十七巻四号、一九八八年三月)、安達裕之「海軍興起」(『海事史研究』六十三号、二〇〇六年十一月)、同「猶ほ土蔵附売家の栄誉を残す可し」(『海事史研究』六十四号、二〇〇七年十二月)、松本英治「文化期における幕府の洋式軍艦導入計画」(『日本歴史』七百二十九号、二〇〇九年二月)、水上たかね「幕府海軍における「業前」と身分」(『史学雑誌』百二十二編十一号、二〇一三年十一月)など。

(31) 飯田嘉郎「咸臨丸の航海技術」(『海事史研究』十七号、一九七一年十月)、同「戦力として見た航海術の回顧」(『軍事史学』三十九号、一九七四年十二月)、田中弘之「咸臨丸の小笠原諸島への航海」(『海事史研究』二十五号、一九七五年十月)、安達裕之『異様の船』(平凡社選書、一九九五年)、橋本進『咸臨丸還る』(中央公論新社、二〇〇一年)、元綱数道「幕府軍艦「開陽丸」の概要」(『海事史研究』六十号、二〇〇三年九月)など。

(32) 丹治健蔵「嘉永期における江戸湾防備問題と異国船対策」(『海事史研究』二十号、一九七三年四月)、淺井良亮「嘉永六年の江戸湾巡見」(『佛教大学大学院紀要　文学研究科篇』三十九号、二〇一一年三月)、神谷大介『幕末期軍事技術の基盤形成』(岩田書院、二〇一三年)など。

(33) 針谷武志「近世後期の諸藩海防報告書と海防掛老中」(『学習院史学』二十八号、一九九〇年三月)、上白石実「寛政期対馬藩の海防体制」(『白山史学』四十号、二〇〇四年四月)など。

(34) 藤井甚太郎「江戸湾の海防史」(日本地理学会編『武相郷土史論』有峰書店、一九七二年)、佐藤正夫『品川台場史考』(理工学社、一九九七年)、冨川武史「文久期の江戸湾防備」(『文化財学雑誌』〈鶴見大学〉一号、二〇〇五年三月)、同「小野友五郎の江戸湾海防構想とその形成過程」(『海事史研究』六十二号、二〇〇五年十二月)、淺川道夫『江戸湾海防史』(錦正社、二〇一〇年)など。

(35) 上白石実「弘化・嘉永年間の対外問題と阿部正弘政権」(『地方史研究』二百三十一号、一九九一年六月)、同『幕末の海防戦略』(吉川弘文館、二〇一一年)、同『幕末期対外関係の研究』(吉川弘文館、二〇一一年)、藤田覚「異国船打払令と海外情勢認識」(藤田覚編『近世法の再検討』山川出版社、二〇〇五年)。

(36) 淺川道夫「江戸湾内海の防衛と品川台場」(『軍事史学』百五十三号、二〇〇三年六月)、同「品川台場にみる西洋築城技術の影響」(『土木史研究　講演集』Vol. 27、土木学会、二〇〇七年七月)、同『お台場』(錦正社、二〇〇九年)など。

(37) 熊澤徹「幕末の軍制改革と兵賦徴発」(『歴史評論』四百九十九号、一九九一年十一月)、同「幕末維新期の軍事と徴兵」(『歴史学研究』六百五十一号、一九九三年十月)、同「幕府軍制改革の展開と挫折」(坂野潤治他編『講座日本近現代史1』岩波書店、一九九三年。家近良樹編『幕末維新論集3　幕政改革』吉川弘文館、二〇〇一年に再録)など。

(38) 多田実「幕末の船舶購入」(『海事史研究』一号、一九六三年十二月)、高橋茂夫「徳川家海軍の職制」(『海事史研究』三・四号、一九六五年四月)。

(39) 三谷博「文久軍制改革の政治過程」(近代日本研究会編『年報・近代日本研究』三号、一九八一年。三谷博『明治維新とナショナリズム』(山川出版社、一九九七年)に修正の上再録)。

(40) 高輪「木村喜毅と文久軍制改革」、David C. Evans and Mark R. Peattie, *Kaigun: Strategy, Tactics, and Technology in the Imperial Japanese Navy, 1887–1941* (Annapolis, Md.: Naval Institute Press, 1997), 'Introduction' 及び1章。

(41) 朴栄濬「幕末期の海軍建設再考」『軍事史学』百五十号、二〇〇二年九月)、同「近代日本における海軍建設の政治的起源」(『国際関係論研究』十九号、二〇〇三年三月)、同「海軍の誕生と近代日本」(『SGRAレポート』〈関口グローバル研究会〉十九号、二〇〇三年十二月)。

(42) 藤井哲博「G・ファビウスの建言と幕府海軍の創立」(『日蘭学会会誌』二十五号、一九八八年十月)。なお、幕府海軍に関する藤井氏の業績は『咸臨丸航海長小野友五郎の生涯』(中公新書、一九八五年)、「長崎海軍伝習所と咸臨丸の太平洋航海」(『海事史研究』四十八号、一九九一年六月)、『長崎海軍伝習所』(中公新書、一九九一年)など。

(43) Tucker et al. *Naval Warfare*, 'Japan Navy' の項。

(44) Charles J. Schencking, "The Politics of Pragmatism and Pageantry: Selling a National Navy at the Entitle and Local Level in Japan, 1890–1913." In *Nation and Nationalism in Japan* (Edited by Sandra Wilson. London: Routledge/ Curzon, 2002).

(45) 松浦玲『勝海舟』(中公新書、一九六八年)四一頁、石井孝『勝海舟』(吉川弘文館、一九七四年)五〜六頁。

(46) 松浦玲『勝海舟』(筑摩書房、二〇一〇年)六二〜六三頁。

(47) 青木『シー・パワーの世界史①』三一〜三二頁、六四〜六九頁。

(48) 『日本海軍史』一巻三〇頁。

(49) 會田倉吉「咸臨丸とそのアメリカ渡航について」(日米修好通商条約百年記念行事運営会編『万延元年遣米使節史料集成』四巻、風間書房、一九六一年)。

(50) このような研究状況の中、杉本恭一「「咸臨丸」太平洋横断航海の意義」(『北陸史学』五三号、二〇〇四年十二月)は、社会史的アプローチから幕府軍制の構成員たる咸臨丸乗員が、個人の能力主義、一元的指揮命令系統などで機能する近代軍隊を、蒸気軍艦の中で初めて体験した意義を重視している。ただし、軍事的側面の個々の検討は概略的なものに留まっている。
(51) 戊辰戦争の概要については、保谷徹『戊辰戦争』(吉川弘文館、二〇〇七年)を参照。
(52) 中国における近代海軍建設は一八六六年に福建船政局が設置されたのに始まる。馮青『中国海軍と近代日中関係』(錦正社、二〇一一年)一七頁。
(53) 高木不二「幕末政治史の研究史から」(明治維新史学会編『明治維新史研究の今を問う』、有志舎、二〇一一年)。
(54) 例えば『海軍歴史』中の「船譜」の不備は勝自身も認めており、文倉平次郎『幕末軍艦咸臨丸』(巌松堂、一九三八年。一九六九年、名著刊行会より復刻)、朴「幕末期の海軍建設再考」などが補完を試みている。
(55) 神谷『幕末期軍事技術の基盤形成』及び水上「幕府海軍における「業前」と身分」。

第一章　近世日本人の海軍認識——竹川竹斎「護国論」を中心に——

はじめに

江戸時代後期は外国船来航による対外的緊張が高まった時期であり、寛政四年（一七九二）のロシア使節ラクスマン（Adam Kirillovich Laksman, 一七六六〜?）来航、文化三〜四年（一八〇六〜〇七）のロシア軍艦による樺太・択捉襲撃（文化魯寇）、天保八年（一八三七）のモリソン号事件などは日本の朝野に対外的危機意識を醸成した。

こうした事態に、幕府は天明五年（一七八五）の蝦夷地調査、文化七年（一八一〇）の会津・白河両藩への江戸内海警備任命など、沿岸部の防備体制強化に乗り出す。[1] こうした施策の一方で注目されるのが、知識人層による海防論であり、林子平（一七三八〜一七九三）の「海国兵談」、古賀侗庵（一七八八〜一八四七）の「海防臆測」をはじめ枚挙に暇がない。[2] 海防論者の出身層は蘭学者、儒学者、国学者など多様であった。かつ、幕府の意思決定過程に関与できない在野の知識人ばかりだったわけでもなく、在野と並行して幕府内でも昌平坂学問所の儒者や同所出身の幕府官僚が議論を繰り広げている。[3] つまり、海防論は一部の人々の先鋭的な対外思想ではなく、むしろ江戸後期の知識人に常識的に共有された問題意識であったのである。「台場の銃器は死物、軍艦の砲器は活物」[4] といった、海岸砲台に対する軍艦の優越が認識されるにつれ、海防論の多くは洋式軍艦の導入を意識したものになってゆく。しかし、その多くは机上の空論の域を越えず、軍艦の概念も単に「堅船」といった抽象的な概念に留まるものが多かった。[5]

アメリカの海軍戦略思想家マハン（Alfred Thayer Mahan，一八四〇～一九一四）が「海軍の必要性は平和な海運業を営もうとすることに由来するのであり、海運業がなくなれば海軍もまた消滅する」[6]と指摘するとおり、古今を通じて海運保護は海軍の重要な任務の一つである。例えば、十五世紀におけるポルトガルやカスティーリャ海軍の伸張は、トルコの対アジア香辛料・絹貿易独占体制打破への挑戦と不可分の関係にあり[7]、十九世紀半ばから二十世紀初頭のパクス・ブリタニカにおけるイギリス海軍の重要な任務の一つは、海賊からの海運保護であった[8]。

一方、海防施策・海防論はいずれも沿岸部防備を主眼としたものである。近世後期を通じて幕府が数度にわたり行った洋式帆船建造[9]も海岸防御の延長上にあり、これは近代的な海軍の建設ではなく、従来の水軍強化として捉えるべきである。ではこうした海防論の枠組みを越え、世界的に共通する海軍の機能を踏まえた議論、すなわち海軍論[10]はどのように成立していったのだろうか。

ここで注目されるのが、海防や海軍を海運に関連する問題として考え得る可能性のあった海運業者や、商品を海上輸送する商人達の存在である。伊勢の豪商竹川竹斎の海軍論は、この点において重要な意味を持つ。竹斎の言説は、海軍と海運を一体化させた構想や、経費や財源等の数字の具体性において、同時代人の言説の中でも異彩を放つ存在であった。

本章では竹斎の「護国論」[11]を中心に、世界的にシー・パワー[12]のあり方が大きく変わった十九世紀半ばにおいて、竹斎がどのような海軍論を構想したのかについて検討する。

1　竹川竹斎について

竹川竹斎は文化六年（一八〇九）、伊勢国飯野郡射和《いざわ》村（現在の三重県松阪市射和町）の商人竹川政信（一七六九〜一八三四）の長男として生まれた。父は本居宣長（一七三〇〜一八〇一）の門人、外祖父は『万葉集』の研究で知られる伊勢神宮神官の荒木田久老《ひさおゆ》（一七四六〜一八〇四）という国学に近い家系である。通称彦三郎、諱は政胖《まさやす》、字は子広、緑麿と号した。竹斎は元々父政信の隠居号であり、嘉永七年（一八五四）に自身が隠居した後に亡父の号を襲ったものである。ただし、便宜上本書では隠居前も竹斎で統一する。竹川家は江戸、京、大坂に支店を置き、両替商を中心に呉服、雑穀などを扱い、鳥羽藩（稲垣家、三万石）の金銀御用も務めた商家であった。寛文元年（一六六一）に江戸に進出して両替店を開き、享保十一年（一七二六）には「御為替十人組」に加えられ、幕府為替御用の一員となった(13)。両替商としては慶応三年（一八六七）における為替取引高約二万両と、全国二位の取引高であり(14)、同じく伊勢出身の商人で姻戚関係にもある三井家と並び称せられる存在だった。

竹斎は竹川家の中でも東竹川と呼ばれる分家の当主である。竹川家は本家を東竹川、新宅竹川の両分家が支える体制であり、父政信は幼少の本家当主に代わって寛政三年（一七九一）から二十八年間竹川一族を差配している。竹斎自身は江戸、大坂支店での修行を経て伊勢の本店に入り、文政十二年（一八二九）に家督を相続。以後、家業の傍ら灌漑事業、私設図書館（射和文庫）設立、製茶業、窯業など多岐にわたって事業を起こした。経世家の佐藤信淵（一七六九〜一八五〇）や無名時代の勝麟太郎（海舟）の後援者としても知られている。

嘉永六年（一八五三）、初の著作となる「護国論」を著して幕閣、朝廷から高い評価を受け、以後数多くの著作を著した。慶応二年には老中小笠原壱岐守長行《ながみち》（一八二二〜一八九一。唐津藩世子）、勘定奉行小栗上野介忠順《ただまさ》（一八二七～一八六八）から財政・貿易に関する諮問を受け、外国米の輸入、蝦夷地の開拓、鉄道の敷設、海運の整備について建言し、同年横浜で英国公使パークス（Sir Harry Smith Parkes, 一八二八～一八八五）と会見している。鳥羽伏見の戦い後、竹川家は幕府からの預かり金を新政府軍に没収され事実上倒産する。[15] 以後、竹斎は世に出ず郷党の教育や製茶指導に余生を過ごし、明治十五年（一八八二）、七十四歳で病没した。大正四年（一九一五）に従五位を追贈されている。

竹斎は勝海舟の後援者としてよく言及される存在である。しかし、竹斎個人についての研究は、そのほとんどが松阪の地方史研究や顕彰活動的な紹介、[16] 文化史研究であり、[17] 海防思想に関する研究は極めて少ないのが現状である。[18]

2 「護国論」における洋式軍艦導入の主張

「護国論」は嘉永六年（一八五三）六月、ペリー来航を受け著され、勝海舟、勝門人で徒頭の大久保忠寛《ただひろ》（生没年不詳。のち京都町奉行、浦賀奉行）を経て幕閣に提出された。勝が竹斎の実弟竹口喜左衛門信義（一八一二～一八六九）に「廟堂其他海防方にても大に驚歎いたし候趣」[19] と伝えているとおり、幕閣及び回覧された海防掛での評価は高く、この時に海防掛目付大久保右近将監忠寛（一翁、一八一七～一八八八）らの知遇を得ている。更に同書は孝明天皇（一八三一～一八六六、在位一八四六～一八六六）の内覧を得、権大納言一条忠香（一八一二～一八六三、のち左大臣）ら三卿が竹斎に書を贈るなど、朝廷でも注目された。

三十四章から成る同書は、「浦賀入津米利幹船ノ事」、「鉄鋳大炮ノ事」など多岐にわたるが、大きな特徴の一つが海外交易の拒絶である。これは、日本の国内生産力は外国からの需要の全てを満たさず、「交易ノ貨物不足ニ及ヒ、不足スルトキハ或ハ金銀銅ヲ以テ易」ことととなり、「国脈ヲ衰弱セシムル基」になるという経済面の得失論である。こうした主張は日本史上しばしば見られる。新井白石（一六五七～一七二五）は「ふたゝび、生ずる事なき金銀銅が海外交易で国外流出していると説き、「我有用の財を用ひて彼無用の物に易んこと」[20]を抑制するため、正徳五年（一七一五）に長崎の交易総額を規制する正徳長崎新例を制定している。また、天明六年（一七八六）には、老中田沼意次の側近として知られた勘定奉行松本秀持（一七三〇～一七九七）が、新たな金銀流出に繋がるとして蝦夷地での日露貿易に反対している。[21]竹斎の主張もこれらと軌を同じくし、交易の求めには「我平穏ニ此ヲ断」、「強テ是ヲ懇望シ万一非礼ノ行有」れば「止事ヲ得ス夷舶ヲ打払フノ外ナシ」となる。そこで海防の充実、特に洋式軍艦が必要になると説くのである。外輪船とスクリュー船の違い、カロネード砲（小口径艦載砲）やポンペン砲（臼砲）など、軍艦に関する記述は詳細だが、同書の特徴は単に西洋軍事知識が豊富であるだけではない。

一つ目が軍艦の必要性の根拠であり、ここでは機動性の優越が挙げられている。伊豆七島など離島の防備は、平時から軍勢を置けば費用莫大であるため、外国船来攻時には現地の漁夫や土豪が対処することとなる。この時直ちに来援し得るのが「堅固ノ軍艦」であるというのがその趣旨である。なお、この海軍の特性としての機動性の優越は現代でも変わらない。[22]更に、文化元年（一八〇四）に来日したロシアのレザノフ（Nikolai Petrovich Rezanov, 一七六四～一八〇七）が「一二ノ戦艦ヲ以、我沿海ノ地ヲ擾乱」しようとしており、「西洋海城船」による沿岸部哨戒で「沿岸通航アルトキハ憂ノ発スルヘキナシ」としているが、この点は従来の海防論と異ならない。二つ目が沿岸部に限定された海上軍事力の問題である。十八世紀末には「沖乗り」と呼ばれる廻船の外洋航海が行われていたが、[23]これは商品をより短期間で輸送するため、出港から入港までの航路を直線的にする必要があったためであり、そうした経済的要請のない軍船に外洋航海の危険を冒す理由はなかった。水軍の航洋性欠如への批判は、幕政批判と解釈される危険があったためか直接的にはこれを避け、代わりに隣国清の水軍を例に挙げている。清国水軍の調練は海岸近くの海上に軍船を並べ、大砲鎗銃を発して「西翼三畳ノ陣」、「群鳥穿花ノ陣」、「偃月陣」など変幻自在に船陣を組み壮観ではあるが、実戦では「夷ノ入寇ニ対シ大洋ニ出ルコト能ハス、何益カアラン」ものであり、「平常大洋ニ航シ猛風怒浪ニモ馴ルコト」が「防夷ノ要務」であると、外洋での海上軍事力の必要性を挙げている。以上の二点が純粋な軍事面の考察であるが、他の海防論と比べて異彩を放つのが海運への視点である。

3　海運への視点と海軍建設の方法

【表1-1】文化6年の大坂～江戸間の海難件数

船　種	破船	漂流	荷刎	損失額
菱垣廻船	7隻	1隻	なし	4万5,000両
木綿積船	5隻	なし	5隻	3万3,000両
酒 樽 船	10隻	なし	10隻	4万2,000両
合　計	38隻			12万両

（「護国論」より作成）

【表1－1】は「護国論」に記載された文化六年（一八〇九）における、大坂～江戸間の海難件数である。菱垣廻船は、元和五年（一六一九）に堺商人が組織した江戸への下り荷を輸送する廻船集団である。元禄七年（一六九四）には江戸の商品流通を独占する十組問屋が支配し、建造・改修への資金援助、海難の調査と共同海損などにより隆盛したが、樽廻船など新興廻船集団の出現で衰退した。酒樽船とは樽廻船のことで、享保十五年（一七三〇）に十組問屋から独立した灘の酒造業者らが組織した廻船集団である。変質しやすい酒を短期間で江戸に廻送するため高速・小型の船舶「小早」を使用したことから酒以外の積荷も扱うようになり垣廻船と対立したが、次第に菱垣廻船を圧倒していった。

この表から得られるのが一隻三千両という平均損失額である。なお、表中の「荷刎《にはね》」は荒天時に船の安全確保のため積荷を海中投棄することで、「刎ね荷」とも言う。竹斎の調査では、大坂から江戸への廻送は天保年間には年額五百万両相当に達するが、一方で破船、漂流も多く、南海だけでも大小三百～四百隻、全国では五百～七百隻に及んでいる。五百石積船の破船を年間三百隻と仮定すると、年間損失額は三十万両となる他、水夫による積荷横領も問題となっており、積荷を盗んだ上で破船として処理する者が後を絶たなかった[24]。そこで「諸侯堅固ノ船」で

「歴々ノ士是護送」すれば、難船、窃盗は減じ「商戸歓テ其船ニ積ンコトヲ希フ」こととなる。更に数十日を要する大坂~江戸間の航海も軍艦なら十分の一となり、「難破船無キトキハ此上ニモ豊饒ニ至ルノ工商有ルヘシ、国ノ富ハ則チ公廷ノ富」としている。この眼目は海運保護のため軍艦を輸送手段として使うという発想である。海運保護は海軍の担う主要任務の一つであるが、多くの場合それは商船の護衛や航路の安全確保という形をとる。これに対し軍艦そのものによる海運という概念が、竹斎の海軍論における一貫した特徴となってゆくのである。次に述べられるのが軍艦建造に関する具体的な手段である。

　軍艦ノ儲《ママ》有ンコトヲ思トモ、公廷諸彦共當事ノ勢止コトヲ得サルノコト多ク、十分ナルコトハ数年ナラテハ整ヘカラス、是ニ附海運シテ推算シテ海防軍備ノ設ヲ為コトヲ欲ス

「護国論」の眼目はこの一文に尽きると言っても過言ではない。竹斎の構想する海軍は四百~五百人乗り、砲四十門搭載の「フレガット船」三十隻、通報艦の「蒸気急脚船」三隻から成る。フレガット船、すなわちフリゲート艦（frigate）は一八一〇年にイギリス海軍が定めた等級では五等艦、三十二門以上の砲を持つ一層砲甲板、排水量七百~九百トン、乗員二百十五~三百二十名の艦種である。艦隊に加わることもあるが、むしろ単艦敵海上交通路に進出して通商破壊を担い、あるいは艦隊の前哨部隊の一翼として活動することが多かった[25]。

　初期費用は「フレガット船」を一隻あたり七千両と見積もり、三十隻で二十一万両。「蒸気急脚船」一隻あたり三千両、三隻で九千両。軍艦に搭載する大砲、小銃、弾薬が一隻あたり一万千八百両、三十隻で三十五万四千両である。次に、常平倉（穀物貯蔵庫）を全国十六ヶ所に設置し、一ヶ所の建設費用四千両で計六万四千両。海軍整備と穀物貯蔵庫は一見無関係にも思えるが、これは「一ヶ月モ海運止トキハ忽穀価湧昇、終ニハ米穀尽ニ至ラン」と、

敵艦の港湾封鎖に対する備えである。これらを合計すると、海軍建設の初期費用は五十三万両余りとなる。幕府が品川沖に築いた台場の総工費七十五万両ほどではないにしても、[26]弘化元年（一八四四）の幕府米方歳入約六十万六千石、金方歳入約八十七万一千両と比較すればその金額の大きさがわかる。[27]軍艦建造費は安政五年（一八五八）に幕府がオランダから購入した朝陽丸（三百トン、百馬力、スクリュー）の二十万ドル、文久四年（一八六四）にアメリカから購入した富士山丸（千トン、三百五十馬力、スクリュー）の二十四万ドルを考えると安価に過ぎるが、[28]幕府が天明六年（一七七二）に建造した和洋中折衷船「三国丸」（千五百石積）の建造費用が百五十九貫目（一両六十匁で換算して二六五〇両）であり、[29]和船建造の相場から演繹した見積であろう。

竹斎の海軍構想は海運利益による軍艦整備を骨子としているが、軍艦が一隻もない初期状態では当然成立し得ない。ここで初期費用の捻出方法として提案されているのが「加入」・「歩持《ぶもち》」である。いずれも共同出資を意味する語であり、特に「加入」は船舶関係に用いられる。先述の菱垣廻船の建造、改修や海難損失への援助もこの概念に含まれている。竹斎はこれを加入人が百両、二百両と出資して船を建造し、「月々航海ニ運賃銀ヲ以テ雑費ヲ弁シ、残金ヲ以テ元金ニ応シ、是ヲ配分」する制度と説明し、全国から加入人を募って五十三万両余りを集めるとしている。その後が本格的な海軍経営となるが、その年間収支は以下のとおりとなる。

竹斎の試算では、嘉永当時の大坂から江戸への廻送額は約四百万両、大坂から西は長崎、東は松前へ至る廻送額を合わせると数千万両に及ぶ。この膨大な海上交通量は近世日本の産業構造によるもので、繰綿、木綿、油、酒といった、加工に一定の技術を要する商品を全国に供給できたのは畿内のみであったことによる。[30]現在明らかになっている上方から江戸への海上交通量は、元禄十四年が一四五八隻、同十五年で一二二一隻であり、[31]竹斎の計算に従い一隻の積荷平均三千両とすれば、この試算は当時の実態をかなり正確に把握している。このうち米の占める割合を六百万両と仮定し、これを軍艦で運送して運賃銀を得るというのが竹斎の構想である。米一石につき三匁の運賃銀とし、一石を一両、金一両を公定交換比率である銀六十匁とすると、三十万両の運賃銀を得られる計算となる。

次に支出である。乗員の俸給、食料等の航海諸経費が一隻あたり二六九六両、軍艦三十隻のうち浦賀備の五隻は、江戸内海防備に専従するため航海支出を計上せず、二十五隻で六万七千四百両、諸訓練経費が一隻あたり千両、二十五隻で二万五千両、乗員への褒賞、船体修繕費等が一隻あたり五百両、二十五隻で一万二千五百両、蒸気急脚船の乗員俸給、訓練、弾薬等の経費が一隻あたり千両、三隻で三千両となる。常平倉の経費が一ヶ所あたり五百両、十六ヶ所で八千両、これとは別に毎年十万石を貯蔵し、一石＝一両の換算で十万両、十ヶ年で完済する出資金の償還に六万両、合計二十七万五千九百両の支出となる。

三十万両の運賃銀から二十七万五千九百両の支出を引くと、年間二万四千百両の黒字となる。この利金は十年間で二十四万千両となり、これに五万三千両の利金が加わり（この利金には特に説明がなく著者も理解に苦しむが、幕府為替御用が手形代金として預けられた現金を無利子で運用して利益を得ていたことから、二十四万両の運用益と解釈するのが適当だろう）、十年間で二十九万四千両の積立金ができる。この積立金で十年ごとに軍艦十五隻を新造し、費用は七千両×十五隻で十万五千両。大砲、小銃、弾薬等の装備が十八万九千六百両。合計二十九万四千六百両となり概ね積立金で賄える。以上が竹斎構想における軍艦整備の方法である。軍艦建造費などの妥当性に一部問題はあるものの、海軍と海運の一体化による自己完結性を企図した構想と評価することができる。

次に、軍艦の配備と運用であるが、三十隻の軍艦は五隻単位で江戸、鳥羽・石巻、大坂、下関・長崎、新潟・松前、浦賀の六ヶ所に配備され、通報艦となる蒸気急脚船は江戸に二隻、浦賀に一隻配備し、浦賀備以外は常時海運に従事する。以上が「江戸防海々運ノ要」となる。次に全国に配備された軍艦の運用であるが、一つ目がここまで再三述べられてきた海運への従事である。「有無ヲ転換」し「物産ヲ江戸に致」して「其産物ヲ得テ内地ニ致テ以海軍操練」する、すなわち海運を通じて実地に軍艦運用の訓練を行う。二つ目が江戸内海防備であり、各地から江戸へ積荷と共に入港する軍艦を常時四～五隻と仮定し、江戸が攻撃を受けた場合には浦賀備の五隻と合わせて十隻程度が迎え撃つ。同時に蒸気急脚船が各地へ急を報じて各艦が集結し、物資を運搬中の軍艦は鎌倉で荷揚げして江戸内海へ向かう。三つ目が軍艦の訓練で、下関・長崎備の軍艦はオランダ人の指導で訓練に従事する。四つ目が蒸気急脚船の運用で、三隻のうち一隻は常時全国を哨戒して密貿易を取り締まる。五つ目が辺境の開拓で、海運利益の一部で蝦夷地、小笠原諸島を開拓して罪人・無宿人を入植させる。現地へは内地の米穀を、現地からは当地の物産を江戸に運ぶというものである。

以上見てきたとおり、「護国論」は海外交易拒絶に伴う海防軍備、特に外洋における海上軍事力の必要性に始まり、海運と一体化した海軍の整備・維持、運用を論じている。その背景には伊勢商人としての国内海運の推移や海難問題への認識があった。これに付随する数字の具体性も他の海防論には見られない要素であり、幕閣、海防掛を驚嘆せしめたのもこうした「大艦之算積」であった(32)。

一方、従来の海防論と比べ軍艦や個々の兵器への言及は詳細であるが、艦隊単位での運用への認識は見られない。もちろんペリー「艦隊」への言及があるとおり、竹斎は軍艦を数隻単位で運用することを知っているが、そうした知識を無条件にフリート・アクションの概念と評価できるわけではない。数隻の軍艦が統一された意思を持たず各個に同一海域で海戦に従事したところで、それは艦隊の運用ではないのである。竹斎は当時有数の蔵書家・読書人であり、これをもって当時の日本人の西洋軍事知識の水準が個艦レベルに留まっていたと指摘することもできるが、逆に海外知識によらず主として国内事情の分析から海運と海軍の不可分性を構築し得た点にこそ本書の意義があると言うこともできよう。

4　「護国後論」と「老翁《おじがおたけび》ノ勇言」

前述のとおり「護国論」以後の著作は数多く、安政二年（一八五五）に海防掛勘定奉行石河土佐守政平（生没年不詳）らが伊勢・大坂近海を検分した際、「神宮守衛神乃八重垣」を提出するなど、(33)活発に活動している。ここでは中でも海軍論を更に進めたものについて取り上げる。

「護国論」執筆の翌年、嘉永七年（一八五四）四月、竹斎は隠居して号を緑磨から竹斎と改めた。それから間もない七月に著したのが「護国後論」である。軍艦整備に関する経費の算出基準が異なっている以外は、「護国論」と概ね同じ論旨であるが、大きく異なるのが海外交易への見解である。「護国論」では経済面の得失論から明確に海外交易を不可としているが、ここでは一転して「去年論せしことは（中略）勇武血気にはやる壮士をして其志を伸しめん為」(34)であり、外夷といえども「大に仁恵を施し」、食料、薪水、衣服、器材、雑貨に至るまで、「かれか好む処」を与えれば、外夷も「此広大の仁恵を感佩」し、「国産を上貢して恩に報す」に違いないと、朝貢貿易的な名分で海外交易論への転換を明言している。しかし朝貢でありながら、こちらが一万両相当の物を与えれば、一万とも一万五千とも相当する貢物を奉るはずであると、日本の利を説いており、その意図は明らかに朝貢貿易ではなく海外交易による利潤追求にある。そして「是を以益武備を厳重にする」と、交易利潤による更なる軍備充実を目指す点では、国内海運利益での海防充実を目論んだ「護国論」と論旨を同じにする。ただし、収支に関わる算定の基準は大きく異なる。

最初の五年間で毎年十隻、計五十隻の軍艦を建造し、年五回の航海で一回一万石ずつ計五万石を運送する。運賃銀は百石につき五両、一隻あたり年間二千五百両の利益で、諸入用一〇五六両を引き一三四四両の黒字。初年度は十隻で計一万三四四〇両の黒字で以後毎年十隻ずつ増加し、二年目は二万六八八〇両、三年目は四万三二〇両、四年目は五万三七六〇両、五年目からは六万七二〇〇両の黒字となり、五年間で二十万一六〇〇両を積み立てる。六年目以降は六万七二〇〇両から「炮術稽古入用」七二〇〇両を引き、残金六万両。これに最初の五ヶ年の積立金二十万両余りを加えて約二十六万両。この利益により十ヶ年で大砲八千門、中砲一五〇〇門、小銃一万挺、大砲弾五十六万発、中砲弾四十一万発、小銃弾二十万発、煙硝七十一万二五〇〇貫目、陸軍六万人、海軍四万人、戦艦五十隻を整備するというのが初期整備計画である。

次に初期整備以外の軍事的側面である。「護国論」にない特徴の一つが「西洋炮術を稽古するをきくに、指揮ことごとく和蘭語を用ゆといへり（中略）蘭語にてはいと廻り遠く、将大軍を教ゆるにもかたき所あるへければ、一切蘭語は禁したきもの」と、専門用語を和訳する必要性を主張している点である。原語のままでの専門用語使用には、竹斎以外にも徳川斉昭などが反対しており[35]、嘉永六年十一月には幕府が船舶等の名称や訓練時の号令詞に外国語を使用することを禁じている。しかし、その理由の多くは「夷風ニ倣ひ候様成行候ては、御国威ニも拘り[36]」といった、艦船運用上の得失論とは異なる次元のものであった。竹斎がこのような観念論に拠ることなく、あくまで実務的理由を掲げて専門用語の和訳を説いたことは注目に値する。ただし、実際にはその後も軍艦運用には蘭語が使われ、万延元年（一八六〇）の咸臨丸太平洋航海では、同乗の米海軍士官ブルック大尉（John Mercer Brooke, 一八二六～一九〇六）がその弊害を指摘している[37]。また、後年清国が興した海軍も英語を使用しており[38]、これは東アジアにおける近代海軍建設に共通した問題であると言えよう。

次に挙げられるのが、港湾防禦における砲艦の配備である。竹斎が「炮台船」と称するこの小艦は全長五～六間、全幅二間、全高四～五尺、楫で進退する。あくまで「急整策に至りては小船にしくはなし」と但し書きを付け、正規の軍艦整備までの間に合わせという位置づけであるが、ヨーロッパでは gun-boat あるいは bomb-ketch といった小型の艦種も存在している。(39) 更にクリミア戦争（一八五四〜一八五六）では、フランスとイギリスが平底船体の自走浮砲台（全長約五二・五メートル、全幅約一三・四メートル、喫水約二・七メートル）を計八隻建造して黒海のセヴァストポリ要塞攻撃に使用し、(40) 南北戦争（一八六一〜一八六五）では、南軍・北軍双方がモニター艦と呼ばれる低舷・小型の装甲艦を建造し、沿岸部の戦闘に使用している。(41) 竹斎は炮台船の根拠として「有馬氏の慶長年間南蛮船を肥前沖にて打亡せし（引用者註：一六〇九年の有馬晴信によるポルトガル船マードレ・デ・デウス号焼討ち）は小船なり」と、日本史上の例を挙げており、他の史料からもクリミア戦争情報を入手していたかどうかを詳らかにすることはできない。しかし、いずれにしても発想自体は沿岸防備策に属するものであり、竹斎の著作中でも時折見られる従来的な海防論の要素と考えるべきであろう。

次に示すのが万延元年（一八六〇）の著作「老翁ノ勇言」である。ここでは海外交易論をより一層強く主張し、蝦夷地の開拓、軍艦による海運、海外交易利益による軍艦整備など、大枠の方向性はこれまでの主張と変わらない。これ以外に海外交易論を展開した著作では、翌文久元年（一八六一）の「賤廼雄誥《しずがみたけび》」(42) があるが、同書でまず注目されるのが軍艦による交易である。「夷の未だ買さる品を満装」し、東は「南北米利加堅の西岸諸港」より、西は「満清、乍浦、香港、阿馬港、広東」まで航し、更に西進して「印度」、北は「ヲホーツカ港」にも至るというものである。(43) これまでの著作では軍艦の運用は国内のみであったが、初めて「洋夷の商館許多」ある海外諸港への航海が説かれている。二つ目が通商破壊への懸念である。外国が「三五十隻の船を以」半分を関東沿岸に、残る半分を大坂に展開させれば国内海運は寸断され、諸侯は京、江戸へ軍勢も産物も送れないと懸念している。「護国論」でも常平倉の設置理由として港湾封鎖による食糧供給の停止が説かれているが、これはより直接的かつ具体的である。そして三つ目が軍艦を商船として海運に用いる根拠と運用方法である。

洋夷は商を以司る故士と雖農商を兼ぬ、近年清國に来り居し英夷の義律《エルリオット》は商人の司ながら戦闘を開きし後は軍陣の大将たり、洋夷人の國を謀るも多くは商販の船主守衛の張弛を伺ひ、地理を探り闘争を起し（以下略）

義律はアヘン戦争時のイギリス貿易監督官エリオット（Charles Elliot, 一八〇一～一八七五）のことで、戦争中は軍艦ネメシス号（Nemesis）に乗艦して活動している。アヘン戦争情報は比較的早期に日本国内の知識人層へ広まっていたことが明らかになっているが(44)、竹斎もまた著作に最新の海外情報を盛り込んでいたと言えよう。

四つ目が軍艦の私掠船的機能である。海外へ軍艦を交易に出すにあたり、「万邦の夷略奪割拠を心と為る地」であり、「無異の港街」・「清の諸侯静謐の処」には交販をなし、「流賊一揆洋夷等戦争有の地」では「突戦を心掛け」、「我国通信の夷を助て乱賊を打挫く」という二通りの対応をする。「乱賊を打挫」けば「戦勝掠奪の物に至」ると、略奪が謳われ、交易で富国強兵の資は確保されるので戦利品は「其者に与ふるとも船中平等に分配為とも時宜がるべし」という。なお、こうした私掠船的な軍艦運用は「天正元亀」の例、すなわち戦国時代の海賊衆に着想したものである。

5　竹斎の海軍論の特徴

以上、竹川竹斎の海軍論を検討してきたが、海軍の重要性に関する認識は二つの側面に分かれる。

一つ目は軍事面で、軍事的脅威として敵国軍艦の島嶼部、沿岸部への攻撃、港湾の海上封鎖を挙げ、航洋能力を持つ軍艦の導入を主張している。一方で敵艦や私掠船による商船拿捕の危険については特に考慮していない。「老翁ノ勇言」で海外「乱賊」からの略奪は提案されているが、これも敵国船舶の拿捕のような、本来的な意味での私掠船的用法ではない。これは海難や国内の海賊以外、海運への脅威が長く存在しなかった歴史的経緯によるものであろう。戦国・織豊期に海賊衆が大名権力に隷属する水軍となり、更に天正十六年（一五八八）の海賊停止令が制定された後は、海難のみが海運の脅威であった。

二つ目は経済面である。海軍整備の目的として、一貫して挙げられているのが海運保護であるが、その方法が航路の安全の維持ではなく、軍艦自体の海運利用による海難防止にあることは特色の一つだろう。序章で述べたとおり、西洋において海軍は海事概念を構成する一部であり、商船、漁船など海洋の非軍事的利用とは区別された機能である。一方、竹斎の海軍イメージは西洋における海軍と海事概念の境界線上に位置しており、両者の性格が入り交ざったものである。文化八年（一八一一）、国後島で捕えられたロシア軍艦ディアナ号（Diana）の艦長ゴロウニン（Vasilii Mikhailovich Golovnin, 一七七六～一八三一）が幕吏に「ヨーロッパでは軍艦は決して交易しない」と述べているように[45]、こうした発想は十九世紀における西洋の海軍概念にはない。ここに海運による利潤を軸とした竹斎の海軍論の特色がある。では、軍艦による海運という発想はどこから得られたのか。恐らくこれは竹斎の独創ではない。軍艦（船）を海運に利用するという発想は、日本史上しばしば見られるものである。正保二年（一六四五）、佐賀藩主鍋島勝茂（一五八〇～一六五七）は長崎警備用の軍船建造にあたり、平時は船主に預けて運用させる構想を持ち[46]、伊豆韮山の代官江川英龍（太郎左衛門。一八〇一～一八五五）は、嘉永二年（一八四九）の建白書で「堅実之御軍船」の導入

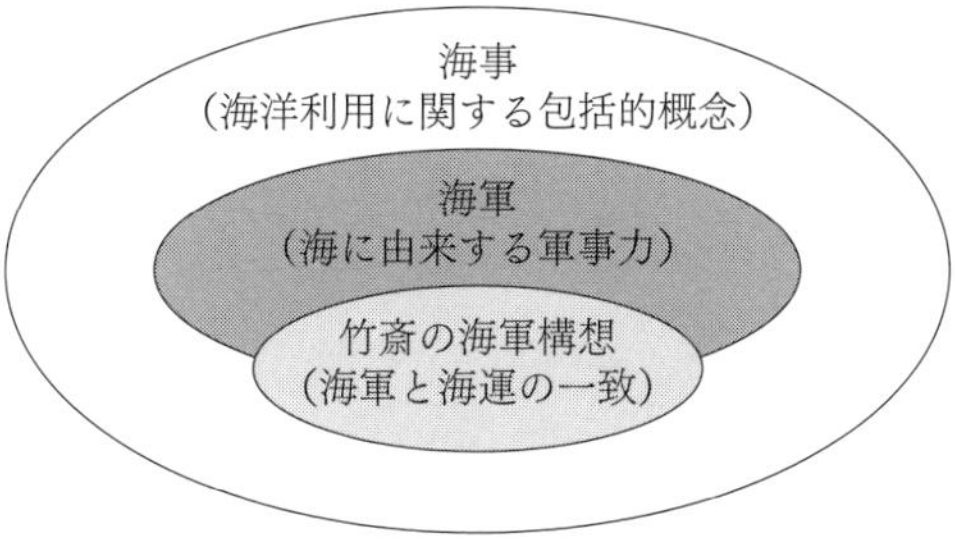

【図1-1】西洋における海軍と海事概念及び竹斎の海軍構想の関係

（海軍と海事の関係は David Jordan, James D. Kiras, David J. Lonsdale, Ian Speller, Christopher Tuck, and C. Dale Walton, *Understanding Modern Warfare*（Cambridge : Cambridge University Press, 2008）, p. 125. を図式化したもの）

を説いているが、その中で竹斎と同じように軍船を平時に廻米運送に用いて操船に習熟させることを主張している。[47]竹斎がよく例に引くのは「元亀天正」の頃、「明ノ沿海ノ国々ヨリ天竺ノ海辺西南諸島ニ至リ、蛮夷ヲ困メ奪取掠ヲ業」[48]とした海賊衆や「応仁の乱後、我沿海不良の民、民の海辺より印度迄にも至り掠奪を事とせる」倭寇であり、竹斎の海軍イメージはヨーロッパの近代海軍ではなく、戦国時代の海賊衆や室町時代の倭寇にあったと考えるのが適当だろう。

海軍の重要性に関する認識のみならず、その建設の手段に関しても二つの側面が挙げられる。一つ目はやはり軍事面である。これは随所で軍艦や大砲の概要、艦隊の配備、士卒の等級などが詳細に説明され、竹斎の海外知識が遺憾なく発揮されている。二つ目は経済面である。ここでは必要な経費の算出や捻出方法などが述べられているが、特筆すべきは個別の案件、装備ごとに根拠を示して算出し、これらを緻密に積み上げて全体額を出している点である。大艦建造論や海外交易論は他の論者にも見られるが、こうした細かい数字を出しているのは竹斎のみである。

こうした海軍建設を支えるのが海運であるが、積荷となる商品も酒、味噌、醤油、茶など竹川家が扱うものだけに具体性に富んでいる。特に茶は、嘉永二年（一八四九）に竹斎が射和で栽培を開始し、文久元年（一八六一）に輸出事業を開始している。彼らの安定した商業活動の前提条件は、言うまでもなく海運機能の維持である。竹川家の海上輸送状況を示す史料は、維新後に竹川家が倒産したこともあって現在残されていないが、参考までに竹斎の実弟信義が養子に入った竹口家の江戸店（伊勢喜）の宝暦八年（一七五八）正月における商品状況を挙げると、商品約千五百両相当のうち約五百二十両相当が海上輸送中であり、[49]彼らにとり海上交通の安全が死活問題であったことを示している。

そして、その論旨を支えるのが竹斎の豊富な学識である。蔵書には「采覧異言」など新井白石の著作が多数収められており、[50]初期の交易拒絶論は白石の主張と軌を同じくする。蝦夷地開拓論も箱館の豪商渋田利右衛門（一八一六〜一八五八）との交流のみならず、所蔵する蝦夷地関連書籍からの知識が現地事情への認識を深めている。また、竹斎は本質的に「我神の道、皇国の體を立むこと」[52]を説く国学の徒であり、国学や歴史の学識を背景にした故事を多用しているが、これが著作に幕閣や朝廷での内覧に堪え得るような格調高さを与えたと指摘できよう。あるいは竹斎自身そうした効果を狙っていたと言えるかもしれない。

おわりに

以上、「護国論」をはじめとする竹川竹斎の著作からその海軍論について概観した。竹斎は海軍と海運の不可分性を認識している点で、従来の水軍の概念から海軍の概念に大きく近づいていたが、その形成過程や周辺史料から判断する限り、ヨーロッパの海軍概念との直接的な関連は確認できない。書物や知識人との交流で得られた海外知識も少なくないが、海軍の重要性の認識は膨大な和漢の書籍、広範な歴史の知識から生まれたものであり、そのイメージは倭寇、海賊衆といった日本史上の海上軍事力であった。軍艦による海運や交易の実施というヨーロッパの海軍概念と異なる発想は、まさに日本の伝統的なシー・パワー概念の系譜を引いている。確かに軍艦自体が海運業を担うという発想は十九世紀後半における世界の大勢を占めるものではない。ただし、十七世紀初頭から十九世紀半ばにかけてイギリスの東インド会社が商船と軍艦機能を併せ持つcompany marineを有し[53]、十九世紀から二十世紀にかけてオスマン・トルコ海軍が海運業に携わった例もある[54]。また、海軍自体の戦闘力が戦争の帰趨を左右するほど重要だったのは歴史上、二十世紀の一時期のようなごく短期間であり、海軍が遠征や沿岸攻撃に要する兵力や物資の輸送手段として認識されていた時代の方がはるかに長かったことも忘れてはならない（パワー・プロジェクション機能としての海軍）[55]。そもそも海軍の概念はその国を取り巻く個別の事情によって規定されるべきものである。

「海運業がなくなれば海軍もまた消滅する」というマハンの言葉に倣えば、海軍と海運の不可分性に立脚する竹斎の海軍構想は、ある面オーソドックスな海軍概念であり、水軍から海軍への過渡期を示す海軍論であったと位置づけることができよう。

では竹斎の海軍論が日本の近代海軍建設に与えた影響はあったのだろうか。竹斎は生涯を通じて伊勢の一商人であり、幕府の海防政策を左右する立場にはなかった。幕末から明治初年にかけて蒸気船を有する諸藩が次々に藩営の海運や商社活動を試みるが[56]、必ずしもこれらに竹斎が直接的な影響を与えたとは言えない。しかし、同時に伊勢商人という社会的地位を全く無視することもできない。直接的に財政を支えていた鳥羽藩は勿論、無位無官の庶人である竹斎の著作が幕閣・海防掛で回覧され、更に老中や勘定奉行から諮問を受けたことは、勝海舟という仲介者の存在を差し引いても、幕府為替御用という竹川家の地位なしにはあり得ない。安政五年頃には、海外交易を説く竹斎に天誅を加えるべしとの声が京都で起り、竹斎が殺害されたとの噂が一時北勢から美濃にかけて流れたというが[57]、これは竹斎の主張が広範囲に知られていたことを示している。また、生涯を通じた知己となる勝との交流が始まったのは概ね嘉永元年（一八四八）三月前後であるとされ[58]、その後も盛んな交流が竹斎や実弟竹口喜左衛門の日記、勝との往復書簡で確認できるが、竹斎が「護国論」を著した嘉永六年、勝も軍艦を用いた海外交易の利潤による海軍建設を説いた建白書を幕府に提出して幕吏に登用されている。その後も竹斎が「軍備而已には難堪候事故、国産其外運賃積いたし、夫を以海備厳重に被致[59]」と説くなど両者の意見交換は続き、勝の思想的背景には竹斎の影響が見え隠れする。幕府は文久二年（一八六二）から元治元年（一八六四）年にかけて中古商船十二隻を次々に購入しているが[60]、著者はこの政策と軍艦による海運は発想の根本を同じくする可能性があるのではないかと考えている。この路線を主導したのは軍艦奉行並、次いで軍艦奉行として海軍行政の中枢にあった勝であり、竹斎の思想が実際の海軍建設に影響を与えた可能性は排除できない。更に勝門下から出た坂本龍馬が海運商社兼私設海軍の海援隊を興したことを考えれば、[61] 竹斎の海軍構想は単に日本のシー・パワー史上の先駆的思想であるに留まらず、実際の海軍建設にも少なからぬ役割を果たしたとも考えられるのであるが、この点は次章以降で検討していく。

註

（1）江戸内海防備問題については淺川道夫『江戸湾海防史』（錦正社、二〇一〇年）を参照。
（2）住田正一編『日本海防史料叢書』全七巻（海防史料刊行会、一九三二〜一九三三年。一九八九年、クレス出版より復刻）を参照。
（3）眞壁仁『徳川後期の学問と政治』（名古屋大学出版会、二〇〇七年）第七・八章。
（4）嘉永二年十二月、老中への浦賀奉行戸田氏栄・浅野長祚の建議（勝海舟全集刊行会編『勝海舟全集12　陸軍歴史Ⅱ』講談社、一九七四年）五三三頁。なお、勝海舟に関する根本史料である『勝海舟全集』は校訂に問題のある勁草書房版（全二十一巻、一九七二〜一九八二年）と、日記が原本を底本としていない講談社版（全二十三巻、一九七二〜一九九四年）の二種類があるが、本書では校訂の質から講談社版を採用し、日記は江戸東京博物館蔵『勝海舟関係文書』を利用した。
（5）住田『日本海防史料叢書』序。
（6）山内敏秀編著『戦略論大系⑤　マハン』（芙蓉書房出版、二〇〇二年）二〇〇〜二〇一頁。
（7）Paul Kennedy, *The Rise and Fall of British Naval Mastery*, 3rd edition（London：Fontana Press, 1991）, p. 17.
（8）青木栄一『シー・パワーの世界史②』（出版協同社、一九八三年）一四頁。
（9）安達裕之『異様の船』（平凡社選書、一九九五年）を参照。
（10）「海軍論」は海防論のように確立された用語ではない。本書では海防論の中でも、特に洋式軍艦導入のような、海軍の建設を志向した言説を海軍論と称することとする。
（11）竹斎に関する先行研究や一般書では「海防護国論」と表記することが多いが、竹斎自身がそのように称したことはなく、本書では竹川家所蔵本の表題に従う。
（12）マハンのシー・パワー定義は「軍事力で海洋あるいはその一部を支配するために用いる海上での軍事力だけでなく、艦隊が自然かつ健全に派生し、艦隊が確固として基礎を置くところの平和な通商及び海運を含む」と極めて不明確なものである。以後、多くの論者によってこの概念の明確化が試みられているが、最も簡潔に表せば、「味方が海洋を自由に利用することができる一方、相手にはそれを許さない能力」、すなわち「それを有する主体（現実には国家）がその領土とその目標地点（海外植民地など）の間の水域で軍隊を移動させ、交易を行い、資源を活用することができると同時に、敵がそうすることを阻止可能な能力」となる。シー・パワーについては **Alfred Thayer Mahan**, ***The Influence of Sea Power Upon History 1660–1783*** (**New York : Little, Brown and Co., 1890**)、フィリップ・A・クロール「海戦史研究家アルフレッド・セイヤー・マハン」（ピーター・パレット編・防衛大学校「戦争・戦略の変遷」研究会訳『現代戦略思想の系譜』ダイヤモンド社、一九八九年）、山内『マハン』、石津朋之「シー・パワー」（立川京一ほか編『シー・パワー』芙蓉書房出版、二〇〇八年）等を参照。

(13) 大坂〜江戸間の幕府公金送金の際、手形発行によりこれを簡略化するのが為替御用の担う公金為替であり、全国に点在する天領の支配上、重要なシステムであった。作道洋太郎『日本貨幣金融史の研究』（未来社、一九六一年）三〇三〜三一〇頁を参照。
(14) 山口徹『日本近世商業史の研究』（東京大学出版会、一九九一年）二二五頁。
(15) 石井寛治『経済発展と両替商金融』（有斐閣、二〇〇七年）八二〜八八頁。
(16) 三重県飯南郡教育会編『竹川竹斎翁』（一九一五年）、竹川竹斎翁百年祭実行委員会編『竹川竹斎』（一九八一年。二〇〇九年に竹川竹斎生誕二百年記念事業実行委員会より復刻）、上野利三・高倉一紀編『伊勢商人竹口家の研究』（和泉書院、一九九九年）、上野利三『幕末維新期　伊勢商人の文化史的研究』（多賀出版、二〇〇一年）など。
(17) 岩田澄子「竹川竹斎『川船の記　巻五』」（『武蔵野学院大学日本総合研究所研究紀要』五号、二〇〇八年三月）。
(18) 原剛「幕末における伊勢神宮の防衛」（『軍事史学』九十号、一九八七年十月）。
(19) 嘉永六年十二月二十五日付竹口信義宛勝海舟書簡（『勝海舟全集2　書簡と建言』一二頁）。
(20) 宮崎道生『定本　折たく柴の記釈義』（至文堂、一九六四年）三八四頁。
(21) 「蝦夷地之儀に付申上候書付」（『新北海道史』第七巻、史料三二八〜三三一頁）。
(22) 石津「シー・パワー」。
(23) 安達『異様の船』一一八〜一二〇頁。
(24) 黒田英雄『世界海運史』（成山堂書店、一九七九年）二〇〇頁。
(25) 青木栄一『シー・パワーの世界史①』（出版協同社、一九八二年）八〇〜八四頁。
(26) 淺川道夫『お台場』（錦正社、二〇〇九年）六八頁。
(27) 飯島千秋『江戸幕府財政の研究』（吉川弘文館、二〇〇四年）七二〜七三頁。

(28)「船譜」(『勝海舟全集10 海軍歴史Ⅲ』)二二〇頁。
(29)安達『異様の船』一一六頁。
(30)柚木學『近世海運史の研究』(法政大学出版局、一九七九年)五六〜五七頁。
(31)同上 五二頁。
(32)嘉永六年十二月二十五日付竹口信義宛勝海舟書簡。
(33)竹川裕久氏蔵。なお、前掲『竹川竹斎翁』にも所収。
(34)「護国後論」(三重県松阪市竹川家蔵。なお、前掲『竹川竹斎翁』にも所収)。以後、特に註のない引用は全て同書による。
(35)『水戸藩史料 別記上』(吉川弘文館、一九一五年。一九七〇年復刻)一二一〜一二三頁。
(36)東京帝国大学編『大日本古文書 幕末外国関係文書之3』(一九一一年)五八号、二二三〜二二五頁。
(37)ジョン・マーサー・ブルック「咸臨丸日記」清岡暎一訳(日米修好通商条約百年記念行事運営会編『万延元年遣米使節史料集成』風間書房、一九六一年、五巻)一八六〇年二月十四日(陰暦一月二十三日)条。
(38)田中宏巳「十九世紀後半における清国海軍の消長 (一)〜(三)」(『防衛大学校紀要 人文科学分冊』六十三〜六十五輯、一九九一年九月〜一九九二年九月)。
(39)青木『シー・パワーの世界史①』八二〜八三頁。
(40)青木『シー・パワーの世界史②』七七〜七八頁。
(41)同上 二七八〜二八一頁。
(42)前掲『竹川竹斎翁』所収。
(43)「老翁ノ勇言」(竹川裕久氏蔵。なお、前掲『竹川竹斎翁』にも所収)以後、特に註のない引用は全て同書による。
(44)岩下哲典「アヘン戦争情報の伝達と受容」(明治維新史学会編『明治維新と西洋国際社会』吉川弘文館、一九九九年)を参照。
(45)ゴロウニン『日本俘虜実記(上)』徳力真太郎訳(講談社、一九八四年)一七九頁。
(46)正保二年閏五月二十三日付多久美作守等宛鍋島勝茂書状(佐賀県立図書館編『佐賀県史料集成 古文書編』八巻、一九六四年。二一六〜二一八頁)及び安達『異様の船』五〇頁。
(47)戸羽山瀚編著『江川坦庵全集』(巌南堂書店、一九七二年)その2、二六頁。
(48)「護国論」「吾国人夷ヲ蔑如スルノ事」。

(49) 上野『伊勢商人竹口家の研究』二四頁。
(50) 竹川竹斎翁百年祭実行委員会編『射和文庫蔵書目録』(竹川竹斎翁百年祭実行委員会、一九八一年)。
(51) 江藤淳・松浦玲編『氷川清話』(講談社、二〇〇〇年)二九頁。
(52) 「射和文庫射陽書院略目録」(慶應義塾図書館蔵)跋文。
(53) 横井勝彦『アジアの海の大英帝国』(講談社、二〇〇四年)二一〇~二二三頁を参照。
(54) 小松香織『オスマン帝国の海運と海軍』(山川出版社、二〇〇二)、特に三章を参照。
(55) なお、現代においても海軍が果たし得る役割は、一、パワー・プロジェクション、二、海洋秩序維持のための脅威対処、三、海軍外交と連合の構築の三つとされ、本書でも触れている海運保護は二に、十九世紀によく見られた砲艦外交は三に含まれる。石津「シー・パワー」二、二三~二四、三一頁を参照。
(56) 天野雅敏「維新期の徳島藩商法方政策と藩有汽船戊辰丸について」(柚木学編『瀬戸内海水上交通史』文献出版、一九八九年)、高木不二「長州再征期の越前藩と薩摩藩」(『史学』六十八巻一・二号、一九九九年一月)などを参照。
(57) 『竹川竹斎』五五頁。
(58) 松浦玲『勝海舟』(筑摩書房、二〇一〇年)四六頁。
(59) 安政二年四月勝海舟宛竹川竹斎書簡(『勝海舟全集別巻　来簡と資料』三〇九~三一二頁)。
(60) 「船譜」。
(61) 海援隊の海運商社としての実態については「海援隊商事秘記」(京都国立博物館編『国指定重要文化財　坂本龍馬関係資料』一九九九年)五九~六一頁を参照。

第二章　幕臣勝麟太郎の海軍論――嘉永六年海防建白書を中心に――

はじめに

嘉永六年（一八五三）のペリー来航は、従来幕政に関与できない立場にあった者達に発言の機会を与えることとなった。小普請組支配の旗本、すなわち無役の幕臣であった勝麟太郎（海舟）もその一人である。勝は竹川竹斎と同じく、幕府の政策決定過程の外側から海軍建設の必要性を主張した人間である。しかし、竹川と異なるのは微禄ながら徳川家康以来の幕臣という家の由緒を持ち、かつ御目見以上という、特別に身分を引き上げなくても幕吏に登用され得る階層に属していた点にある。すなわち、勝の主張が幕府の政策に影響を及ぼす、あるいは勝自身が幕府の政策決定に参画する立場になる可能性を持っていたのである。また、もう一つ勝が竹川と異なるのは、後年実際に勝が幕府海軍中枢で影響力を行使したことである。これらの点から、海軍創設前夜における勝の海軍論を検討することには重要な意味があると言えよう。

勝は咸臨丸米国派遣、幕府の軍艦奉行、明治政府の海軍卿としての活動、『海軍歴史』編纂など、海軍黎明期を代表する人物の一人とされている[1]。しかし、海軍との関わりへの言及は、その多くが幕府や明治政府における海軍高官としての経歴や、建白書等の表面的な紹介に留まっている。(2) 勝海舟研究で知られる松浦玲氏が著した評伝でも、嘉永六年の海防建白書を「(引用者註：軍艦を用いた交易論について) いきなりコストを論じ、貿易に及ぶのはユニークだが、軍艦や海軍建設についての専門的な議論とはいいにくい」と評するなど、(3) 序章や一章で確認してきた海軍の機能を認識した上で、勝の海軍論を検討している研究はほとんどない。

また、勝の海軍論は日朝関係史の分野でもしばしば言及されている。勝が幕末期以降、活発にアジア論を展開したことは有名である。(4) その主張は「海軍を拡張し、営所を兵庫、対馬に設け、其一を朝鮮に置き、終に支那に及ぼし、三国合従連衡して西洋列強に抗すべし」(5) というように、常に近代海軍の建設を軸としている。勝を征韓論者として捉える研究、(6) アジア連帯論者として捉える研究、(7) どちらにも断定しない研究、(8) いずれも勝のアジア論における海軍の要素について言及しているが、いずれも勝の海軍論そのものについて分析しているものはない。

近年の日本海軍研究では、朴栄濬氏が幕府・諸藩の洋式船舶取得状況から艦船の大型化、重武装化傾向を指摘し、従来輸送船団として位置づけられてきた幕府海軍は、実質的な戦闘力を保有する軍事手段としての海軍を目指していたと主張している。(9) しかし、幕府海軍の再評価に際しては、その建設理念の評価が不可欠である。その点でも文久〜元治期に海軍行政を担った勝の海軍論を解明する必要が生じてくると言えよう。

そこで本章では、嘉永六年の海防建白書を中心に、勝の青年時代から長崎での海軍伝習を終え帰府するまでの期間を対象として、その血縁、交際関係、著述等から勝の海軍論形成過程を明らかにするものである。

1　勝の血縁と周辺

勝は文政六年（一八二三）、旗本勝左衛門太郎惟寅《これとら》（一八〇二〜一八五〇）の嫡男として江戸に生まれる。通称は麟太郎、諱は義邦、維新後は安芳と改めた。勝家は大和朝廷の名族物部氏の後裔を称し、近江国坂田郡勝村の住人勝太郎季時（生没年不詳）を祖とする。[10]天正三年（一五七五）に市郎左衛門時直（一五五六〜一六六〇）が鉄砲玉薬同心として徳川家康に仕えて以来の幕臣であり、二代市郎兵衛時武（一六一五〜一六八六）、三代市郎右衛門武平（一六五九〜一七一三）、四代市郎右衛門命雅《のぶまさ》（一七〇九〜一七七三）まで代々鉄砲玉薬同心を勤め、四十一俵一斗二合六勺九才の禄を食んだ。[11]命雅は鉄砲玉薬同心から、いずれも御家人役である表火番、支配勘定を経て、宝暦二年（一七五二）に旗本役である材木石奉行（持高勤）に昇進した。この時に御家人から旗本に家格を進め、[12]明和五年（一七六八）に御広敷番頭（持高勤）に至る。[13]五代安五郎曹澇《ともみち》（一七四五〜一七八三）は、安永五年（一七七六）に大番となり在職中に死去、[14]命雅の外孫で青木家から婿養子に入った六代甚三郎元良（一七六七〜一八〇九）は、持格支配勘定出役となるが、[15]文化六年（一八〇九）病気のため小普請組となり同年病没する。[16]男谷家から婿養子に入った七代左衛門太郎惟寅は、しばしば無頼の徒と交わり無役のままで終り、天保十一年（一八四〇）に不行跡の廉で他行止、翌年には同役御預となっている。[17]小吉の幼名で知られる左衛門太郎は、忠也流、直心影流を学んだ剣客であり、しばしば試合行事を務めるとともに、北方防備を唱えた幕臣の兵法家平山子龍（一七五八〜一八二六）に私淑した人物である。著作に「夢酔独言」、「平子龍先生遺事」がある。[18]

このように、勝家は徳川家康以来の直参ながら長く鉄砲玉薬同心という下位身分に留まり、十八世紀半ばに御家人から旗本への昇格を果たした家である。しかし、その後は当主の早世、放蕩が相次ぐ中で八代麟太郎が登場する。幕臣の思想形成を考える場合、家の由緒は重要な意味を持つ。停滞する家運回復のため、衆に優れた技能を身に付け、世間の耳目を集める功を挙げることを勝に志向させる環境が、そこには存在したと考えることができよう。

勝の血縁、周辺を考える上でもう一つ重要な要素となるのが父の実家男谷家である。惟寅の祖父米山検校銀一《ろういち》（?〜一七七一）は、越後国苅羽郡の農民の子に生まれたが、盲目だったため生家を継がず、出府して鍼灸業を営む傍ら金融業で成功し、巨万の富を築いて検校の称号を得たとされる。[19]「諸家系譜」では米山姓から男谷姓に改姓し、明和六年（一七六四）水戸藩に仕えたとあるが、[20]勝自身の「家計覚書」では「検校之家は、其男鳩斎と云。其後を継ぐ者忠之進。此人之男三代仕官せず」とある。[21]水戸藩へ七十万両の貸付があったとされることから、[22]債権者への宥和策として藩士の待遇を与えられていたと考えるのが適当だろう。この銀一の三男平蔵忠恕《ただくみ》（一七五五〜一八二七）が西ノ丸持筒与力として召抱えられたのが、幕臣男谷家のはじまりである。平蔵は支配勘定に転じた後、天明六年（一七八六）に旗本役の勘定へ昇進すると共に家格を家禄百俵の旗本に引き上げ、[23]享和三年（一八〇三）に勘定組頭に至る。この間、伊勢山田での銀札引替え、宇治山田両会所立会取締、江戸城幸橋門御用など、勘定所の実務官僚として活躍してたびたび褒賞されている。[24]その嗣子彦四郎思孝《ひろたか》（一七七七〜一八四〇）は勘定を振り出しに、表祐筆、信濃国中之条、越後国水原の代官、二ノ丸留守居、西ノ丸裏門番頭と順調に昇進し、最後は小十人頭（役高千石）に至り、在職中に病没した。[25]彦四郎は能吏として活躍する一方で「寛政重修諸家譜」の編纂にも参加した知識人でもあり、[26]勝も幼少の頃この伯父に書を学んでいる。[27]左衛門太郎の次兄で家禄二百俵の旗本松坂家を継いだ三郎左衛門則方（生没年不詳）も、勘定、越後国水原、甲斐国甲府の代官を勤め、西ノ丸切手門番之頭（役高四百石）に至っている。[28]彦四郎の婿養子となった精一郎信友（一七九八〜一八六四）は、書院番を皮切りに徒頭、先手弓頭と番方（武官職）で経歴を重ねる一方、団野真帆斎（一七六一〜一八四九）に直心影流剣術を学び、その道統を継いで江戸四大老剣に数えられた。安政二年（一八五五）に幕府が講武所を創設すると頭取に就任、文久元年（一八六一）には西ノ丸留守居格剣術師範役となり、諸大夫に叙せられて下総守と称した。その後、一時期旗奉行（役高二千石）を兼帯し、講武所奉行並に至る。[29]また、左衛門太郎同様、平山子龍の門に出入りしている。[30]勝ははじめこの精一郎に剣を学び、後にその高弟島田虎之助（一八一四〜一八五二）に入門するまで薫陶を受けた。

このように、男谷家は勝家同様、下級の幕臣から家格を上昇させた家である。江戸時代中期に新規に取り立てられたという点では、家康以来の直参である勝家以上の成り上がりであり、歴代当主の力量によって家勢を盛り立ててきた家であった。勝は男谷屋敷で生まれ、伯父彦四郎に書を学び、従兄精一郎に剣を学ぶなど、男谷家との縁が深い。主として勘定所・代官等の財政分野における実務官僚として活躍した男谷一族の経歴は、幕臣としての勝の思想形成を検討する上で、無視することができない要素として注意しておくべきであろう。

最後が平山子龍である。平山は通称行蔵、諱は潜。兵原、又は練武堂と号した。子龍は字である。家禄三十俵二人扶持、伊賀同心の流れを汲む下級幕臣で、昌平坂学問所で古賀精里（一七五〇〜一八一七）に学び、早くに役目を辞して剣術家、兵学者、和流砲術家として名を成した。四谷北伊賀町に道場を開き、流儀を忠孝真貫流、次いで講武実用流と称した。平山はロシアの南下への備えを説き、蝦夷地への屯田兵設置などを主張し、老中松平定信（一七五九〜一八二九。白河藩主）の顧問であった柴野栗山（一七三六〜一八〇七）から諮問を受けたこともあったとされる[31]。文化四年（一八〇七）には幕閣に建議し、楠正成、後漢の光武帝の例をひきながら、自ら無頼の徒、囚人から成る兵を率いて蝦夷地に駐屯することを願い出ている[32]。

平山の主著である「海防問答」は文化十三年（一八一六）に成立し、海防問題に関する客の様々な問いに平山が答えるという体裁で書き綴られている[33]。上・中・下に分かれるその内容は改まった章立てを持たないものの、「砲台よりも砲船を設けるべき事」、「西洋船は火を以て攻めるべき事」、「漁民を民兵として活用すべき事」、「ロシアの蝦夷地襲撃事件」、「商船の海防への活用」、「海岸線の人員・大砲配置」、「ロシアの漸進的南下の脅威」、「商船を改造し海防に用いる事」、「海外諸国の距離」といった項目で書き綴られている。その要旨は、

①兵器の得失論

②林子平の「海国兵談」批判

③民兵、特に漁船・商船の活用

④ロシアの漸進的南下への懸念

の四点に要約することができる。兵器の得失論のうち、砲術論は「机上の兵学家」[34]の域を出ないものの、石砲、木砲の用法、火薬の調合方法など、伝統的な和流砲術家としての水準は低くない。ただ、このような知識や「西洋船は火をもって攻めるべき」といった個別具体的な戦術論は、他の海防論と軌を同じくするものであり、際立った特徴を見せるものではない。平山自身、こうした砲台の設置、兵力の配置といった海岸防御の具体的方法は「海国兵談所ヲ見ラレテ心付カレシコトニテ、悉ク海防ノ末事ナリ」とし、[35]林子平ら他の海防論者をこうした問題にのみ拘泥する「大痴漢」と批判している。[36]同書の特徴はロシアの南下に対する警戒である。「海路ヨリ來ル賊ナラハ如何ホトモ防キ方ノ手立テアルヘキカ。蠶食シテ漸々ニ逼ルモノハ、防キ方ノ手立カナキソ」[37]と、シベリア、択捉、蝦夷地、奥州という漸進的な日本への蚕食の危険を主張している。勝自身の残した記録類に平山に関する記述は見られず、直接的な思想的影響について踏み込んだ言及をすることはできないが、父左衛門太郎、従兄にして剣術の師である男谷精一郎という、勝にとって近しい存在である二人が師事した平山の対外思想の存在は、留意しておく必要があるだろう。

このように勝をめぐる血縁や周囲の環境は、一般的に無役の貧乏幕臣、また父左衛門太郎、従兄精一郎に代表される剣客の血筋というイメージが強いが、実際には終生無役だった父以外は近親者のほとんどが主に経済・財政分野の幕吏として活躍している。また、金融業者として成功した曽祖父と、経済・金融に関する勝を巡る環境は多彩である。更に、勝家が元々鉄砲玉薬同心の家筋であったことも留意する必要がある。経済・金融と砲術、この二つの分野は勝の思想形成を考える上で重要な要素として指摘できる。

2　蘭学者としての経歴

（1）洋学修行と洋式砲術への志向

勝は文政十二年（一八二九）、七歳の時に将軍徳川家慶（一七九三〜一八五三。将軍在位一八三七〜一八五三）の五男初之丞（一橋慶昌。一八二五〜一八三八）の御相手として出仕し、同時に家督を相続した。この奥向出仕は初之丞が一橋家を相続した翌年の天保九年（一八三八）に急死するまで続く。この間、従兄男谷精一郎、次いでその高弟島田虎之助に入門して直心影流剣術の修行を始め、天保十四年に免許皆伝を得るが、その間に蘭学修行を開始したようである。その年は諸説あるが(38)、勝の門人である富田鉄之助（一八三五〜一九一六。のち日銀総裁、貴族院議員）は修行開始の年を天保八年から九年にかけての時期(39)、松浦玲氏は天保十三年、二十歳の頃と推定している。

蘭学を志した勝が最初に師事したのは西洋馬医術に通じた幕府西丸御厩の御馬乗で(40)、のち江戸城紅葉山文庫の管理にあたる書物方の同心に転じた都甲斧太郎（生没年不詳）である。都甲は蛮社の獄で自殺した蘭学者小関三英（一七八七〜一八三九）に蘭学を学び、蕃書調所創設に際しては教授方候補に擬せられた人物である(41)。勝が初めて世界地図を見たのはこの頃とされ、「此世界に生を受得て纔に一国に屈す、豈大丈夫の志ならむや、万国を周遊せずんば、終に人たる甲斐なからむや」と感じたという(42)。

都甲から蘭学の手ほどきを受けた後、勝は福岡藩の蘭学侍講永井青崖（?〜一八五四）に入門する。永井は藩命により長崎で蘭学を修め、のち江戸詰となり藩主黒田長溥《ながひろ》（一八一一〜一八八七）の侍講となった人物である。専門は地理学で「銅版万国與地方図」、「五大大洲各洲全図説」（未完）などの著作がある。蘭学の中でも当時の主流である医学や化学ではなく、地理学者である永井に師事したことは、勝の世界観を形成する上での重要な要素となった。

この時期、都甲、永井以外に親交を確認できる蘭学者には、蘭方医高野長英（一八〇四～一八五〇）、旗本岡田新五太郎（?～一八六二）、佐久間象山（一八一一～一八六四）らがいる。

高野は天保十年の蛮社の獄で捕らえられ、弘化元年（一八四四）の伝馬町牢獄火災に乗じて脱獄して以降、各地で逃亡生活をしていたが、潜伏先を幕吏に踏み込まれ自殺する約一ヶ月前、嘉永三年（一八五〇）九月～十月頃にかけて夜中秘かに勝を訪問している。この時に勝と高野は時事を談じ、高野は自身が謄写した荻生徂徠（一六六六～一七二八）の「軍法不審」を勝に贈ったという。(43)

岡田新五太郎は、松崎慊堂（一七七一～一八四四）の門人で十年来勝と共に蘭学を学んだ仲とされ、勝が長崎での海軍伝習のため江戸を離れた折には特に留守宅のことを依頼している。(44) 勝同様小普請組の下級旗本であったが、安政二年（一八五五）年十月、勘定出役に登用され、同五年十月に本役へ昇進している。同六年十月に差控となるが、(45) この処罰の理由は「如何の趣」というのみで詳しくはわからない。この間、大砲鋳立小筒張立御用、(46) 駐日アメリカ総領事ハリス（Townsend Harris, 一八〇四～一八七八）江戸出府の際の貿易筋御用を勤めるが、(47) その後の経歴は不明であり、勝は勘定所の小吏のまま病没したと記している。(48)

佐久間象山との交際は弘化元年（一八四四）に始まり、嘉永五年（一八五二）に勝の妹順が象山に嫁いでからはより親密になる。特に嘉永六年に象山が門人吉田松陰（一八三九～一八五九）の密航未遂事件に連座して国許へ蟄居となってからは、象山はしばしば江戸の勝に洋書の手配を依頼している。

嘉永三年、勝は赤坂田町に蘭学塾を開くが、この頃の主な門人には佐藤与之助（一八二一～一八七七。諱は正養《まさやす》。出羽庄内出身。のち幕府に出仕し大坂鉄砲奉行。維新後は民部省に出仕し初代鉄道助）、杉純道（一八二八～一九一七。維新後は亨二《こうじ》。福山藩侍講を経て幕府に出仕し開成所教授。維新後は統計院大書記官）、前述の富田鉄之助らがいる。また、門人指導の傍ら、しばしば諸藩から大砲・小銃の設計・鋳造を請け負っている。(49)

嘉永六年の海防建白書以前の著作は、嘉永四年の「蒸気砲」、「鰓行私言」の二つが挙げられる。(50)「蒸気砲」は一八三六年にペルキングが発明した蒸気の圧力で砲弾を発射する大砲の紹介であり、「此の兵器、若し遍《あまね》く世に行はれば、戦闘を為す状《さま》大いに変化することあらんこと疑ひなし」と期待を寄せている。「鰓行私言」は「大率《おおむね》銃家と称する者、空しく古轍に泥《なずみ》て実用試験を喪」っていると古流砲術を批判し、兵制改革を求めたものである。ここからも、蘭学者としての勝の立場が、蘭学の中でも砲術に重きを置いたものであったことが分かる。

ところで勝の砲術家としての技量だが、後年海軍伝習で数学に悩まされたことを考えると、計数能力を要するこの分野でどれだけの力量があったかは疑問が残る。オランダ人教官と自由に意思疎通できた語学能力と併せ考えると、洋書翻訳である程度の知識を得、その紹介により洋式砲術家としての名声を得ていたと考えるのが妥当ではないだろうか。

（2）豪商層との交際

青年期の勝を巡る重要な人脈の一つが、豪商達との全国的なネットワークである。

渋田利右衛門（一八一八〜一八五八。箱館商人）
嘉納次郎作（一八一三〜一八八五。兵庫商人）
竹川竹斎（一八〇九〜一八八二。伊勢商人）
竹口喜左衛門（一八一二〜一八六九。伊勢商人。竹川竹斎実弟）
浜口儀兵衛（一八二〇〜一八八五。紀伊商人。のち紀州藩大参事。維新後、民部省駅逓頭）

彼らとの交際のきっかけは江戸での渋田との出会いであり、以後、自分が没した後の後援者として、渋田が親交のある豪商達を勝に紹介したのが始まりとされている[51]。この中で注目すべき存在は竹川竹斎であり、竹川及び実弟竹口喜左衛門と勝との密接な関係は第一章で見たとおりである。嘉納次郎作は灘で酒造・廻船業を営んだ嘉納家の一族で、慶応三年には幕府汽船奇捷丸、太平丸で江戸〜大坂〜神戸間に洋式船舶による初の定期航路を開いた人物である。浜口は紀伊の醤油醸造業者であり、商品を江戸に送る家業柄、やはり海運とは深い関わりを持った商人である。彼ら豪商たちとの交際は、勝の思想における経済的側面の中で大きな役割を果たした。特に竹川竹斎の著作に代表されるような、海軍建設に要する財源の裏付けを交易利潤に求める「海軍と海運の一致」の発想は、勝の海防論形成に大きな影響を与えることとなる。

3 海防建白書と幕吏登用

（1）嘉永六年の海防建白書

私塾の経営、諸藩の大砲・小銃の設計・鋳造請負により、着実に洋式砲術家としての名声を高めていた勝であるが、嘉永六年のペリー来航後にその対応策が朝野に広く求められると、勝も「愚衷申上候書付」を提出する[52]。この建白書では、冒頭でペリー艦隊に江戸内海への侵入、測量を許した事態を「誠に以案外之事」と問題視し、富津・観音崎の防御線が簡単に突破されたのは、軍制が「銃砲共に古轍に泥み」、結果として「武備自から廃弛仕実用を失ひ候」ためであると、「孵行私言」と同様に古流砲術への強い批判から始まり、「肝要之御所置は、先軍政之御変通并に択将、調練等の三大要」と、軍制改革、人材登用、訓練を喫緊の課題として挙げる。次いで江戸内海の具体的な防備論に移り、外国の軍艦は「堅牢金城之如く、周旋自由を得候者」であり、富津、観音崎、猿島等の備えを厳重にしても内海への侵入を阻止することは「難事之上の難事」であると、従来の防備体制の限界を指摘した上で、十八斤砲以上の大砲を採用して大森、羽田、品川、佃島、深川、芝へ十門、二十門の台場を築き、「彼是相応じ、十字射に放発」と、相互支援の体制を整えて敵を撃退するという防備構想を提示する。最後に「海寇防禦には、軍艦無御座候ては全備不仕」と、外国軍艦への十分な備えには軍艦の導入が必要という原則を示しながら、「軍艦御座候ても不熟練故急に御用立申間敷」と、海軍力の建設には時間がかかることを指摘し、当面取り得る対策として江戸内海への台場築造を提案しているのである。

では、ペリーが来航した際の実際の江戸内海警備はどのような形で実施されたのだろうか。六月三日にペリー艦隊が江戸内海に侵入すると、鉄砲洲を徳島藩、高輪・芝を姫路藩、深川を柳川藩というように、幕府は諸藩に持ち場を割り振って沿岸の警備にあたった[53]。幕府の海上戦力である御船手は「為見届」出動し、異国船が退去あるいは内海へ乗り入れる様子を見せれば直ちに注進に及ぶよう命じられている[54]。また、本牧警備にあたっていた熊本藩に対して六月九日付で達せられた指示は、猿島付近に配備された浦賀奉行、彦根、川越両藩の注進船が到着したならば、速やかに本牧手前を警備する長州藩へ注進船を出すというものであった[55]。この時の御船手や諸藩、浦賀奉行所の軍船への指示は全て「物見」、「注進」といったものであり、戦闘的な役割は全く与えられていない。現状では軍艦の機能を果たし得るものは存在しないという勝の分析と、海上戦力に関する幕府の自己認識は大枠において同じであった。「愚衷申上候書付」での主張は、ペリー来航という非常事態への対応策であり、「当今急務而已申上」と、砲台設置による江戸内海の防備という限定された戦術論に絞られている。

これに続き七月に勝は再度建白書を提出する[56]。この建白は長大なものであり、ここで全文を挙げることはできないが、

第一　御人選之儀厚被遊御世話、下情上に達し候様可被遊候様事
第二　海国兵備之要、軍艦無御座候ては難叶候事
第三　天下之都府には厳重之御備有度候事
第四　御旗本之面々厚く御世話被遊、兵制御改正并教練学校御建造之事
第五　人工硝石御世話并武具製作之事

の五章から成り、砲台配置などの戦術的視点のみならず、人材登用、外国交易などの政策論にまで及び、「当今之急務而已」を建白した前作を書き継ぐ体裁となっている。

第一では「愚衷申上候書付」で述べた三大急務の一つ「択将」から更に踏み込み、将軍の御前で政治、海防問題を議論させ、有為の人材を登用するべきであると主張している。

第二はこの建白書の眼目となる海軍の建設である。海防に海軍力が必要であることはすでに「天下之通論」とし、それ自体多くを論じていない。その特色は海軍建設費の捻出方法にある。その費用は莫大であり、「国内之力を以て充」れば、「万民之課役厳酷」となり、結果的に民衆蜂起を招きかねないとし、これを避けるために「外寇に備ふる兵備は、外国より得る処を以て之に当」、すなわち「交易之利潤」を海軍建設費用に充てるとしている。具体的には清国、ロシア、朝鮮を交易相手として想定しており、新たに建造した堅牢な洋式軍艦で外国の交易港へ航海し、当地で日本の雑穀雑貨を売却して交易先の「有益之品々」を購入するという出交易の構想である。交易利潤で更に新たな軍艦を建造し、これを順次交易船に加え、同時にこの軍艦は密貿易の取り締りの役割を担う。軍艦の運用にあたっては、海賊や外国船との遭遇・戦闘も想定しており、「進退之駈引并船軍も実地を以て」習得してゆくものとしている。(57) これは「平時の商船、有事の軍艦」という海軍の運用思想と位置付けることができる。もちろん、

ここで想起されている軍艦は、ペリー来航時に江戸内海に出動した船手の軍船とは全く異なるものである。

第三は、「愚衷申上候書付」でも論じた江戸防衛についてであり、「前文にも申上候得共、猶又反覆奉申上候」と、詳細な説明を避けつつ、砲台整備と砲術稽古を主張している。

第四では、三百石以下の幕臣の多くが困窮のため武術稽古もままならないと現状を問題視し、幕府直轄軍の兵備充実、特に砲術を「世界一般に取用候西洋風之兵制」に改正すべきであると提案している。このため、江戸から三～四里ほどの場所に和漢蘭の兵書を集め、「天文学、地理学、窮理学、兵学、銃学、築城学、器械学」を教育・研究する教練学校を設けることを主張し、そのための費用を二～三万石ないし五～六万石と見積もっている。ただし、この教練学校に関して海軍教育について特記されているところはない。

第五は、砲術の近代化に伴い予想される硝石不足に備え、江戸近郊六、七ヶ所に作硝場を設けることである。併せて武器製造については、従来この任にあたってきた職人、玉薬同心に加え、幕臣の次、三男以下の部屋住・厄介、小禄の隠居、病身の者を細工所に出仕させて大量の所要を賄うと共に、手当を支給して困窮する幕臣を扶助するとしている。自然の硝石を産しない日本では、戦国時代に鉄砲が伝来して以来、硝石は専ら人造硝石と中国からの輸入硝石に頼っていたが、火薬の需要が低下した江戸時代では、その生産量は僅かなものであり、急場の需要をまかなうことは到底できなかった。ペリー来航を境にそれまで金一両につき八貫目（約三十キロ）で取引されていた硝石は、一両につき五百目（約一・八七五キロ）にまで急騰しており、生産の拡大が焦眉の急であった。(58)

同書の全般的な特徴は、洋式砲術への傾斜と和流砲術への批判、幕臣主体の近代軍制創設である。前者は嘉永六年以前から一貫して見られる洋式砲術家としての主張であり、後者は幕臣のみでは不足する戦力を次・三男、隠居、病人にまで求める程に徹底している。「武術厳重に世話いたし候家も不少」にも関わらず、諸藩や陪臣を「御家人（引用者註：徳川家直臣としての旗本・御家人の総称）之内人数不足之分」と、補助戦力としての位置づけに限定している点は、文久期に勝が唱えた幕府・諸藩の統一海軍「一大共有之海局」構想と対比する上でも非常に興味深い。しかし、この建白書で最も重要となるのは、「第二」の中で「海外交易による利潤→近代海軍の建設」という図式がはっきり示されている点である。また、「第二」に関して言えば、第一章で触れた竹川竹斎の「護国論」と内容が類似していることがわかる。二つの海防論の執筆時期が同時期であること、江戸・伊勢と二人を隔てている距離を考えれば、どちらかが相手の著作を参考にしたというよりも、それまでの交流から、両者が海軍の建設に関して認識を共有していたと考えるのが適当であろう。

当時の勝の立場は、一度も役職に就いた経験のない小普請組の旗本であり、一連の建白書が幕府の海防政策に直ちに影響を与えたとすることはできないが、ペリー来航後、相次いで海防掛目付に登用された岩瀬修理忠震《ただなり》（一八一八～一八六一）、大久保右近将監忠寛ら、海防政策の担当者に勝の名を認識させたことは、この直後から彼らとの書簡の往復が始まることから指摘できる。安政二年（一八五五）一月十八日、勝は異国応接掛手附蘭書翻訳御用を命ぜられ、父左衛門太郎以来勝家の悲願であった幕吏登用を果たす。その直後、蕃書調所創設に際しては岩瀬の下で事業に参画し、軍事技術をはじめとした最新の西洋技術を取り入れるべき旨を主張し、同所の性格に影響を与えている。(59)

（2）摂海・伊勢警衛論

幕吏に登用された二日後の一月二十日には、勝は海防掛勘定奉行石河土佐守政平、海防掛目付大久保忠寛の伊勢海岸及び摂海（大坂近海）検分への随行を命じられる。大坂も伊勢も御所及び伊勢神宮を外国から守る上で枢要の地と認識されていたが、特に大坂近海に関しては、ペリー来航同様幕府を揺るがす事件が起きている。嘉永七年（一八五四）九月十七日にロシアのプチャーチン中将（Jevfimij Vasil'jevich Putjatin, 一八〇三～一八八三）の指揮するディアナ号（Diana）が大坂湾に侵入し、翌十八日には天保山沖に碇泊した。これに対し大坂城代土屋采女正寅直（一八二〇〜一八九五、土浦藩主）以下、大坂船手の番船百十四艘、大小傭船を含めると五二二三艘の船舶、大坂蔵屋敷詰の諸藩七十二藩約二千人を中核とする一万五千人の兵力が出動、これとは別に紀州藩が領内警備に一万人を出動させるという大規模な軍事動員に発展した。(60) 結局プチャーチンは下田での応接を示す諭書を受領して十月三日に大坂湾を退去するが、京都（＝御所）の防備に責任を負う幕府にとり、大坂湾警衛の充実は焦眉の急となった。安政元年十一月に石河、大久保へ伊勢・大坂検分が命じられ、翌月には紀州藩へ加太浦、徳島藩へ由良・岩屋、明石藩に明石への砲台築造が命じられた。(61) このような情勢下にあって、勝は伊勢・大坂検分への同行を命じられたのである。

第一章で触れたとおり、勝は視察中の二月六日から十一日にかけて伊勢で竹川竹斎と面談し、四月三日に江戸に帰府するが、在坂中に「乙卯建白」(62)を、江戸帰府後の四月に「伊勢両宮御警衛ニ付、申上候書付」(63)を著す。「乙卯建白」は、京都警衛の要衝として大坂湾、堺、兵庫の警衛について、それぞれ項を分けて論じたものである。嘉永六年海防建白書と同様、主に砲台の配置について、分析したものであり、「湊川左手江廿挺備之者一ヶ所」など、大砲の配置、種類、砲数について詳細に検討している。更に、大坂湾防衛の拠点として紀州加太、摂州兵庫を挙げている。(64) 加田は「唯今之浦賀表」に准じ、兵庫は「大坂之右翼」にあたる「尤肝要の場所」にして「九州、中国路之咽喉」、「殷富之土地」であり、それぞれに加太奉行、兵庫奉行を置いて幕府の直轄領とし、内外の藩鎮とすると共に、軍艦の造船所を置くというのが勝の主張である。直轄化した後のこの二港は軍事的要衝であると共に、「平常船々帆入厳重に相改、奸商密売相改、哨巡之走船数艘」を備える密貿易監視機関としての機能を持つことを想定しており、貿易港としての性格を強く意識している。また、兵庫で洋式船を建造し、「廻船御用」に役立てると同時に、「海軍之一助」とするという、嘉永六年建白とは逆順序ながら、海軍と海運を一体化させるという持論も展開している。

「伊勢両宮御警衛ニ付、申上候書付」も「乙卯建白」と軌を同じくし、伊勢湾に位置する答志島、管島、坂手島の三島以下、伊勢神宮に至る要衝の防衛を砲台、火薬庫の配置を主眼に論じている。ただし、伊勢神宮に通じる河川がいずれも川底浅く、大船の通航が不可能であるためか、海軍の配備については触れられていない。また、警備主体も幕府であるのか桑名藩、鳥羽藩であるのか明示されていない。伊勢神宮警衛問題は、ペリー来航後に注目され始め、竹川竹斎も「神宮守衛神乃八重垣」でこれを論じ、勝を通じて巡視中の石河に提出されているのは第一章で見たとおりである。この視察の結果、摂海周辺の海防体制の不備が明らかとなり、安政三年（一八五六）七月に大坂城代へ木津川・安治川両河口四ヶ所への砲台築造、大砲鋳造、備船建造に関する調査が命じられ[65]、明石藩をはじめとする周辺諸藩により大坂湾の砲台築造が開始されることとなる[66]。

以上見てきたとおり、この時期の勝の著作で重要なものは、嘉永六年の海防建白書二通である。ここで初めて、軍艦の整備、軍艦による海外交易、交易利潤による新たな海軍建設費捻出という循環的な海軍建設論が提示される。通商への視点は伊勢・大坂警衛論でも引き継がれ、勝の海防思想の中核部分となっていくが、著作全体の傾向は、砲術及び砲台築造に関する専門的な主張が多い。これは勝の専門性が西洋砲術に軸足を置いたものであり、かつ幕府から期待される役割も、その線に沿ったものであったことを表していると言えよう。

4　長崎海軍伝習

安政二年七月二十九日、勝は長崎での海軍伝習を命ぜられ、以後三年余りに及ぶ海軍修行が始まる。勝は早くから海軍伝習開始の情報を入手し、伝習生への選抜を諸方に依頼している。しかし、いざ海軍伝習が開始されると、数学が極めて不得意であったため、かなりの苦労を強いられ、竹川竹斎ら親しい人間へ苦悩を書き送っている。例えば、江戸の岡田新五太郎への書簡からは、「算術には困却いたし申し候、何分わかり兼ね当惑仕り候、算術手に入り候えば、航海は差のみ六ヶ敷くは御座無存じ候」と、かなり弱気になっている様子が分かる。(67)

それもあってか、在崎中の言説は海軍もさることながら、海外交易論に関するものが多く、更に踏み込んでジャワ留学を盛んに建議するようになる。このジャワ留学は、長崎駐在の目付で海軍伝習を監督した永井玄蕃頭尚志《なおむね》（一八一六～一八九一）、永井の後任として赴任した木村喜毅ら在崎の幕吏のみならず、岩瀬忠震をはじめとする在府の目付達にも盛んに訴えている。なお、この問題は安政三年（一八五六）八月、老中阿部正弘（一八一九～一八五七）が海防掛へジャワへの海軍伝習生留学について諮問するという形ではじめて公式の場で議論に付される。(68)同年十月には、長崎在勤から在府目付に復帰していた永井により、海軍伝習生のジャワ留学が建言されているが、翌年阿部が病死したことで立ち消えとなっている。(69)また、幕閣でこの問題が議されたことは「留学生論も直に建白、福山侯（引用者註：福山藩主阿部正弘）も至極之御気込に御座候得共、決兼《きめかね》、貿易論も同段、扨々《さてさて》困り入候事に候」と、永井から長崎の勝へも報じられている。(70)なお、この書簡で触れられている貿易論については、永井及び同役の岡部駿河守長常（一八二五～一八六七）が安政三年九月に連名で建白書を提出している。これは莫大な海軍建設費を捻出する方法として海外交易の振興を提唱したものであり、嘉永六年の勝の建白と同じ論旨である。(71)

また、【表2-1】に示すのは、海軍伝習拝命から渡米までの書簡、来簡である。書簡が最も多いのは岡田新五太郎宛であり、最も多い来簡は佐久間象山からである。その他にも、土岐頼旨（一八〇五～一八〇五）ら海防掛大小目付、島津斉彬（一八〇九～一八五八）ら諸侯など、幅広い交際が確認できる。安政三年七月に勝が岡田に宛てた書簡では、「申上候基本は、交易富国之術にも可有御座哉と考申候。此形勢にては、追々交易起不申候ては何事も充分御出来とは参申間敷、交易御興に相成候はゞ、兵備強盛に無御座候ては外国との通商保難く、また物産を開き

【表2-1】在崎中～渡米前、書簡・来簡表

	安政2		安政3		安政4		安政5		安政6		備考
	書簡	来簡	書簡	来簡	書簡	来簡	書簡	来簡	書簡	来簡	
岩瀬忠震						1					幕臣
江川英敏						1					幕臣
榎本武揚								1			幕臣
大久保忠寛		2		3		1				1	幕臣
岡田新五太郎	4	2	5	3	6		1	1			幕臣
岡部長常						1					幕臣
男谷信友											幕臣
木村喜毅										1	幕臣
沢太郎左衛門										1	幕臣
土岐頼旨				3		1					幕臣
永井尚志						7	1	3		2	幕臣
間瀬成之		1		1		1					幕臣
松本良順										2	幕臣
水野忠徳								1		2	幕臣
矢田堀景蔵						2					幕臣
小笠原長行								4		1	唐津藩世子
黒田長溥								1			福岡藩主
島津斉彬							1	1			薩摩藩主
島津久光							1				斉彬弟
大久保要		1		1							土浦藩士
佐久間象山		1	2	3		1		2	3	7	松代藩士
小曾根乾堂										1	長崎商人
竹川竹斎		1	1		1	1		1			伊勢商人
竹口喜左衛門				1							伊勢商人
カッテンディーケ									1		蘭海軍
ハントローエン									1		蘭海軍
ペルスライケン						1	1				蘭海軍
木村登								1			不明

（『書簡と建言』及び『来簡と資料』より作成）

不申候ては貨物少く、人巧盛に御世話御座無く候ては遊民之置所なく成可申と奉存候」と、はっきりと海外交易論を論じており、[72] 勝と岡田が外交・交易について議論を重ねていたことがわかる。海外交易に関しては、長崎の商人小曽根乾堂（一八二八～一八八五）が在崎中の勝に宛てた書簡でも「御台場且商館制造の積りにて大浦浪之平一万坪計り、崩山埋海、昼夜奔走、（中略）願くには、近年のうち、上海、爪哇《ジャワ》、俄《おろしや》、英、仏、蘭之地え商館を開き、旭の旗を建度ものと加鞭仕居候」と、両者が海外交易について忌憚の無い意見を交わしている様子が伺われる。[73]

書簡・来簡中最も多いのは在崎中の勝の消息を知らせる、あるいは尋ねる海軍伝習関係であるが、砲術・海防関係も少なくない。小笠原長行のように大砲の雛形製造を依頼するものもある。[74] 交易に関しては概ね交易振興を説いているが、中には小曽根乾堂のように、具体的な地理を挙げて交易論を展開する者もいる。また、依然として砲術との関わりは深く、安政三年三月十一日には海軍伝習中のまま講武所砲術師範役に任ぜられ、翌安政四年秋には「銃台築造提要幷算定艸　全」[75] が完成する。これは、

上
　総論
　砲台之位置
　砲台高径之定則
　胸壁の厚径
　備砲の員数
　砲の弾量
　砲台後面の大堡塞

中

砲台之位置
砲種員数
砲車及び砲倚
装薬照準機械
弾数火薬
火薬小庫及装弾火機製造窖

からなり、海岸砲台について論じたものである。「以上は船将に聞ける処」と、海軍伝習所のオランダ人教官から得たと考えられる知識も取り入れ、西洋の砲術理論を踏まえた著作であるが、「船砲は活動して一所に止まるなきが故、其利益、不動の者より数倍なるべし」と、海岸砲台に対する海軍力の優越を明記している点などが特徴として挙げられる。江戸の勝塾も勝不在のまま門人が活動を続け、安政三年十一月には老中、若年寄列座の下で洋式調練を行っている。また、安政六年三月には外国奉行水野筑後守忠徳（一八一〇〜一八六八）から神奈川台場の技術指導を依頼されている。(76)

このように、在崎中の勝は海軍士官としての教育を受けながらも、その志向は軍艦の運用術といった実務よりも、外交・交易問題といった政策論にあったと言える。特に海外交易論は長崎商人との交際によって更に発展し、外国留学への希望などに影響を与えてゆく。また、海軍伝習期間中に江戸の講武所砲術師範役に任命され、諸侯・幕府有司から大砲の雛形製造、台場の技術指導などを依頼されていることからもわかるように、軍事技術者としての評価は自他共に洋式砲術家としてのものであった。

おわりに

以上、勝が無役の幕臣から洋式砲術家を経て幕府海軍創設に参画していく中で、自身の海軍論を形成していく過程を検討した。代々鉄砲玉薬同心を勤め、江戸中期に家格上昇を果たしながら、その後家勢が衰退傾向にあった勝家の由緒、財政分野で中堅幕吏を輩出した父の実家男谷家、この出自の要素は勝の豪商層との親交、海外交易への志向、洋式砲術という専門性の背景として無視できない。

次に蘭学者としての経歴である。勝が初学を地理学者永井青崖に師事したことは、日本、清国、朝鮮に留まらない広範な世界認識を獲得する上での基盤となったと言える。これは地理感覚を伴った対外危機意識を醸成し、海軍論・交易論の思想的基盤となった(77)。そして蘭学修行中に親交を結び、勝の後援者となった全国の豪商達との交際は、勝に海運に関する具体的なイメージを提供することとなった。これは海外交易による近代海軍の建設、建設した艦隊を用いた海外交易、すなわち海軍と海運が一体化した海軍論を形成する上で重要な要素となったのである。

私塾での活動、諸藩からの大砲鋳造請負、著述活動によって勝は洋式砲術家、海防論者としての地位を確立し、嘉永六年の海防建白書を機に幕吏登用を果たす。この登用は伊勢・大坂海防巡視への随行などを通じて、勝に幕政への参画機会を与えると共に、岩瀬忠震ら海防実務の担当者に自身の存在を知られるきっかけとなった。彼らの知遇はその後の勝の人生を切り開いていくこととなる。勝の海防構想は、彼らを通じて大坂湾や神奈川の砲台整備、ジャワ留学建議といった形で政策面に反映され、更に日本最初の近代海軍創設に際して、勝は基幹要員に選抜される。しかし、海軍士官必須の素養である理数の才に欠ける勝は、海軍士官として決して有能ではなかったと言わざるを得ない。海軍伝習中も自身の専門性を砲術から軍艦の運用術に転換させた形跡はない。三年余にわたり士官教育を受け、艦の指揮官として幾度となく練習航海を経験しているが、在崎中の著作・往復書簡の内容から考えても、勝の専門性は相変わらず砲術にあったと言えよう。

勝は洋式砲術家として世に出て、自身の海防論を発展させる過程で海軍力の必要性に行き着き、その手段として海外交易論を内包した海軍論を主張するようになる。洋式砲術の専門家として随行した伊勢・大坂視察でも主目的である海岸防御、特に台場築造について検討する傍ら、建白書では交易用の良港を選定するなど、常に海外交易への可能性を模索している。その海軍論はかなり理念的なものであり、かつ軍事技術者の海防論としてはかなり特異である。こうして「海外交易の利潤による近代海軍の建設→建設した艦隊による海外交易→更なる海軍建設」という建設と運用の循環理論が成立することとなる。

ただし、その特徴である海軍と海運の一体化はそれ以前にも見られる発想であり、むしろそれは近世日本を通じた海上軍事力の一つの特徴だったとも言える。勝や竹川竹斎の海軍論は、こうした日本の伝統的な海上軍事力概念を、蒸気軍艦なり洋式砲術なりの新技術に置き換え、日本が建設するべき近代海軍の姿を提示したものであった。すなわち、この時期の海軍建設をめぐる構想は、江戸後期から顕在化してきた対外的脅威に対処し得る軍事力整備という側面と、軍船と廻船が一致した伝統的な日本の海上軍事力概念の延長上という二つの側面が並存し、勝や竹川は後者の概念に依拠しつつ、前者にも対応し得る海軍像を提示したのである。特に勝は幕府海軍の高官となった後もその実現に努め、将軍徳川家茂（一八四六〜一八六六。将軍在位一八五六〜一八六六）の信任下、軍艦奉行並、次いで同奉行として海軍行政を主導した文久〜元治期の海軍建設に影響を与えることとなるが、この点については第五章で詳しく見ていくこととする。

註

（1）勝の事績は石井孝『勝海舟』（吉川弘文館、一九七四年）、松浦玲『勝海舟』（筑摩書房、二〇一〇年）などを参照。

（2）松浦玲『勝海舟』（中公新書、一九六八年）四一頁、石井『勝海舟』五～六頁。

（3）松浦『勝海舟』（筑摩書房）六三頁。長い間海軍が純粋な戦闘単位としてよりも、兵力・物資の輸送手段として認識されていたこと（パワー・プロジェクション機能としての海軍）や、海軍と海運が不可分の関係にあることは第一章で論じたとおりであり、松浦氏のこの評価は海軍論に対するものとして必ずしも妥当なものではない。

（4）松浦玲『勝海舟と幕末明治』（講談社、一九七三年）、同「幕末期の対朝鮮論」（『歴史公論』五十七号、一九八〇年八月）、同『明治の海舟とアジア』（岩波書店、一九八七年）、同『勝海舟』（筑摩書房）第十六章など。

（5）江藤淳、松浦玲編『氷川清話』（講談社、二〇〇〇年）二一九頁。

（6）蘋洲漁夫「幕末の征韓論と対州」（『日本人』九十六号、一九〇二年八月）、森谷秀亮「征韓論分裂の真相」（『史潮』五巻一号、一九三五年）。沈箕載『幕末維新日朝関係史の研究』（臨川書店、一九九七年）二七頁、瀧川修吾「征韓論と勝海舟」（『法学研究年報〈日本大学法学研究科〉』三十三号、二〇〇四年三月）など。

（7）山口宗之「幕末征韓論の背景」（『日本歴史』百五十五号、一九六一年四月。『幕末政治思想史研究』隣人社、一九六八年に再録）、毛利豊「幕末期大島・勝山田ら合作「征韓論」の形成」（『駒沢史学』二十七号、一九八〇年三月）、朴栄濬「幕末期の海軍建設再考」『軍事史学』百五十号、二〇〇二年九月）。

（8）木村直也「文久三年対馬藩援助要求運動について　日朝外交貿易体制の矛盾と朝鮮進出論」（田中健夫編『日本前近代の国家と対外関係』吉川弘文館、一九八七年。紙屋敦之、木村直也編『展望日本歴史14　海禁と鎖国』東京堂出版、二〇〇二年に再録）、同「幕末期の朝鮮進出論とその政策化」（『歴史学研究』六百七十九号、一九九五年十二月）など。

（9）朴「幕末期の海軍建設再考」。

（10）「諸家系譜」（国立公文書館所蔵内閣文庫、国立公文書館デジタルアーカイブ）百十九冊。

（11）同上　百十九冊及び東京都江戸東京博物館蔵「御鉄砲玉薬組由来緒書」。

（12）同上及び小川恭一『徳川幕府の昇進制度』（岩田書院、二〇〇六年）一五九頁。前掲松浦『勝海舟』など勝家を麟太郎に至るまでの御家人としているものもあるが、これは誤りである。

（13）「諸家系譜」百十九冊、『寛政重修諸家譜』（続群書類従完成会、一九六四～一九六七年）第二十三、三二五頁。

(14) 同上。
(15) 持格勤とは家格を維持した勤務。家格より低い役に就くことを「引下勤《ひきさげづとめ》」といい、享和三年（一八〇三）に十年以上引下勤をした者は追々御目見以上の役に就くと定められると、少禄旗本は積極的に引下勤をするようになった。山本英貴「江戸幕府御家人の任用制と役職構造」（『論集きんせい』三十号、二〇〇八年五月。同『江戸幕府大目付の研究』吉川弘文館、二〇一一年に再録）。また、出役は本職以外への臨時勤務を指すが、江戸時代後期には役職不足解消のためにも用いられ、本役を持たず出役勤務のみという幕臣も多数いた。
(16)「諸家系譜」百十九冊及び「勝麟太郎親類書　断簡」（国立国会図書館憲政資料室蔵『勝海舟関係文書』）。
(17) 勝小吉著、勝部真長編『夢酔独言　他』（平凡社、二〇〇〇年）三四、六〇～六一、一〇四頁。
(18) いずれも勝部『夢酔独言　他』に所収。
(19) 東京市役所編『東京市史外篇第三　講武所』（東京市、一九三〇年）一八三～一八四頁。
(20)「諸家系譜」（国立公文書館所蔵内閣文庫、国立公文書館デジタルアーカイブ）百一冊。
(21)『勝海舟全集22　秘録と随想』七六二～七六三頁。
(22)『講武所』一八四頁。
(23)『寛政重修諸家譜』第十九、三五三頁及び小川『徳川幕府の昇進制度』一五六頁。
(24)「諸家系譜」。
(25)『大日本近世史料　柳営補任　三』（東京大学出版会、一九六四）一六、八三、二九二頁、同四、一九五頁、同五、一八五頁。
(26)『寛政重修諸家譜』第一、一三頁。
(27)『氷川清話』二三頁。
(28)『寛政重修諸家譜』第二十二、二二四頁、『柳営補任　四』一九五頁、同五、一八五頁及び西沢淳男『江戸幕府代官履歴辞典』（岩田書院、二〇〇一年）五〇三頁。
(29)『柳営補任　三』、一六、八三、二九二頁、同五、一九七～一九八、二〇一頁。
(30)『東京市史外篇第三　講武所』一八四頁。
(31)『平山子龍先生遺事』二一八～二一九頁。
(32) 同上　二二六～二二九頁。

(33) 住田正一編『日本海防史料叢書』(海防史料刊行会、一九三二～一九三三年。一九八九年、クレス出版より復刻) 一巻所収。
(34) 『海防問答』一頁。
(35) 同上　七七頁。
(36) 同上　五九～六〇頁。
(37) 同上　七〇頁。
(38) 勝の蘭学修行開始時期については、松浦玲「弘化・嘉永期の勝海舟」『桃山学院大学人文科学研究』二十五巻一号、一九八九年七月)、同『勝海舟』(筑摩書房) 三九～四三頁を参照。
(39) 『年譜』(『勝海舟全集』別巻) 九九二頁。なお、富田鉄之助と勝の関係については吉野俊彦『忘れられた元日銀總裁富田鐵之助伝』(東洋経済新報社、一九七四年) を参照。
(40) 将軍御召馬の調教・飼育を行う役。寛政十一年～天保十三年の『武鑑』では御馬乗として都甲の名がある。竹内誠他編『徳川幕臣人名辞典』(東京堂出版、二〇一〇年) 四二五～四二六頁。
(41) 原平三「蕃書調所の創設」(『歴史学研究』百三号、一九四二年九月)。
(42) 『勝海舟全集2　書簡と建言』四〇九頁。
(43) 『氷川清話』九五頁。
(44) 安政二年十月七日付岡田新五太郎宛勝海舟書簡 (『書簡と建言』) 二五～二六頁。
(45) 小川恭一編著『寛政譜以降旗本家百科事典』(東洋書林、一九九七～一九九八年) 一巻、六三四頁。差控は本人の職務上の責任問題、または家族、親族に不祥事が生じた場合に居宅に籠居・謹慎する刑罰。謹慎期間の定めはなくやがて解除されるが、状況により役職を解かれる御役御免、主君への拝謁権が停止される御目見遠慮などの処分が下った。
(46) 安政二年十一月二十九日付勝海舟宛岡田新五太郎書簡 (『書簡と建言』) 二七～二八頁。
(47) 安政四年十一月二十六日付勝海舟宛岡田新五太郎書簡 (『書簡と建言』) 四四～四五頁。
(48) 「海舟日記」(東京都江戸東京博物館蔵『勝海舟関係文書』) 文久二年十一月九日条。
(49) 嘉永六年八月十一日付竹口信義宛勝海舟書簡 (『書簡と建言』) 一一頁。
(50) 『秘録と随想』七〇九～七一三頁。
(51) 『氷川清話』二六～二九頁。

（52）「ペリー来航に際し上書」（『書簡と建言』）二五五〜二五六頁。なお、全文は以下のとおりである（傍線は本文への引用部分）。

愚衷奉申上候書付

一、此度亜米利幹之使節船渡来仕、滞船中、内海深く乗入、測量、深浅等探り候儀は、誠に以案外之事にて、其上若手違等御座候て、万々一不測之変も御座候はゞ、兼々厚く御世話被遊置候房総之御固等も、右様之節に至り候ては、何之御要害にも不相成、警衛之勇卒空敷切歯仕候て、海岸を守り居候より外致方も無御座候義と奉存候。甚以奉恐入候得共、元は本邦之兵制、銃法共に古轍に泥み、其上追々安きに忸ひ候て、武備自から廃弛仕実用を失ひ候より起り候事にも可有御座哉。故に、彼れ其恐れ少きを覬覦仕、軽蔑之情躰を相顕し候事と奉存候。此上猖獗之諸蛮ども承り伝へ、右様之義年々御座候様相成候ては、御国是より衰弱仕、其上大小名共奔命に相労れ、万民労役を憚り、果は怨声道路に載候様相成ては、終には天下の御大事とも相成可申も難計、甚以奉恐入候義に御座候。凡当時之御急務。肝要之御所置は、先軍政之御変通并に択将、調練等之三大要に止まり可申哉と奉存候。其上江戸海江堅固之御台場御取建、并御旗本御世話被遊候御事、尤御急事と奉存候。彼方之軍艦は、堅牢金城之如く、周旋自由を得候者之由に候間、富津、観音崎、猿島等、如何程御世話被遊候共、場広之所、中々以此所にて防ぎ留、江戸海江乗入候を止め候事は、難事之上の難事と奉存候。若又右場所にて厳敷打合候はゞ、是に応じ候程之軍艦壱、弐艘も止置、火輪船などを以、暫時に内海江乗入、江戸市中江向ひ焼玉等打懸候はゞ、緩急之御備相立難く、事機に後れ臍を噛とも及び難く候儀も可有御座哉と奉存候。故に、江戸之御固め厳重に御備被遊候御事、当今之御急務此上も御座なく候御儀と奉存候。彼邦にて専ら海岸に備置候銃台には、十八斤以上之大銃并暴母加農と唱候銃を採用仕候由。乍去、唯々銃種多きのみにて、製作法度に不叶、其上銃台之位置宜敷を得不申候ては、実地に望み候て寸功も無御座、却て味方に損害を生じ候由、及承候。江戸海之地勢にて申上候得ば、先大森村羽田の出洲、品川の洲并に佃島之出洲等築出し、此所江七十挺備御台場、其外深川之地先、芝因州之下屋敷并浜御庭先等江は、十挺或は二十挺備之御台場御建造被遊、是より彼是相応じ、十字射に放発仕候はゞ、ヶ成江戸は厳重に可有御座哉と奉存候。其外は、場所に応じ候て、厳重之御台場は無御座候共、暴母避牀并胸壁など設け置候はゞ、不調練之多人数よりは遥に相勝れ可申と奉存候。一躰、海寇防禦には、軍艦無御座候ては全備不仕義に御座候江共、只今之処にては、軍艦御座候ても不熟練故急に御用立申間敷奉存候。先差当り江戸之御固め厳重に御世話被遊候とも、敢て遅かるまじくと奉存候。譬万々一戦争に及候て、内海を離れ候孤島など一、二ヶ所奪ひ取られ候とも、軍艦御製作に相成、兵制御変通之御趣意相立候はゞ、暫時に取戻し、其上彼が巣穴を攻伐候も相成難き儀とも不奉存候。凡百般之事、一時に十全仕候様なる義は曾て御座ある間敷候間、緩急に応じ御世話被遊候はゞ、難有御儀と奉存候。

私底若輩をも不顧国家之　御大切之御儀ども申上候は誠以死罪之至に御座候得共、数代莫大之御国恩に浴し居候身分、誠に深憂懼仕候義に付、不顧恐、愚衷之趣、謹て奉申上候。以上。

丑七月

(53) 石井良助、服藤弘司編『幕末御触書集成』第六巻（岩波書店、一九九五年）五〇頁。
(54) 同上　五二頁。
(55) 同上　五〇頁。
(56)『書簡と建言』二五七〜二六一頁。
(57) 同上。この部分は建白の眼目となる部分であるので以下に全文を挙げる。
一体、外寇に備ふる兵備は、外国より得る処を以て之に当不申候ては、全備難仕と奉存候。故如何となれば、如何程富饒なる国にても、大銃、大艦之造費莫大にて、其上、右に従事仕候者にも格別厚く手当遣し不申候ては難叶事故、右等之費用、国内之力を以て充候得ば、果は万民之課役厳酷に相成、賤民反戻仕可申候。依之、外寇に充つる兵備は、交易之利潤を以て当て不申候ては全備不仕候儀に御座候、（中略）堅船出来候はゞ直に御法を被定、先清国、魯西亜之辺境并朝鮮江此方より雑穀雑貨を以て有益之品々と交易盛に仕候儀に御座候。如斯此方より出張仕、彼方より参り候儀を止め候はゞ、国財を失ひ候事少く、尤有益之儀と奉存候。
(58) 幕末期における硝石の生産管理については福田舞子「幕末文久期の軍制改革と火薬製造について」（『文化財学雑誌』〈鶴見大学〉五号、二〇〇九年三月）、同「幕府による硝石の統制」（『科学史研究』二百五十八号、二〇一一年六月）を参照。
(59) 原「蕃所調所の創設」、大久保利謙「海舟勝麟太郎と蘭学」（『大久保利謙著作集5　幕末維新の洋学』吉川弘文館、一九八六年）を参照。
(60) 大阪市編『大阪市史』（清文堂、一九六五年。復刻）二巻、七五〇〜七五六頁。
(61) 同上　九〇二頁。
(62) 竹川家蔵。なお、竹川家の所蔵する史料は「乙卯建白草稿」と題されている。また、この建白書は『書簡と建言』六四二〜六四六頁に「大坂近海警衛に関する建言」と題して収録されているが、翻刻には若干の疑問がある。
(63)『勝海舟関係文書』。なお、東京都江戸東京博物館の作成した文書目録における表題は「勝海舟異見書写（伊勢両宮警衛）」となっている。

(64) 加太及び兵庫に関する記述は以下のとおりである。

大坂内海、其咽喉と致候地は紀州加田《ママ》、友ヶ島、并淡路由良之地、先と相対峙致候場所、人々兼々注目いたし候、(中略)願くは此島(引用者註:友ヶ島)并加田港を以て時今之浦賀表ニ准し置、入津之船々相改候様仕度、右要相成候ハヽ、自然御取締向にも宜敷、且は軍艦之御製造も被仰出候義故、旁以て御捨置被遊難き御場所と奉存候、若哉右様御取立相成候ハヽ、加田奉行被仰出候歟

摂州兵庫之地は大坂之右翼ニ准し申候所にて、尤肝要之場所と奉存候、(中略)此地江は堺江被為対、兵庫奉行被仰付置、近隣之場所々々支配仕候様相成候ハヽ、御取締并御警衛向も相整、御便利にも可有之哉、(中略)此地大坂近之海岸は甚場広候処故、哨巡之走船数艘御造被遊置、且又此地之船持共江被仰渡置、已後造船いたし候ハヽ、西洋式ニ習、新造可致旨御免相成候ハヽ、廻船御用にも御便利のみならす、海軍之一助にも相成可申すべき哉と奉存候

(65) 『大阪市史』九〇二頁。
(66) 原剛『幕末海防史の研究』(名著出版、一九八八年)三〇~三一頁及び二四二~二五三頁。
(67) 安政三年四月五日付岡田新五太郎宛勝海舟書簡(『書簡と建言』)三三頁。
(68) 『勝海舟全集19 開国起源V』一四六頁。
(69) 安岡昭男「幕末・明治前期の対アジア交渉」(明治維新史学会編『明治維新とアジア』吉川弘文館、二〇〇一年)二一〇頁。
(70) 安政四年四月一日付勝海舟宛永井尚志書簡(『勝海舟全集別巻 来簡と資料』)一〇三~一〇五頁。
(71) 『開国起源V』一六五頁。
(72) 安政三年七月二十三日付岡田新五太郎宛勝海舟書簡(『書簡と建言』)三四~三六頁。
(73) 安政六年十月十七日付勝海舟宛小曽根乾堂書簡(『来簡と資料』)二八四~二八五頁。
(74) 安政六年五月十六日付、勝海舟宛小笠原長行書簡(『来簡と資料』)二三九~二四〇頁)。
(75) 『来簡と資料』六四六~六六四頁。なお、同書のうち『勝海舟全集』に収められているのは上、中のみであり、執筆時には存在したと推測される「下」の所在は不明である。
(76) 安政六年三月九日付勝海舟宛水野忠徳書簡(『書簡と建言』四一〇頁)。

（77）在崎中の随筆「まがきのいばら」に次のような記述がある（『書簡と建言』四八二～四八三頁）。
我亜細亜のうちなる国々、其学術高明なれども、其実にくらく、同族ともに魚食し、はては他邦の為に驕横陵蔑せられ、笑を天下に取ること、印度、支那其他の如きは、また歎すべく痛むべき事ならずや。

この頃には既に西洋列強のアジア蚕食という危機意識が醸成されていたと指摘できる。

第三章　安政期の海軍建設と咸臨丸米国派遣——訓練から実動への転換——

はじめに

万延元年（一八六〇）、日米修好通商条約批准のため米国に派遣された外国奉行兼神奈川奉行新見豊前守正興（一八二二〜一八六九）を正使とする使節団に随伴し、幕府軍艦咸臨丸が米国に派遣される。咸臨丸の太平洋横断航海に対する評価は、『日本海軍史』が「同艦（引用者註：咸臨丸）には使節の中に病気などの支障が生じた場合の名代となるべき意味から軍艦奉行木村摂津守喜毅が「咸臨丸」の司令官格で乗り組んだ」とするなど[1]、使節の付帯的存在としての評価に留まってきた。また、『万延元年遣米使節史料集成』では航海の成果として「一行が久しい鎖国の殻から抜け出て、海外の事物を直接見聞する機会を与えられ、両国の文物の交流に資するところ甚大であった点」を挙げているが[2]、これは遣米使節全体の評価に包含されるべきものである。

このような先行研究の中でひときわ異彩を放っているのが、文倉平次郎の『幕末軍艦咸臨丸』（昭和十八年）である。米国で実業に携わりつつ史料蒐集、関係者への取材を行い著された同書は、咸臨丸の研究としては内容、所収史料共に今なお群を抜く存在である。しかし、その叙述はあくまで咸臨丸の物語として完結している[3]。その後、飯田嘉郎氏、橋本進氏が個艦レベルの航海術という観点で検討しているが[4]、幕末期軍制改革の研究が進んだ今日では、幕府海軍全体の問題と関連させた咸臨丸航海の評価が必要であろう。

近代海軍創設後初めての海外への軍艦派遣という点でもこの航海は重要である。明治八年（一八七五）に兵学寮生徒の遠洋練習航海のため、軍艦筑波を米国及びハワイに派遣して以来、日本海軍はしばしば平時に軍艦を外国に派遣した。これらは外交儀礼が主要任務だったが、結果的に本来任務のみに留まらず、海外知識の獲得や海軍軍人としての素養、すなわちシーマンシップの涵養といった副次的成果をもたらした[5]。また、時に訪問国の軍事施設研究が命ぜられるなど[6]、その意義は大きい。咸臨丸航海はこうした軍艦派遣の嚆矢としての側面も持っているのである。

日本の海軍建設史の中で考えれば、安政二年（一八五五）に長崎で海軍伝習が開始されてから四年半、同四年の軍艦操練所創設から二年半を経ての派遣であり、感臨丸航海はその成果の試金石ともなった。先行研究では金井圓氏が、遣米使節の成果として近代的国防組織への開眼を挙げている。金井氏は、帰国後に幕府海軍、帝国海軍の要職に就いた木村、勝海舟らが、米国兵制を視察し遠洋航海を経験したことが、日本海軍を近代兵制の完備に向かわせる契機になったと、軍事的意義の重要性を提示したが[7]、その後、この点はあまり重視されてこなかった[8]。

そこで本章では、幕府海軍が咸臨丸航海を契機に、従来の幕府軍制とは明らかに異なる組織のあり方を模索していった点に注目し、安政期に海軍が建設される中で、咸臨丸の米国派遣が行われる過程と、咸臨丸帰国後に、その経験が日本の近代海軍建設に与えた影響について検討する。

1　軍艦操練所の創設

まず、咸臨丸が米国に派遣される前提として、安政期における海軍組織の創設について見ていきたい。幕府による実質的な海軍の活動は、オランダ人教官による海軍伝習に始まる。[9] これはオランダ国王ウィレム三世（Willem III, 一八一七〜一八九〇、在位一八四九〜一八九〇）から将軍へ贈呈された蒸気軍艦観光丸（四百トン、百五十馬力、砲六門、外輪）を練習艦に、同艦を回航したペルス・ライケン中佐（Gerhard Christiaan Coenraad Pels Rijcken, 一八一〇〜一八八九）以下蘭人士卒を教官として長崎の地で行われたものである。

安政二年（一八五五）から同六年（一八五九）にかけて実施されたこの教育は、以後十数年間に及ぶ幕府海軍の活動の中で中心的な役割を果たした士官を数多く輩出し、海軍建設史上重要な意味を持つ。もちろん咸臨丸航海にも大きな影響を与えたものであり、その内容については第4節で詳しく検討する。

しかしながら、長崎での海軍伝習は遠国ゆえの様々な不都合が問題視された。[10] そこで、第一次伝習（安政二年八月〜同四年十一月）の実施中から、江戸に海軍教育機関を設けることが検討され、安政四年閏五月、築地の講武所内に軍艦教授所を開設することとなった。[11]

長崎目付永井玄蕃頭尚志及び大番矢田堀景蔵（一八二九〜一八八七）以下の第一次伝習生徒は、蒸気軍艦観光丸に乗艦して帰府、軍艦教授所開設要員となった。[12] 同年七月九日には同年七月十九日付の開設が達せられ、[13] 機関名称も軍艦教授所、次いで軍艦操練所に改称される。同所は外国御用立会大小目付の所管となり、帰府後も目付の任にあった永井と協議して運営することとなった[14]（ただし、永井は同年十二月三日付で勘定奉行に転出）。

軍艦操練所創設時の教官は、教授方頭取の矢田堀以下、【表3-1】に示す十七名である。いずれも第一次長崎海軍伝習出身者である。なお、軍艦操練所教官としての彼らの立場はいずれも出役であり、軍艦操練所は専任教官を持たないまま開設されたことになる。

この間も軍艦操練所の陣容は逐次強化され、第二次長崎海軍伝習（安政四年十一月〜同六年一月）生徒のうち、安

【表3-1】軍艦操練所創設時の教官一覧

氏名（配置）	本役等
矢田堀景蔵　（軍艦操練教授方頭取出役）	大番松平丹後守組
佐々倉桐太郎　（軍艦操練教授方出役）	浦賀奉行組与力
鈴藤勇次郎　（同）	鉄砲方江川太郎左衛門組手代
浜口興右衛門　（同）	浦賀奉行組同心
岩田平作　（同）	浦賀奉行組同心
山本金次郎　（同）	浦賀奉行組同心
小野友五郎　（同）	天文方手付（笠間藩士）
石井修三　（同）	鉄砲方江川太郎左衛門組手代
中浜万次郎　（同）	普請役格鉄砲方江川太郎左衛門組手付
尾形作右衛門（軍艦操練教授方手伝出役）	先手頭・鉄砲方兼帯田付主計組同心※
土屋忠次郎　（同）	浦賀奉行組同心
関川伴次郎　（同）	浦賀奉行組同心
村田小一郎　（同）	浦賀奉行組同心
鈴木儀右衛門　（同）	鉄砲方井上左太夫組同心
小川喜太郎　（同）	鉄砲方井上左太夫組同心
塚本桓輔　（同）	諏訪庄右衛門組御徒圭三郎倅
近藤熊吉　（同）	先手頭・鉄砲方兼帯田付主計組同心※

（『勝海舟全集8　海軍歴史Ⅰ』206頁より作成）
※尾形、近藤は鉄砲方田付四郎兵衛組同心と兼帯

政五年五月十六日に伊沢謹吾（利義。生没年不詳。大目付伊沢美作守政義三男。のち旗本木下家の養子となる）、望月大象（一八二八〜一八七七。鉄砲方江川太郎左衛門組手代）、榎本釜次郎（武揚。徒目付榎本円兵衛次男）、春山弁蔵（一八二〇〜一八六八。浦賀奉行組同心）、飯田敬之助（一八二八〜？　同）、柴弘吉（一八三五〜一八七四。鉄砲方江川太郎左衛門組手代）の六名が洋式帆船鵬翔丸（三百四十トン、砲四門）で帰府した(15)。

翌安政六年一月十五日には、残る勝麟太郎（大番）、安井畑蔵（?〜一八七三。鉄砲方江川太郎左衛門組手代）、岡田井蔵（一八三八〜一八六五。浦賀奉行組与力岡田増太郎弟）、小杉雅之進（一八四三〜一九〇九。御賄御調役世話役・長崎奉行支配調役並出役右藤次弟）らが蒸気軍艦朝陽丸（三百トン、百馬力、砲十二門、スクリュー）で帰府する。彼らは帰府後、順次教官の列に加えられていった(16)。

このように、長崎海軍伝習修了者を基幹要員として陣容を整えていった軍艦操練所であるが、その所

掌範囲は、教育・訓練に留まらず、艦船の運用から人事、予算といった海軍行政全般にわたっていた。

2　派遣の経緯

安政五年（一八五八）年に締結された日米修好通商条約の批准書交換は、米国の首都で行うと条文に明記されていたが、当時幕府海軍の保有艦はいずれも小型であり、[17] 練度も発展途上であったため使節団の乗艦には不適とされ、米軍艦ポーハタン号（Powhatan, 二四一五トン、外輪）でワシントンに向かうこととなった。同年八月二十五日に使節に任命された外国奉行水野筑後守忠徳、同永井玄蕃頭尚志、目付津田半三郎（?～一八六三）、同加藤正三郎（生没年不詳）の四名は、使節拝命から五日後に別船派遣を老中に建議している。派遣理由に挙げられたのは、使節が身分相応の供立を整えれば多人数となり、米国からの迎船だけで全員乗船できるかどうか覚束なく、食糧、水、衣服、道具もかさばり「所詮一船ニは納り兼可申奉存候」[18] という、使節の便宜であったが、もう一つ、海軍伝習が三年に及びながら日本から一隻の派遣もなくては「後々迄之御聲聞」にも拘り、軍艦操練所の教授方が操艦して米国まで赴けば、「軍艦之組分海軍之法制」を実地に学び、「海軍御取建之御捗取」を期せると、練習航海の目的も謳っている。[19] この建議への回答は、幕府海軍の今までの実績が長崎近海及び長崎～江戸間の航海のみであり、海軍御取建の折柄に万一の事があれば外聞に拘り「後来海軍御成業之運ひに相響候」と否定的であったが、[20] 水野らは熟練の米人二～三名を同乗させれば問題なく、教授方の技量も向上していると再反論するなど、[21] 別船派遣を巡って議論が繰り広げられた。

この使節予定者四人はその後政変等でいずれも任を解かれたが、水野は横浜ロシア士官殺害事件の引責で軍艦奉行に転じた後も別船派遣の実現に尽力する。水野が同役井上信濃守清直、同奉行並木村図書喜毅らと運動を続けた

【表3-2】米国派遣時の咸臨丸乗組士官一覧

氏　名	年齢	役　職	配　置（非公式）	伝習所期　別
木村摂津守喜毅	31	軍艦奉行	司令官	2代総督※
勝麟太郎	38	軍艦操練教授方頭取出役	指揮官	1〜3期
佐々倉桐太郎	31	軍艦操練教授方出役	運用方	1期
浜口興右衛門	31	〃	運用方	1期
鈴藤勇次郎	35	〃	運用方	1期
小野友五郎	44	〃	測量方	1期
松岡磐吉	19	〃	測量方	2期
伴鉄太郎	36	〃	測量方	2期
肥田浜五郎	31	〃	蒸気方	2期
山本金次郎	36	〃	蒸気方	1期
赤松大三郎	20	軍艦操練教授方手伝出役	測量方	3期
根津欽次郎	22	〃	運用方	3期
岡田井蔵	24	〃	蒸気方	2期
小杉雅之進	18	〃	蒸気方	3期
吉岡勇平	31	軍艦操練所勤番	公用方	
小永井五八郎	32	同　　勤番下役	公用方	
中浜万次郎	34	同　　教授方	通弁官	

（木村喜毅「奉使米利堅紀行」、国立国会図書館蔵「航海日記」より作成）
※木村の長崎勤務期間は安政4年5月〜同6年5月で、長崎海軍伝習の2〜3期にあたる。

結果、安政六年（一八五九）十一月二十四日、木村に米国差遣命令が下り[22]、別船派遣が決定した。木村は軍艦奉行に昇進、諸大夫に叙せられて摂津守を称し、出発直前の万延元年（一八六〇）一月九日には「今度亜墨利加に被差遣候　御使之面々御用中若病気等に而何も差支候節者其方　御使相勤候心得に而可被罷在候[23]」と、使節の補欠としての任も併せて付与されることとなった。

こうして決まった別船派遣であるが、出発前に昇進・叙任し、遣米副使的待遇を与えられた木村は別として、軍艦運用の実質的責任者となった勝麟太郎以下の乗組士官に艦内役職が正式に発令されることはなかった。【表3-2】に示すとおり、しばしば各種文献で咸臨丸「艦長」と記される勝は、軍艦操練教授方頭取、その他の士官達は、同教授方または教授方手伝のまま乗組んでいる。木村や勝への呼称にしても、木村は勝を「指揮官」と称しているが[24]、木村の従者として乗艦した壬生藩士斎藤留蔵（一八四四〜一九一七。江川英龍門人。

のち森田姓）、中津藩士福澤諭吉（一八三五〜一九〇一。のち幕府翻訳方。慶應義塾を創設）らは、木村・勝をそれぞれ「軍艦提督」・「軍艦参謀」[25]、あるいは「艦長」・「指揮官」[26]と記すなど統一されていない。そもそも、軍艦操練所の役職自体が出役の職であり、士官の待遇問題は、「乗組諸士等、船中の規則階級を論して不止」[27]と教授方達の不満を惹起すると同時に、指揮系統にも混乱を生じさせた。

出航準備中の十一月三十日、勝は乗組諸士へ艦内規則十二ヶ条を示達するが、その冒頭で勝は、本来船将でない自分に咸臨丸を指揮する権限はないものの、航海の指揮を執らない訳にはいかないので仮に規則を定めると宣言し、更に規則中の一項目で、非常時には先任士官の故を以て自分が艦を指揮するとしている[28]。このように艦の運航に関する指揮権と責任の所在が曖昧なままとされたことは、本来船将の指導力が発揮されるべき洋上の荒天期間中に様々な不具合を生じることとなった。

また、出航前の混乱は派遣艦選定にも及んだ。蒸気船の主流が既に外輪船からスクリュー船に移っていたこと、艦齢が最も若く諸装備が堅牢なことから、スクリュー式の朝陽丸が選ばれ[29]、薪水石炭の搭載、索具諸帆の修理が行われた。しかし、十一月十八日、井上、木村の両奉行から、朝陽丸は小型であるため、より大型の外輪艦観光丸に変更するとの命令が下った。勝以下は改めて観光丸の整備にあたるが、乗組員の不満は強く、勝は特に諭書を示し、別船派遣を危惧する声が多い中、「瑣々の小節を主張し、強論時日を経れば再び停止之傍議起らんも測り知る可らず」[30]と慰撫した。しかし、十二月二十三日に派遣船は更に咸臨丸へと変更され、彼らの反感をより一層刺激することとなる。特にこの処置が別船便乗の米海軍士官の提案によることへの反発は大きく、勝自身もその日記中で「万事甚不都合」と批判している[31]。

こうして十二月二十五日から翌年一月十三日の出航まで、咸臨丸の修理、整備が突貫作業で行われたが、「昼夜を分たす皆速成に係たる」作業であり[32]、「固より応急の事に過ぎなかつた」点は否めず[33]、荒天時の強度が懸念された。ともかくも咸臨丸は品川を出港し神奈川を経て浦賀に入港、この間、かねてより木村が申請していた「海路ニ熟せる亜墨利加人両輩」[34]の同乗者として、米海軍測量船フェニモア・クーパー号（Fenimore Cooper, 九十五トン、帆船）船長で、同船が浦賀沖で破船したため本国への便船待ちであったブルック大尉以下十一名が乗艦した。咸臨丸は木村以下の士官に医師二名、水夫・火夫六十五名及び木村の従者の計九十六名[35]に米海軍士卒という陣容で、一月十九日に浦賀を出港した。

このように、別船派遣は使節派遣決定当初から取り沙汰され議論が重ねられた。推進派が次々に失脚しながらも実現に至ったのは、使節派遣自体が外交日程上、中止不可能であった点が大きいが、海軍当局者の努力、中でも派遣目的に正使以下使節団の便宜を掲げ、咸臨丸に米海軍士卒を同乗させることで航海技量への不安払拭を図った、水野・木村らの周到さも無視できない。その一方で、慌しく出航準備が進められる中、士官の待遇問題に不満が生じ、度重なる計画変更から咸臨丸の艤装も十分なものとならず、航海に幾分かの不安を残すことにもなった。

3　太平洋横断

こうして出航した咸臨丸であるが、直後から荒天に見舞われ、翌二十日には強風のため大檣の帆が裂損、日本人は数人を除き皆船酔いとなった[36]。木村が「逆浪山のことく船中に打入、傾く事屢なり」と日記に記した荒天は二十八日まで続き[37]、この間、咸臨丸は帆、索具をはじめ至る所が破損した。これは出航前の懸念が現実となったとも言えるが、荒天時の運用術が当を得なかったのも事実である。出航五日目にして、咸臨丸は「船夫は皆疲労して倒臥者過半」となり[38]、木村は「舶夫皆疲労して働得す」と、乗組員が機能していない状況を記録している[39]。同乗の米海軍士官ブルックは更に厳しく、日本人水夫が運用作業を行えないため、自分の部下に行わせたと日記に綴っている[40]。

これは水夫に限ったことではなく、士官でもこの荒天中に甲板上で働き得たのは小野友五郎、浜口興右衛門、中浜万次郎のみであり、「帆布を縮長上下する等の事は一切に亜人の助力を受く」有様であった[41]。このため、乗組員による運用作業は期待できず[42]、艦の運航は事実上、同乗の米海軍士卒に委ねられていたと言える。日本人達は「衆人皆死色」の中、「唯亜人三輩言笑スル[43]」余裕に、「米夷の海上に熟練せる事、実に驚く」ばかりであった[44]。

咸臨丸を指揮する木村は、長崎在勤の目付として海軍伝習を監督して以来海軍行政に携わり、別船派遣の実現に尽力した人物であるが、軍艦運用の実務者ではなく、その本分はあくまで幕府官僚としての行政能力にあった。木村の次席である勝は長崎で正規教育を受けた士官であるが、荒天中は自室に籠ったきりで一度も甲板に上がっていない。この間の事情を勝は自身の航海記録に何も記しておらず、晩年になって熱病のためしばしば船中で吐血したと述懐しているのみである[45]。勝の部屋籠りをブルックは病気[46]、福澤諭吉は船酔い[47]と、各々が様々に推測しているが、中でも木村は維新後、勝は身分格式の問題が不満で部屋に引き込んでいて実に困ったと述べている[48]。事の真相は明らかにできないが、咸臨丸の指揮系統が決してスムーズなものでなかったことは間違いない。

咸臨丸航海は長崎海軍伝習三年半の試金石であった。航海日数往路三十八日、復路四十五日、航海距離往路四千六百二十九海里、復路六千百四十六海里[49]、計八十三日間、一万七百七十五海里の航海を破船も一人の死者もなく全うした点で紛れもない成功であり[50]、木村も「扨此航海ハ吾国の未曾有の大業ゆへ、人々も皆危ふミ予も安からす思ひしに、聊の滞なく事済しハ、是実に皇国の威霊にして、また我諸士の勤労によるものなり[51]」と絶賛している。また測量方の小野は、帰国後に和算の師である甲斐駒蔵（生没年不詳）へ宛てた書簡の中で「少し之あやまちなく西洋人に笑い候事抔、更ニ無之、却而感心被致候事ニ而、一統之誉ニ相成候儀御座候」、「已来大洋渡海之基本ニ相成候事[52]」と伝えており、当事者が得た自信の大きさが窺われる。

しかしそれと同時に、幕府海軍が抱える問題も明らかとなった。荒天で露呈した外洋航海能力の低さは、乗組員

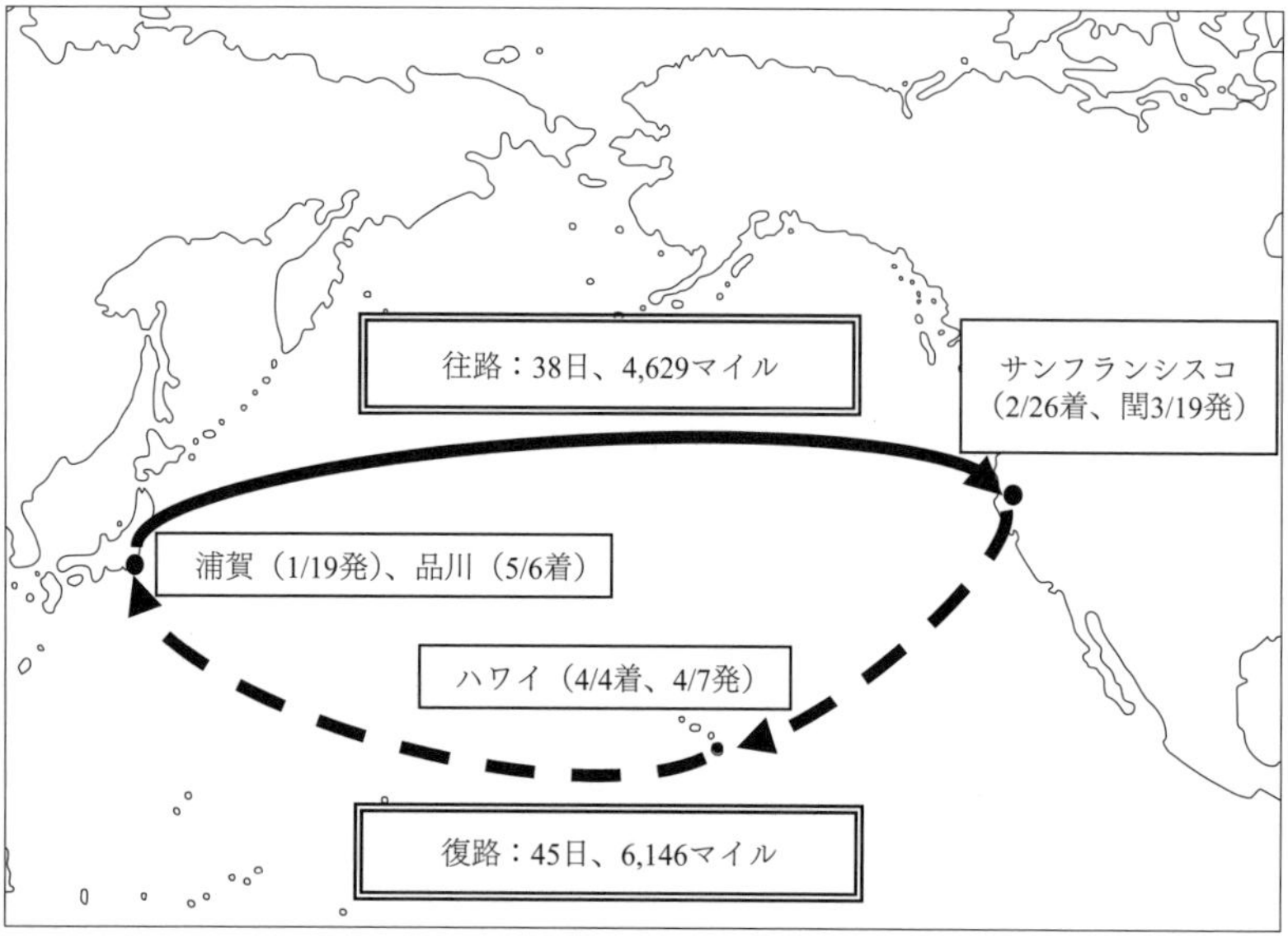

【図3–1】咸臨丸の航路
（「航海日記」より作成）

の経験未熟という属人的要素以上に組織的な問題が大きい。一つは号令詞が蘭語であったため、指示を理解できない水夫が少なくなかった点である。ブルックは一月二十三日の日記で、士官の運用作業の知識と荒天経験の不足を指摘するとともに、号令詞が蘭語である点を問題視し、日本語の航海用語を持つ必要性を感じている[53]。

二つ目は当直体制の不備である。小野の記録と推定される航海日記[54]には、出航以来の当直割が記されているが、ブルックはサンフランシスコ到着後海軍長官トウシイ（Isac Toucey, 一七九二〜一八六九）に、日本人は各自の部署が決まっておらず、荒天時もしばしば二、三人しかデッキにいなかった、出航後数日して初めて士官が当直に立つようになったが、それまでは気が向いた人間が見張りに立つだけだったと報告している[55]。もっとも、報告中「日本人も経験を積むに従って腕をあげ、今では充分船をあやつる事ができるようになった」と続けているが、少なくとも往路では、日本人単独での航海は困難だったと言わざるを得ない。当直に立った者も、「三、四人の例外を除いては、彼等は皆船室に入りこみ、デッキに出て来るのに十五分から二十分もかかる」[56]というのが実情だったようである。測量方赤松大三郎（則良。のち海軍中将）は一月二十三日の日記に、八時以降海面が荒れ当直は甲板から引かず、米人は終夜運用作業にあたったと記しているが[57]、これは逆説的に、それまでは余程の事がない限り、当直も船室に引き揚げていたことを示している。一月十九日の浦賀出航から二月二十五日のサンフランシスコ入港まで航海日数三十八日（日付変更線の関係）、一日六直にそれぞれ二人が立直し、のべ二百二十二人の当直が組まれたが、のべ五十人が当直を他と交代、のべ十九人が臨時に増員、当直欠員はのべ二十四人に及んだ。更に運用方、測量方以外の立直状況を記したのが【表3-3】であるが、外洋航海の経験豊富な中浜万次郎（一八二七〜一八九八）以上に、山本金次郎（一八二六〜一八六四）が立直しているのをはじめとし、蒸気方だけで三十四回臨時に立直している。咸臨丸に当初組織立った当直体制がなかったことは、咸臨丸同乗者以外の米国人にも驚きであり、サンフランシスコ到着後ブルックに取材した「デイリー・アルタ・カリフォルニア（DAYLY ALTA CALIFORNIA, San Francisco）」紙も、特にこの話を紹介している[58]。帰路は往路で同乗した水夫のうち五名が雇われたのみであり、ほぼ日本人のみで咸臨丸が運用された。個人ごとの顕著な能力差が明らかになった当直士官については、当直割りが組み替えられ、直ごとの能力均等化が図られるなど、航海体制の強化が図られたが、皮肉なことに、ハワイ寄港を挟んだ航海四十五日間は概ね好天に恵まれ、往路の経験による練度向上を確かめる機会はなかった。

もっとも、航海を通じて成果を挙げた面があったのも紛れもない事実である。その一つが天文航法による航海の実施である。天測、すなわち天体観測で艦位を求める天文航法は長崎海軍伝習でも教授されていたが、高等数学を用いる天測は生徒には手強く、伝統的に和船の水主を供給してきた塩飽諸島から水夫を採用したこともあり、咸臨丸渡米

【表3-3】航海要員以外の立直状況

氏　名	配　置	回数
山本金次郎	蒸気方	23回
中浜万次郎	通弁官	12回
肥田浜五郎	蒸気方	8回
小杉雅之進	蒸気方	3回

（「航海日記」より作成）

までの航海は、視認する陸地との関係から艦位を求める地文航法が主であった。出航からサンフランシスコ入港まで視界に陸地はなく、航海は否応なく天測に頼らざるを得ない。天測は荒天で実施不可能な日を除き毎日行われ、その回数は往路三十回、復路三十九回に及んだ。伴・松岡などは測量方ながらそれまで天測が不得手だったようであり、[59]この経験は士官の練度向上に役立った。特に和算家としての能力を生かし、長崎時代から航海関連学科で抜群の成績を挙げていた小野の天測技量は、航海中も遺憾なく発揮され、木村が「比類なき」[60]と絶賛したのみならず、日本人士官の指導にあたったブルックも、小野を「練達の男」、「優れた航海士」[61]と高く評価している。

このように、航海は乗組員が今まで経験したことのない荒天に始まり、この間、艦内の組織的活動はほぼ停止した。荒天中の運用作業は同乗の米海軍士卒の手で行われるなど、往路での咸臨丸運用には大きな問題が生じたが、その一方で、天文航法の実施などの経験も蓄積されたことも忘れてはならない事実である。殊に天文航法は外洋航海に不可欠の航海技術であり、その獲得は、幕府海軍が沿岸防御主体の海防組織からの脱皮を図る上で、航海能力上の重要な前提となった。また、沿岸航海に活動を限定された伝統的な水軍とは明確に異なる近代海軍の誕生という点でも、これは大きな意味を持ったと言えよう。

4　長崎海軍伝習の実態

ここで問題になるのが長崎海軍伝習の実態である。伝習では練習用艦船が逐次増強され、伝習生は観光丸、咸臨丸、朝陽丸の蒸気船三隻及び帆船鵬翔丸で、頻繁に練習航海を行っている。

【表3-4】は、第二次教官団を率いたカッテンディーケ中佐の記録をまとめたものであるが、九州近海航海が五回、修業生による江戸回航が二回であり、教育期間を考えれば決して少ない回数ではない。二期、三期教育の間に

【表3-4】長崎海軍伝習の練習航海及び長崎～江戸回航

年月日	目的地	使用艦	備　考
1857年 3月 4日～ 3月26日	長崎～江戸	観光丸	矢田堀景蔵指揮
1858年 3月30日～ 4月 3日	五島・対馬	咸臨丸	教官同乗
〃　4月21日～ 5月 3日	平戸～鹿児島	咸臨丸	教官同乗
〃　6月 7日～ 6月11日	天草	咸臨丸・鵬翔丸	教官同乗
〃　6月21日～ 6月26日	長崎～江戸	鵬翔丸	伊沢謹吾指揮
〃　6月21日～ 6月29日	鹿児島	咸臨丸	教官同乗
〃　11月？日～11月21日	江戸～長崎	咸臨丸	矢田堀景蔵指揮
〃　11月22日～11月28日	福岡	咸臨丸・朝陽丸	教官同乗
1859年 1月末　～ 3月 4日	長崎～江戸	観光丸	矢田堀景蔵指揮
〃　2月 7日～ 3月 4日	長崎～江戸	朝陽丸	勝麟太郎指揮

（カッテンディーケ『長崎海軍伝習所の日々』より作成）

も一期生による観光丸、咸臨丸の長崎～江戸回航が三回行われており、伝習生達は少なくとも内海や沿岸の、なおかつ穏やかな海面であれば十分軍艦を運用し得るだけの経験を重ねていたと言える。その航海も順風の時だけではなく、勝が指揮した安政六年（一八五九）の朝陽丸江戸回航では、伊豆沖であわや破船という荒天も経験している[62]。安政五年（一八五八）十一月二十一日、軍艦操練教授方頭取矢田堀景蔵の指揮で江戸を発した観光丸が、長崎港へ夜間入港を敢行した折には、カッテンディーケが驚嘆をもってその手練を記している[63]。幕府海軍の航海術科能力が、内海・沿岸航海に限ればある程度の水準に達していたことは、咸臨丸の浦賀入港をブルックが、「艦長（引用者註：勝）は非常にたくみに船をあやつった」と記していることからもわかる[64]。また、入港後の日本人士官による天測訓練の様子も記され、日本人士官の高い術科能力が特記されている[65]。この士官は咸臨丸きっての天測巧者である小野と推定されるが、太平洋上での厳しい評価と異なり、ブルックの日本人士官に対する評価は、決して低いものではない。

　長崎海軍伝習に話を戻すと、カッテンディーケの記録で注意すべきは、術科分野により評価が大きく異なる点である。一つは航海・運用科士官への酷評であり、「大体において、日本人はなかなか努力したと言える。しかし私が他の手本と成って貰うため、大いに努力して貰いたいと思ったその人々、すなわち海軍士官たちが、かえって私を最も失望させた」というように[66]、記録の随所に表れている。その理由は伝習生の学習志向と関係がある。

海軍の初級士官教育では、将来個艦や艦隊の指揮官となるための基盤として、生徒に軍艦運用に関わる分野を幅広く学ばせる。しかし、長崎の海軍伝習生には蘭学修業者が多く、彼らは関心を特定の分野に限定しがちであった。例えば勝は海軍入りした時点で洋式砲術家として知られ、第二章で見たとおり航海術に必須の数学に苦しむ一方で伝習中に砲術書を著すなど、その志向は依然砲術に向けられていた。これは勝に限ったことではなく、カッテンディーケは何事も一通り学ぶべき生徒達が「拙者は運転の技術は教わっているが、操練はやらない」、「拙者は砲術、造船および馬術を学んでいるのだ」と言っては気ままに勉強していると嘆いている[67]。

しかし、幕府海軍への評価が全て低かったわけではない。カッテンディーケは航海・運用科とは対照的に、機関科に高い評価を与えている[68]。これは当時の海軍が世界的に機関士官を正規士官として扱わなかったのに対し、幕府海軍では同じ武士身分の生徒が航海、運用、砲術、機関に分かれたことと関係があろう。各科への配員は必ずしも幕臣としての身分と完全に一致しておらず、兵科士官と機関士官が歴然と差別された帝国海軍とは様相を異にしている。前述の通り、咸臨丸の太平洋横断航海では、しばしば機関士官が航海当直に立っているが、咸臨丸の機関使用は原則出入港時のみで、往路の石炭搭載量が三日分だったこともあり、一月二十一日には機関を停止し[69]、その後機関を動かしたのはサンフランシスコ入港時のみである[70]。測量方や運用方の士官達と同格で、受けた教育も同じである彼らは、本来業務がないので航海当直を手伝うという程度の感覚で、ごく自然に甲板に上がっていたのではないだろうか。この傾向は長崎海軍伝習でも認められ、カッテンディーケは「オランダや他のヨーロッパ諸国ではとても望まれないようなこと、すなわち機関将校が甲板士官でもあって、甲板士官の代役を勤め得るというようなことが、日本では普通に行われる」と驚いている[71]。

機関科に次いで高評価なのが砲術である。伝習生が艦載砲の射撃訓練に成功した際には、カッテンディーケが「この砲兵とならば、安んじて戦いに参加できると思った」ほどであり、[72]サンフランシスコ入港時に佐々倉桐太郎指揮の下、礼砲発射に成功したこと考え併せると、[73]砲術に関する伝習生の術科能力は、高い練度に達していたと言えよう。これは、浦賀奉行所や韮山代官江川太郎左衛門役所を中心に、海軍創設以前から幕府が洋式砲術の経験を蓄積してきた結果であり、勝以外にも佐々倉、鈴藤、松岡、肥田ら、浦賀奉行所や江川太郎左衛門役所で洋式砲術の経験を積んできた者達が多数いる。

このように、幕府海軍の軍艦運用能力は、長崎での基礎教育直後である米国派遣の段階で術科ごとのばらつきが顕著であり、創設時点でかなりいびつな形となっていた。しかし海軍当局者は概して長崎教育と幾度かの近海練習航海を通じて強い自信をつけており、カッテンディーケは、「彼らは航海成功に少なからず得意であった[74]」、「彼らは実に測り知れない自負心を持っている[75]」と、良きにつけ悪しきにつけ、日本人の強い自信を感じている。この傾向は出航時にも見られ、勝の示達した艦内心得では「皇朝軍艦を設け、諸士を抜群して其運転用法を学《ママ》いしむること纔に五年ニて廃せらるものは、諸士の研究抜群なる故、其大体を会得するの速なるに因るものか、将に他に故あるか知るへからす」と、長崎伝習の成果に強い自負を示し、[76]米海軍士卒の同乗には、赤松らが「既に相当の技能を持って居る我等日本武人の面目を毀損するものである」と反発し、彼らを難船者と軽んじている。[77]結果的に同乗米海軍士卒の助けなしに航海を乗り切ることは困難だった訳であるが、これは長崎海軍伝習の残した課題の大きさと、彼らの自負心と実力のギャップを如実に表していると言えよう。国内の練習航海と同様、太平洋横断航海の成功は彼らに更なる自信を与えたが、これは航海中の反省点がその後の軍艦運用に生かされるのを妨げる方向にも作用し、幕府海軍が文久期以降も偏頗な能力のまま拡大してゆく一因にもなった。

5　米海軍の見聞とその後の影響

サンフランシスコ滞在中、一行は市内各所を見学しているが、中でも重要なのが海軍の陣容を目の当たりにしている点である。それは港湾砲台、咸臨丸を修理したメーア・アイランド海軍工廠（Mare Island Naval Shipyard）、港内の警備用艦艇など広範囲にわたり、特に砲台は洋式砲術家である勝が克明に記録している[78]。これ以降、勝の日記には、兵舎、火薬庫、武器庫などの描写が続くが、こうした新知識は文久年間に勝が推進した摂海警衛構想に影響を与えている。

第二章で見たとおり、渡米に遡ること五年、勝は安政二年（一八五五）の一月から四月にかけて海防掛勘定奉行石河土佐守政平、海防掛目付大久保右近将監忠寛の伊勢・大坂近海検分に随行している。この時著した建白は、海岸砲台の配置に始まり、大坂湾防衛の要衝である紀州加太、摂州兵庫の直轄化及び造船施設建設などを論じているが[79]、戦術的内容は「湊川左手江廿挺備之者一ヶ所」といった砲台配置の概論的考察に留まっている。米国からの帰国後も、勝は文久二年と翌三年にそれぞれ摂海警衛の建白を提出しているが、中でも文久三年建白[80]は、砲台の配置を詳述するなど内容を戦術面に特化しており、「六斤或は三斤銃へ十二斤野戦銃取交ぜ」といった具体的砲種が示されるとともに、「銃台之後には石造塔置、不時之防御掛念無之候様いたし置度」と、サンフランシスコでの見聞が反映されている。また、火薬庫は「小岡を削夷して此内ニたつ」など地形の掘削にも注目しており、土木面への着眼はこの他にも加太砲台のうち友ヶ島方面に「山脚切開らき、大銃百五十斤より六十斤迄之もの先二十挺も相備」、由良港方面に「岩山御座候て中々容易之築き方いたし難くとは存候へ共」、「切開き方申し試させ度」と随所に取入れられている。

蘭学者として世に出た勝は、砲術・築城術を専門分野としていたが、その知識は蘭書や長崎で蘭人教官から得た机上の知識であり、洋式砲台を初めて目にした米国体験は彼の摂海警衛構想に直接的な影響を与えたのである。なお、安政二年以来しばしば勝が建言してきた防備体制は、その後、勝に技術的指導を仰いだ明石藩など、担当諸藩により整備が進められ、明治維新までに一部が実現している[81]。

もちろん、砲台以上に詳しく調べられているのが海軍の編制である。彼らの目にした米海軍は、ポーツマス、ボストン、ニューヨークなど国内十二ヶ所に海軍局を置き、本国、太平洋、地中海、ブラジル、アフリカ、東インドにそれぞれ艦隊を配備していた。各艦隊の規模はブラジル艦隊の十八隻から地中海艦隊の二隻に至るまで多様であり、この六個艦隊に国内各海軍局の警備用に充てられた老朽艦船を加え、艦船数は大小八十六隻を数えた。海軍に所属する士官は、各艦隊の惣将六名を筆頭に将官百一名、艦長百三十三名、士官三百四十七名、医官六十九名、砲術及び機関の見習士官等数十名という陣容である[82]。それまで日本人が目にした最大の艦隊はペリーが浦賀に再来航したときの九隻であったが、これは東インド艦隊と本国艦隊の一部に過ぎなかったこともこの時に理解している。

また、勝が強い関心を示したのが現地の海運機能で、サンフランシスコ～パナマ間を往来する貨物船について船舶の性能要目、船団の規模、人員・物資の輸送量を詳細に記録している[83]。第二章で見たとおり、海運と一体化した海軍の建設は勝の海軍論の中核を占める部分であり、米海軍の陣容のみならず商船隊も実地に見聞したことで、勝は自身の海軍論の具体的なイメージを獲得したのである。

編制の他にも士官の俸給制度、軍艦と民船のキャプテンの違いなど、一行の調査項目は広範囲にわたり、まさにこの時初めて幕府海軍は近代海軍の何たるかを体験したと言える。その成果は帰国後様々な形の海軍建設計画となって具現化するが、その代表は木村と勝である。

まず木村が文久の改革における海軍建設計画で主導的役割を果たすこととなる。詳細は次章に譲るが、その計画はフリゲート艦三隻、コルベット艦九隻、蒸気運送船一隻、小型蒸気軍艦三十隻の計四十三隻、士卒四千九百四人から成る艦隊を一組とし、まず早急に江戸・大坂に一組を配備する。将来的には日本を六管区に分け、東海に三組、東北に四組、北海に四組、西北海に一組、西海に三組、南海に三組を配備して艦船数三百七十隻、人員六万千二百五人にのぼる海軍を幕府の手で整備するというものであり、彼らが見聞した米海軍を遥かに凌ぐ大海軍建設計画であった。この計画は管区艦隊制など米海軍の編成と類似しており、米国における軍制調査の成果が表れたものと言える。

一方、勝の海軍建設計画は第五章及び第六章で検討するが、勝は帰国後間もなく蕃書調所頭取助に転じ、更に講武所砲術師範役に移るなど、事実上海軍から追われる。軍艦操練所頭取として海軍に復帰するのは文久二年（一八六二）七月四日、軍艦奉行並に昇進するのは同年閏八月十七日であり、木村主導の海軍建設計画には参画していない。勝は木村の計画に反対の立場をとり、特に人的資源の確保について、「軍艦は数年を出てつして整ふへしといへとも、其従事の人員如何そ習熟を得へけんや」と、海軍創設後間もない幕府のみでは不可能と断じているが、ここで引き合いに出されているのが外国海軍であり、「当今英夷の盛大なるも殆と三百年の久敷を経て当時に到れり」と、現在の威容が世代を重ねて人材を育ててきた成果であると強調している(84)。この視点から、勝は幕府、諸藩の力を結集した全国的な海軍「一大共有之海局(85)」を構想するようになる。

海軍建設をめぐる木村と勝の政治的スタンスは正反対であったが、両者ともそのイメージする海軍像はサンフランシスコで見た米海軍の姿であった。特に勝は幕吏登用のきっかけとなった嘉永六年の海防建白書において、徳川家一手による戦力確保のため直参の次、三男、隠居までも動員する江戸内海防衛計画を論じているが(86)、渡米を境にその海防構想は大きく転換している。これは国内融和を最優先とし、幕府に権限を集中させる海軍建設計画に反対する政事総裁職松平春嶽、御側御用取次大久保越中守忠寛らに与したという政治的側面の他に(87)、太平洋航海、米国での海軍の見聞を経て、幕府単独での海軍力整備が非現実的であることを認識した結果と考えられる。

実は、勝は米国滞在中に単なる規模の大小では表すことのできない海軍力の差を実感している。咸臨丸はサンフランシスコ入港後、メーア・アイランド海軍工廠で修理を受けることとなったが、工廠スタッフは咸臨丸の修理に心血を注ぎ、先任士官のマックドゥーガル大佐（McDougal, 生没年不詳）は、立会いの勝に修理箇所ごと了解を求めた。勝が「公若し不利害あらんとおもはゝ、我に告けす独断せられん」と申し出たところ、マックドゥーガルは指揮官たる者は平常から「一索一板」に至るまで自艦を掌握していなければ、不測の事態に際して艦を守ることはできないと答え、その考えを不可とした(88)。勝の申し出はマックドゥーガルの精励への謝意と信頼を表すものであったが、それと同時に、「汝の船を知れ」（know your ship）という船乗りの基本精神が勝に欠落していたことも示していた。マックドゥーガルはそれを懇切に説いたわけであるが、これには勝も「今却て彼に頭上一針を蒙り、頗る其いふ處的実成るに感す」るところがあったらしく、「故に録して以て同志に示」したとしている(89)。

この一件に加え、荒天時の当直不在、部署の未制定、更には同乗米海軍士卒任せの運用作業など、軍艦の運航に関する恐るべき無責任を突き詰めれば、海軍軍人として具備すべき精神的背景、すなわちシーマンシップの欠如に帰結する。帰国後の海防構想の転換、特に幕府単独での人材確保を不可能とする見解は、こうしたシーマンシップの差を米国で痛感したことも大きな要因と考えられる。

このように、軍艦の運用術を修練する遠洋練習航海としては課題を残した咸臨丸航海も、軍事制度・技術の研究という点では大きな成果を挙げた。また、航海成功が幕府の政策決定に与えた影響も少なくない。これも第四章及び第五章で詳しく検討するが、文久元～二年（一八六一～六二）の小笠原諸島調査では、当初計画されていた外国船借上げから咸臨丸に派遣船が変更され、小野友五郎指揮で航海を成功させている(90)。文久二年には松平春嶽、老中格小笠原図書頭長行といった幕府要人が、相次いで軍艦による江戸～大坂移動を行い、翌年の将軍徳川家茂の海路上洛に繋がってゆく。これらは海軍の航海術科能力に対する幕閣の信頼が高まっていった結果と言えよう。

しかしその一方で、太平洋横断航海を通じて明らかとなった運用術未熟の問題が、鮮烈な成功体験によってなおざりにされた点も否めない。安政二年にオランダから贈られた観光丸に始まる幕府海軍は、咸臨丸派遣時には蒸気軍艦四隻、帆船一隻であったが、その後も中古商船購入を中心に拡大を続け、安政元年（一八五四）から慶応四年（一八六八）までに取得した艦船は軍艦十一隻、運送船三十四隻に上る。(91) しかし量的膨張の一方で、運用術の問題に起因する破船も続出し、荒天時の座礁や沈没による艦船の喪失は合計十隻に及んだ。幕府海軍から脱走して箱館に拠った榎本武揚艦隊は、旗艦開陽（二五九〇トン、四百十馬力、スクリュー）を座礁で失ったのをはじめ、荒天時の措置不全により自壊したと言っても過言ではない。なお、榎本脱走艦隊には、松岡磐吉、根津欽次郎、小杉雅之進の渡米経験者三名が加わっており、根津、小杉は開陽丸喪失時同艦の乗組であった。これは太平洋横断の教訓がその後の幕府海軍に生かされなかった一つの事例と言うことができるだろう。長崎海軍伝習以来の偏頗な能力発展は、このような結果をもたらすことにも繋がったのである。

おわりに

以上、咸臨丸の米国派遣と、その前提となる安政期の海軍建設について検討した。この航海には、従来重視されてきた海外文物の見聞という面のみに留まらない以下の意義が挙げられる。

一つ目は、近代海軍のモデルの一つとして米海軍の姿を目の当たりにしたことにより、海軍建設計画をはじめとする海防構想の雛型を提供した点である。咸臨丸乗組士官の多くは、帰国後、幕府海軍で枢要の地位に昇り、その一部は維新後も帝国海軍で重要な役割を果たした。彼らの見聞が創設間もない幕府海軍の将来像を描く上で貴重な情報源となったことは間違いない。木村喜毅の海軍建設計画、勝麟太郎の一大共有之海局構想はその最も端的な例であろう。こうした軍事制度の研究が実際の海軍行政に与えた影響は、幕府海軍、帝国海軍という近代海軍建設の過程を考える上で、航海の経験による乗組員の個人的あるいは個艦レベルの能力に及ぼした影響以上に重要な問題となる。

二つ目は、遠洋練習航海としての意義である。これまで漠然としたイメージで語られてきた乗組員の練度未熟であるが、具体的には術科分野により大きなばらつきがあり、特に航海・運用の技量不足は長崎海軍伝習の成果に大きな偏りがあることを示すものであった。とは言いながら、荒天に苦しみつつも太平洋横断航海を全うした成功体験は、当事者に大きな自信をもたらすとともに、幕府上層部にも海軍の力量を認識させ、文久年間に離島調査、要人移動などの手段として幕府軍艦が積極的に用いられる契機となった。しかしその反面、彼らの自負はともすれば過剰な自信となりがちであった。同乗米海軍士卒の協力で難航海を乗り切ったことがかえって仇となったのか、この航海で得られた反省や教訓は、その後の人員養成をはじめとした海軍運営でさほど深刻な問題として受け止められず、偏頗な軍艦運用能力のまま拡大を続けるという一面にも繋がった。これは文久～慶応年間に多発した艦船喪失の伏線となったと言えるかもしれない。

咸臨丸米国派遣の成果は、その母体である幕府海軍の解体、維新後も帝国海軍に参画した乗組士官の引退により、次第に実務上の意義を失ってゆく。しかしその一方で、政府の顕官に昇った勝、赤松らが「おれが咸臨丸に乗つて、外国人の手は少しも借ら（ママ）ないで、亜米利加へ行つたのは、日本の軍艦が、外国へ航海した初めだ[92]」、「幾たび風波のために難船しかゝつたけれども、乗組員はいづれもかねて覚悟の上の事ではあり、かつは血気盛りのものばかりだつたから左様心配もなかつた[93]」、「(引用者註：ブルックの処遇について)当方は元より只の便乗者と見做し、相当待遇の一室を与へたけれども、航海に関しては一言の相談もしない[94]」といった風に往事を回顧し、福澤諭吉が木村の顕彰活動を行うなど、(95)「咸臨丸の壮挙」観が形成されてゆき、こうしたイメージは帝国海軍でも共有されていった。明治四十二年（一九〇九）にサンフランシスコ開港百四十年祭（ポートランド祭）参加のため軍艦出雲が派遣された際には、同地での艦内公開に臨んで特に咸臨丸関連資料の展示室が設けられた。(96)大正期に海軍の要職を歴任し、条約派の中心人物であった海軍大将谷口尚真《なおみ》（一八七〇〜一九四一）は、軍令部長在任中（一九三〇〜一九三二）に艦政本部へ咸臨丸の排水量計算を委嘱するとともに、自ら咸臨丸に関する小冊子を著して海軍部内に示している。(97)この他にも海軍兵学校の博物館的施設であった教育参考館に運用方鈴藤勇次郎の描いた「咸臨丸難航図」が掲げられるなど、(98)近代海軍の先達として咸臨丸が意識され、こうして一種の「咸臨丸神話」が語り継がれてゆくこととなる。

註

（1）海軍歴史保存会編『日本海軍史』（第一法規出版、一九九五年）一巻、三〇頁。

（2）會田倉吉「咸臨丸とそのアメリカ渡航について」（日米修好通商条約百年記念行事運営会編『万延元年遣米使節史料集成』四巻、風間書房、一九六一年）。

（3）文倉平次郎『幕末軍艦咸臨丸』（巌松堂、一九三八年。一九六九年、名著刊行会より復刻）。

（4）飯田嘉郎「咸臨丸の航海技術」（『海事史研究』十七号、一九七一年十月）、橋本進『咸臨丸還る』（中央公論新社、二〇〇一年）。両者とも航海学の見地から咸臨丸航海の再構成を試みている。

（5）『日本海軍史』一巻、九五頁。

（6）例えば明治四十四年の英国王ジョージ五世戴冠記念観艦式への艦隊派遣に際しての海軍大臣告別訓示（『日本海軍史』二巻、一三〇〜一三一頁）。

（7）金井圓「遣米使節の歴史的役割」（『万延元年遣米使節史料集成』七巻）五九頁。

（8）この他に藤井哲博「長崎海軍伝習所と咸臨丸の遠洋航海」（『海事史研究』四十八号、一九九一年六月）、杉本恭一「「咸臨丸」太平洋横断航海の意義」（『北陸史学』五十三号、二〇〇四年十二月）、土居良三『軍艦奉行木村摂津守』（中央公論社、一九九四年）

など。

（9）しばしば「長崎海軍伝習所」と呼称されるが、教育機関として長崎海軍伝習所なる組織が正式に存在したことはなく、幕府の公文書でも「於長崎和蘭人より請候学科伝習」、「於長崎表和蘭伝習御用」というように、いわば事業名として扱われている。蘭人教官団長カッテンディーケ中佐（Willem Johan Cornelis Ridder Huyssen van Kattendyke, 一八一六～一八六六）が「伝習所長」と呼んでいる永井尚志、木村喜毅もその立場は長崎駐在の目付（長崎目付）であり、長崎目付の業務の一つとして海軍伝習を所管しているに過ぎなかった。

（10）東京帝国大学編『大日本古文書 幕末外国関係文書22』（一九三九年）第二十一号、四九～五〇頁。

（11）『幕末外国関係文書15』第六十九号、二六七～二六八頁。

（12）勝海舟全集刊行会編『勝海舟全集8 海軍歴史Ⅰ』（講談社、一九七三年）二〇二～二〇四頁、倉沢剛『幕末教育史の研究一』（吉川弘文館、一九八三年）四五八～四五九頁。

（13）『幕末外国関係文書16』第二百四号、七一九～七二〇頁。

（14）『幕末外国関係文書22』第二十二号、五〇～五一頁。

（15）倉沢『幕末教育史の研究一』四六二～四六三頁。

（16）同上 四六三頁。

（17）安政五年時点での幕府保有艦は以下のとおりである。観光丸（四百トン、百五十馬力、外輪）、咸臨丸（六百二十五トン〔ただし諸説あり〕、百馬力、スクリュー）、朝陽丸（三百トン、百馬力、スクリュー）、蟠龍丸（三百七十トン、六十馬力、スクリュー）、鵬翔丸（三百四十トン、帆船）。

（18）維新史學會編『幕末維新外交史料集成』（財政經濟學會、一九四四年）四巻三頁。

（19）同上 四頁。

（20）同上 四頁。

（21）同上 六頁。

（22）同上 三二頁。

（23）同上 三九頁。

（24）木村喜毅「奉使米利堅紀行」（慶應義塾図書館蔵）航海略述。

(25) 斎藤留蔵「亜行新書」（『万延元年遣米使節史料集成』四巻）三六一頁。
(26) 河北展生、佐志傳編著『「福翁自伝」の研究』本文編（慶應義塾大学出版会、二〇〇六年）一〇〇頁。
(27) 「万延元申年勝麟太郎物部義邦君航海日記」（竹川裕久氏蔵。以下「勝麟太郎航海日記」とする）安政六年十一月二十五日条。同日記は帰国後、竹川竹斎へ贈られたもの。なお東京大学史料編纂所所蔵の写本、『海軍歴史』所収の同日記とは若干相違がある。
(28) 同上　安政六年十一月三十日条。なお、本文は以下のとおりである。

船中の規則は船将より令する也、我輩教頭の名ありて船将にあらす、然れとも運転針路其他航海の諸術は又指揮なさゝる事能はす、故に今仮に則を定め、諸士え告けなす
今、名も当らす頗る僭上なりといへとも、我、諸君に少長するを以て、万一危険に至らは衆議を公裁せんとす

(29) 同上　序。
(30) 『海軍歴史Ⅰ』三〇六頁。
(31) 「勝麟太郎航海日記」安政六年十二月二十三日条。なお、本文は以下のとおりである。

初、我輩早く既ニ此説（引用者註：観光丸の外洋航海不適）をいふ、然るニ他の軍艦其稍小なるを以て其用ニ当らさるの説起り、終ニ観光丸ニ衆議決定し、船内の修理其他索具の類、悉く改判し、今其業終らんとす、若今米人等の説ニよつて他の軍艦と替なは、万事甚不都合ならん

(32) 「勝麟太郎航海日記」安政六年十二月二十五日条。
(33) 赤松範一編注『赤松則良半生談―幕末オランダ留学の記録』（平凡社、一九七七年）七九頁。
(34) 「奉使米利堅紀行」航海略述。
(35) 同上。
(36) ジョン・マーサー・ブルック「咸臨丸日記」清岡暎一訳（日米修好通商条約百年記念行事運営会編『万延元年遣米使節史料集成』風間書房、一九六一年、五巻）二月十一日（陰暦一月二十日）条。
(37) 「奉使米利堅紀行」安政七年一月二十一日条。
(38) 同上　安政七年一月二十三日条。
(39) 同上　安政七年一月二十七日条。なお、本文は以下のとおりである。

暁より風猛波高、舶上一円水となる。午後風西北西に変じ夜に入益烈し、帆を畳み是を避んとすれとも船夫皆疲労して働得す、

舶簸揚して半ハ海に沈んとす、其危言ふへからす

(40) 「咸臨丸日記」一八六〇年二月十四日（陰暦一月二十三日）条。本文は以下のとおりである。

天気はひどい荒模様。大檣トプスルを取りいれようとすると帆綱が切れた。日本人は帆をたたむ事ができない。我々の部下を登檣させ、帆をたたませた

(41) 「亜行新書」安政七年一月二十日条。

(42) 「咸臨丸日記」一八六〇年二月二十二日（陰暦二月一日）条。

(43) 長尾幸作「亜行日記鴻目魁耳」（『万延元年遣米使節史料集成』第四巻）万延元年一月二十二日条。長尾は木村の従者として乗艦した備後尾道の医師。佐志傳「咸臨丸搭乗者長尾幸作の生涯」（『史学』三十六巻二・三号、一九六三年九月）を参照。

(44) 「亜行新書」安政七年一月二十一日条。

(45) 江藤淳、松浦玲編『氷川清話』（二〇〇〇年、講談社）三八頁。

(46) 「咸臨丸日記」一八六〇年二月十三日（陰暦一月二十二日）条。

(47) 佐志『「福翁自伝」の研究』本文編一〇〇頁。

(48) 木村喜毅「咸臨丸船中の勝」（巌本善治編、勝部真長校注『海舟座談』岩波書店、一九八三年）二四四～二四五頁。

(49) 飯田「咸臨丸の航海技術」。

(50) ただし、サンフランシスコ滞在中に水夫三名が病死している。

(51) 「奉使米利堅紀行」万延元年閏三月十九日条。

(52) 久野勝弥「小野友五郎の第一回渡米について」（『日本歴史』二百九十六号、一九七三年一月）。

(53) 「咸臨丸日記」一八六〇年二月十四日（陰暦一月二十三日）条。なお、清国海軍でも要員教育や艦内号令詞に英語が使用されており、これは東アジアにおける近代海軍建設に共通した問題と言えるかもしれない。詳しくは田中宏巳「清末における海軍の消長（二）」（『防衛大学校紀要』六十四輯、一九九二年三月）を参照。

(54) 国立国会図書館蔵「航海日記」。なお、この日記は文倉『幕末軍艦咸臨丸』にも所収されているが、文倉によって一部改変されている。

(55) 一八六〇年三月二十五日付アイザック・トウシイ宛ブルック書簡（『万延元年遣米使節史料集成』五巻）一三八頁。

(56) 「咸臨丸日記」一八六〇年二月十五日（陰暦一月二十四日）条。

(57) 赤松大三郎「亜墨利加行航海日記」(『万延元年遣米使節史料集成』四巻)万延元年一月二十二日条。

(58) 一八六〇年三月十八日(陰暦二月二十七日)付「デイリー・アルタ・カリフォルニア(DAYLY ALTA CALIFORNIA, San Francisco)」紙(前掲『万延元年遣米使節史料集成』五巻)三五頁。

(59) 『赤松則良半生談』八三頁。

(60) 「奉使米堅紀行」万延元年閏三月十九日条。

(61) ジョン・マーサー・ブルック「咸臨丸乗組士官の寸描」清岡暎一訳(前掲『万延元年遣米使節史料集成』五巻)一四一頁。

(62) 『氷川清話』三五〜三六頁。

(63) カッテンディーケ『長崎海軍伝習所の日々』水田信利訳(一九六四年、平凡社)一三三頁。なお、本文は以下のとおりである。

観光丸は艦長格矢田堀指揮の下に、第一期伝習所生徒に操縦せられて、突如長崎港に入港し、外国人一同をびっくりさせた。その入港ぶりたるや、よほど老練な船乗りでなければできない芸当である。船と船との間に錨を卸ろしたりする、大胆不敵な振いをやってのけた。

(64) ジョン・マーサー・ブルック「横浜日記」清岡暎一訳(『万延元年遣米使節史料集成』五巻)一八六〇年二月八日(陰暦一月十七日)条。

(65) 同上。なお、本文は以下のとおりである。

船の運用に携わっている士官が、今日陸上で観測した。彼は私にこの港は品川から東五分の点にあることがわかったといった。今夜彼は月の距離を観測している。私はこの人々の才智に驚いている。

(66) カッテンディーケ『長崎海軍伝習所の日々』七三頁。

(67) 同上 五四頁。

(68) 同上 一八六頁。なお、本文は以下のとおりである。

日本に来た二回の海軍派遣隊が、前後を通じて、最も成功したのは機関部員の養成である。日本人には技師の学術が殊に適し、機関将校が蒸気機関の知識涵養に精根を尽くして、あらゆる部分を見逃すまいと熱心に注意する。その有様は驚くばかりで、彼らは仕事服を着て火夫の仕事をさえやる程の熱心さであるのに引き替え、甲板士官(引用者註:航海・運用に携わる士官、いわゆる deck officer の誤訳。副長を補佐して艦内の規律維持に当たる甲板士官では意味が通らない)のほうは彼らの美しい手や着物を、油の着いた綱具に触れて汚すのを怖れるがごとく見えた。かような事情で、どの船の汽罐も、皆手入れがよく行き届いていた。

(69) 「咸臨丸日記」一八六〇年二月十二日(陰暦一月二十一日)条。
(70) 山本金次郎「桑港滞船中日記」(慶應義塾福澤研究センター蔵、複写)万延元年二月二十六日条。
(71) カッテンディーケ『長崎海軍伝習所の日々』八三頁。
(72) 同上 七五頁。
(73) 「桑港滞船中日記」万延元年二月二十八日条。
(74) カッテンディーケ『長崎海軍伝習所の日々』一〇八頁。
(75) 同上 一三三頁。
(76) 「勝麟太郎航海日記」安政六年十一月二十五日条。
(77) 『赤松則良半生談』八一頁。
(78) 「勝麟太郎航海日記」地勢見聞雑記。なお、本文は以下のとおりである。

港の入口右に礮数十を架す、其製悉磚造、銃眼を以て三層ニ穿つ、上面平端にして礮を置くへし、全長六七十間はかり、幅これに応す、外望するに後面衛兵を容るゝに足るへし

(79) 「乙卯建白草稿」(竹川裕久氏蔵)。なお『勝海舟全集別巻　来簡と資料』所収の本史料「大坂近海警衛に関する建言」は翻刻に若干の疑問がある。
(80) 「摂海警衛銃備に関する報告」(『来簡と資料』六八三〜六八四頁)。
(81) 原剛『幕末海防史の研究』(名著出版、一九八八年)三〇〜三一頁及び二四二〜二五三頁。
(82) 「勝麟太郎航海日記」万延元年三月十一日条。
(83) 同上 万延元年二月二十六日条及び三月十八日条。なお、本文は以下のとおりである。

廿六日
此港よりパナマに通行する蒸気船あり、一ヶ月両度位通行す、一船の大さ、六十間餘、人員数百を乗せへく、金銀貨を輸するを三十万枚宛と云
十八日
パナマ往来の蒸気船あり、大低港内護送船に似て堅労、其大なる者、長六十間、幅廿間、皆車輪蒸気機、此船大小五六艘、港

内に繋くパナマの往来、一日一二度大なる者、「コモドール」是を指揮す、小船は甲必丹なり、但、皆軍艦従事の官員にはあらす、船内の製作、港内護送船と同敷、唯人員数百を容るへし、船後中層之下に一室あり、四方鉄板を以て造る、此室は当地製作の貨幣を積む所にして、これを華聖頓府江送くるもの、之大低内積三十萬銭を容ると云

(84) 「海舟日記」文久二年閏八月二十日条。

(85) 『勝海舟全集9　海軍歴史Ⅱ』三八七頁。

(86) 「ペリー来航に際し上書」(『勝海舟全集2　書簡と建言』)二五五～二五六頁。

(87) 三谷博『明治維新とナショナリズム』(山川出版社、一九九七年)二二九～二三〇頁及び二四二頁。三谷氏は勝の軍艦奉行並登用が海軍建設計画阻止を目指す松平・大久保主導の人事である可能性を提示している。

(88) 「勝麟太郎航海日記」万延元年三月五日条。なお、本文は以下のとおりである。

然らは若太平洋中不時の暴風起り、帆を縮め索を増し、其危険を避くるの時、平日一索一板といへとも、其利害如何その力より堪へきや否やを考究せさる時は、焦慮千悔すとも及ふへからす、又指揮官是等の事情詳明ならす、指揮停滞し機を失するニ到れは、其危険いふへからす、覆没瞬目の間ニあり(中略)我是をおもふか故に、一小事といへとも他人に談せす必す公に告け、其遺念なきや否やを聞く而已

(89) 同上。

(90) 田中弘之「咸臨丸の小笠原諸島への航海―その往復の記録―」(『海事史研究』二十五号、一九七五年十月)。

(91) 『日本海軍史』一巻四七頁。文久～慶応期の艦船購入については、安達裕之「猶ほ土蔵附売家の栄誉を残す可し」(『海事史研究』六十四号、二〇〇七年十二月)を参照。

(92) 『氷川清話』三六頁。

(93) 同上　三八頁。

(94) 『赤松則良半生談』八四頁。

(95) 明治三十年十月二十七日付「時事新報」。

(96) 文倉『幕末軍艦咸臨丸』四四六～四四八頁。

(97) 谷口尚真「咸臨丸ニ関スル研究」(慶應義塾福澤研究センター蔵、複写)。

(98) 同図は後に東京の海軍館へ移され戦後所在不明である。現在、横浜開港資料館で木村家所蔵の複製画が保管されている他、海上

自衛隊第一術科学校が運営する教育参考館でも複製画が展示されている。

第四章　万延・文久期の海軍建設――艦船・人事・経費――

はじめに

万延元年（一八六〇）の咸臨丸米国派遣成功後、幕府海軍には要員養成の他に多様な諸任務が加えられるようになり、教育・訓練組織から実動組織へ転換していく。翌文久元年二月に起きたポサドニック号事件(1)は、開国と条約遵守による外国との武力衝突回避を基本方針とする幕府に衝撃を与え(2)、軍事力近代化への取り組みは加速度を増していった。後世「文久の改革」と称されるこの改革は、当初外圧に対抗するための大規模な海軍と洋式陸軍建設を目的として始められた。しかし、議論の重点は途中で政治改革に移行し、軍制改革は将軍直属の陸軍の一部が実現するに留まったとされる(3)。制度設計が順調に進んだ陸軍に比べ、海軍は軍艦組が創設されたものの、軍艦方が中心となって策定した海軍建設計画は廃案となり、外国海軍に倣った階級制度も実現に至らなかった。「文久期は陸軍を中心とする改革、慶応期は海軍関係の改革が中心(4)」と評される所以である。

文久期の軍制改革について保谷（熊澤）徹氏は、兵卒徴発などが近世日本の社会編成を動揺させる一方、最後まで幕府主導による全国的軍制統一が模索されたと、近世軍制と近代軍制の相克を論じ(5)、海軍関係では三谷博氏が、幕府の一元的指揮を前提とする海軍建設計画の挫折は、国内政治の安定を対外防備力充実に優先させた結果であるとし、その後も攘夷戦争に用いられなかった幕府海軍を輸送部隊と規定した[6]。近年では冨川武史氏が、計画策定を支えた小野友五郎らの動向を検討している[7]。その後も三谷氏の「幕府海軍＝輸送部隊」観が踏襲される一方[8]、朴栄濬氏は艦船導入状況から、幕府海軍の軍事能力を積極的に評価した[9]。『海軍歴史』の「船譜」を補完した朴氏の功績は大きいが、朴氏の提唱する「海軍革命」は定義が不明確であり、「領土・領海を確立する軍事手段」など近代化に果たした幕府海軍の役割が過大に評価されがちであるという問題点を残している。

概して幕末期を近世と近代の連接点と捉える場合は幕府海軍を肯定的に、断絶点と捉える場合は否定的に評価する傾向があるが[10]、いずれも政治史的分析に留まり、組織の活動実態が不明なまま幕府海軍を評価していると言わざるを得ない。また、人事システムや経費の実態にも検討の余地がある。三谷氏は人材登用と家の関係について検討する中で新設の軍事職に触れているが、以降海軍の人事制度に言及した研究はない[11]。海軍経費は大口勇次郎氏が帳簿外支出、飯島千秋氏が船舶購入の年賦払いの可能性を指摘しているが[12]、その分析対象は幕府財政全体であり、海軍への言及は副次的なものに留まる。

そこで本章では、国立公文書館内閣文庫蔵「御軍艦操練所伺等之留」の分析を中心に、万延元年から文久三年九月までの艦船運用、人事、経費の実態を検討するものである。

1　艦船の運用状況

（1）警備・警察

安政七年（一八六〇）三月の桜田門外の変後、水戸浪士による横浜外国人居留地襲撃の噂が流れ、幕府は翌月万延元年（三月十八日改元）閏三月、講武所の剣術・槍術修行人の乗艦した軍艦が二隻常駐する神奈川港警衛を開始した(13)。

軍艦方が保有する艦船のうち、咸臨丸は米国派遣中、観光丸は佐賀藩への貸与のため長崎へ廻航予定、蟠龍丸は観光丸乗員の便船として長崎派遣中のため(14)、朝陽丸及び鵬翔丸の二艦が神奈川港へ派遣された(15)。鵬翔丸は帰国後の修理を終えた咸臨丸と同年六月には交代し、朝陽丸も蟠龍丸と同年十一月頃までに交代している。

近代海軍では、保有する艦船を訓練、実任務、修理に分けて船繰りをし、全体の部隊運用計画を遂行していくものである。しかし、慢性的に艦船不足に悩まされる軍艦方では、保有艦船をほぼ常時フル稼働させざるを得なかった。同年七月二十八日に下田近海で鵬翔丸を喪失したことも加わり、常時二隻を張り付きにしなければならない神奈川港警衛は、軍艦方にとって大きな負担となっていく。

このため、翌文久元年二月（二月十九日改元）、軍艦奉行は江戸内海測量御用に蟠龍丸を充て、警衛は咸臨丸一隻で行う旨を上申するがこの上申は却下される(16)。ただし、浪士の外国人居留地襲撃が起きなかったこともあり、警衛には千秋丸（二百六十三トン、砲数不明）、昌平丸（三百七十トン、砲十六門）、大元丸（詳細不明）など、木造帆船が派遣されるようになる。同三年三月に神奈川奉行が警衛船への人員派出中止を打診すると、軍艦奉行は「御警衛船の義は、外夷守防のため差し遣はされ候わけにこれなく」、その上「神奈川奉行支配向の者、改め方差し止め引き払ひ候上は、御警衛改め方も出来がたく」と、軍艦の派遣取り止めを上申(17)、翌年の元治元年四月に軍艦による神奈川港警衛は取り止めとなった。

この間、浪士の襲撃こそ起きなかったものの、軍艦方は警衛任務に付帯した実動を経験している。万延元年七月二十日、英国の馬運送船が伊豆大島付近の暗礁で座礁中との通報により、警衛船の朝陽丸が出動した。同艦には軍艦操練教授方頭取出役矢田堀景蔵以下、士官九名、軍艦方吏員四名、外国奉行兼神奈川奉行松平石見守康直以下、吏員・通詞八名、救助を要請した英国領事館から四名が乗艦、即日出港して捜索にあたった。しかし、発見には至らず、英国側が捜索の打ち切りを申し出たため、朝陽丸は二十六日に神奈川港へ帰港した。[18] また、文久元年九月には蟠龍丸が英国測量船を不審の廉で追跡し、外国方の幕吏が測量船に移乗して詮議する事案も起きている。[19]

(2) 輸 送

万延元年三月、鵬翔丸が石炭搭載のため陸奥国小名浜港へ入港した際、同国磐城郡大森村の材木商片寄平蔵（一八一三〜一八六〇）所有の塩七百二十石を浦賀港から輸送している。平蔵からは冥加金として、塩百石につき金四両二分、計三十二両余りが納められ、これは直ちに石炭購入費に組み込まれた。[20] 同年十一月には軍艦奉行が「御船売荷積廻方」の実施を上申する。上申理由として挙げられているのは、

①艦船を品川に空しく碇泊させては人件費の無駄である
②艦船の増加に伴い修理費も嵩む
③運転稽古だけでは実地の修行が不十分

という三点で、冥加金の海軍費充当を念頭に置いている。[21] 第一章及び第二章で見たとおり、近世期には軍船に廻船的機能を担わせる発想があり、蒸気軍艦にこれを適用する論者が幕末期に相次いで現れる。軍艦方が施策として実施を試みたことは、その海軍力認識の一端を示していると言えよう。文久元年一月には、下田で昌平丸に搭載されたロシア製大砲の軍艦操練所揚陸について軍艦奉行が上申し、「大砲上ケ方延引仕候而は右御船御廻米積請として出帆差急候趣ニも御座候間」と廻米のために速やかな決裁を求めている。[22] 同年十二月の同船大砲用台車修理の上申では、破損は廻船方による廻米使用のためとされ、[23] 軍艦方艦船による海上輸送の事実を示している。

人員輸送では、文久元年五月にポサドニック号事件対応で対馬へ急派された小栗忠順が咸臨丸で移動している。これは案件の性格から、便船が軍艦であることにも意味があったのだが、同年幕府が小笠原諸島開拓に着手した際[24]、調査団を乗せたのは軍艦頭取小野友五郎指揮の咸臨丸であり、同年十二月七日から翌年三月十六日まで航海を行っている。これには現地民への示威という意味もあったが[25]、一行の荷物船に千秋丸（二百六十三トン、帆船）が指定され、荒天で同船が出港不能になると、代って朝陽丸が派遣されている。また、文久三年に入ると、幕吏の江戸～大坂間の移動にしばしば軍艦方艦船が使用されるようになる。特に老中格小笠原図書頭長行、老中酒井雅楽頭忠績《ただしげ》（一八二七～一八九五）が、五月から八月にかけて相次いで朝陽丸、蟠龍丸などで上京・上坂しており[26]、これは蒸気軍艦の利便性、特に機動力への評価が定着してきたことを表している。海軍力の任務の一つに戦力の投射（パワー・プロジェクション）があるが[27]、朝陽丸、千秋丸、蟠龍丸の任務は、開拓調査団への物資輸送や幕吏の移動であり、海上作戦輸送というよりむしろ郵便汽船的運用として理解されるべきである。

（3）その他

文久元年一月、軍艦方に神奈川～長崎、箱館～長崎間の海岸通測量が命ぜられる[28]。当時は世界規模で盛んに海図が作成された時期であるが[29]、正確な海図のない日本近海では外国船の難破が多発した。第三章で見たとおり、万延元年の咸臨丸米国派遣に米海軍のブルック大尉が同行した背景には、ブルックが乗艦フェニモア・クーパー号を失い本国への便船待ちだったという事情もある。状況改善のため条約国は幕府に測量の許可を求めるが、国内への影響を懸念した幕府は、自らの手による測量実施を試みたわけである。

ただし、他任務との競合で沿海測量事業は進まず、幕府は英国の要求を容れ沿海測量を許可する。しかし、伊勢神宮や熱田神宮に近い伊勢、志摩、尾張沿海での測量に朝廷、津藩が抗議したため、文久二年六月十八日に幕府による同三ヶ国沿海測量が発令された[30]。この時は艦船のほか六分儀、晴雨計などの機器も不足し、軍艦方は同年二月に新規購入費用千七百十両を計上、勘定方は必要性を認めながらも「可成丈御入用相減候様勘弁」と指示している[31]。文久元年四月に君沢形（帆船、排水量不明[32]）が江戸内海東西海岸の測量任務に指定された際には、同任務投入を予定していた咸臨丸の対馬急派（ポサドニック号事件対応）に伴い、同艦の測量器具転用が指示された[33]。文久二年四月には、朝陽丸が伊勢・志摩・尾張三ヶ国の測量、君沢形一番・六番が小笠原諸島差遣を命じられ、六分儀他三品を購入するなど[34]、軍艦方の測量事業は継続されていく[35]。

最後が諸藩への貸与で、万延元年四月に観光丸が佐賀藩へ、文久三年六月に昌光丸（八十一トン、五十馬力、スクリュー）が対馬藩へ貸与される。これはポサドニック号事件以来、対馬藩が求めていた財政援助及び武器・軍艦貸与の一環であり、藩主宗対馬守義達《よしあきら》（一八四七〜一九〇二）の対馬帰国に貸与されたものだが[36]、昌光丸は宗義達帰国直後の七月三日、対馬府中沖で破船している[37]。

以上、用途別に幕府艦船の運用状況を見たが、これを軍艦方全体の艦船運用として表すと【表4－1】のようになる。「西洋の衝撃」によって創設された軍艦方が外国軍隊と砲火を交える事は一度もなかったが、それは必ずしも軍艦方が実動しない海軍だったことを意味しない。むしろ軍艦操練所での機走、帆走、洋上射撃などの訓練に多様な実動任務が加わった軍艦方は、任務量と戦力の不均衡に悩まされ、神奈川港警衛や遠国派遣を行いつつ、その合間を縫って艦船修理の船繰りをせざるを得なかった[38]。例えば、本格的修理を要する蟠龍丸、朝陽丸の運用を長期間停止する余裕はなく、両艦は応急修理に留められている[39]。そうした状況の中で観光丸を佐賀藩に貸与し、鵬翔丸を荒天で失った軍艦方の任務量は、その軍艦展開能力を完全に超過していたと言える。艦船不足は文久二年〜元治元年間に中古商船など十三隻が購入され緩和されるが、軍艦方はより大きな問題に直面することとなる。要員不足である。

【表4-1】万延元年〜文久元年の幕府艦船活動状況

万延元年	1月	2月	3月	閏3月	4月	5月	6月	7月	8月	9月	10月	11月	12月
観光丸			← 長崎派遣	→	← 佐賀藩へ貸与（文久3年12月まで）								→
咸臨丸	← 米国派遣（1/19〜5/5）					→ ← 於浦賀修理	→ ← 神奈川警衛						→
蟠龍丸	← 長崎派遣				→			? ← 神奈川警衛（期間不詳）		→ ?		? ←	→
朝陽丸					← 神奈川警衛（終了時期不詳）			↔ 英国馬運送船捜索（7/20〜26）				→ ?	
鵬翔丸			↔ 奥州小名浜派遣		← 神奈川警衛		→		● 7/23於下田破船				
昌平丸	← 廻米御用等の他は品川沖に停泊												→
文久元年	**1月**	**2月**	**3月**	**3月**	**4月**	**5月**	**6月**	**7月**	**8月**	**9月**	**10月**	**11月**	**12月**
観光丸	← 佐賀藩へ貸与（文久3年12月まで）												→
咸臨丸	← 神奈川警衛				→ ← 対馬派遣（4/19〜5/15）	→ ← 於長崎修理（〜10/22）					→	← 小笠原島派遣	→
蟠龍丸	←								● 英国測量船追跡（8/27〜8/28）		→ 神奈川警衛 ↔	← 長崎派遣	→
朝陽丸		← 於浦賀修理（〜翌年2/10）											→
千秋丸								● 於横浜購入（7/2）	← 神奈川警衛			→	↔ 小笠原島派遣
昌平丸	? ↔ 廻米御用（期間不詳）					? ← 神奈川警衛（開始時期不詳。遅くとも5月以前）							→

（「御軍艦操練所伺等之留」、『木村摂津守喜毅日記』、文倉平次郎『幕末軍艦咸臨丸』などより作成）

2　士官・吏員の任用状況

海軍要員養成の端緒となった長崎海軍伝習における伝習生徒の構成は

（1）矢田堀景蔵、勝麟太郎ら江戸在府の幕臣

（2）浦賀、箱館、長崎奉行所、韮山代官江川太郎左衛門役所の吏員

（3）諸藩派遣の生徒

の三つに大別される。このうち（1）は矢田堀、勝、伊沢謹吾ら、当初から船将要員だった御目見身分から、一般士官要員の御徒、同心といった御目見以下まで幅広い。（2）はいずれも奉行所・代官所吏員であり、長崎地役人が修業後も長崎に留まるなど、本属へ戻った者もいるが、人件費抑制の点で生徒は微禄の者が望ましいとされたこともあり[40]、浦賀奉行の与力・同心と江川太郎左衛門役所の手付・手代は、海軍要員の主な供給元となった。（3）の諸藩留学生からは川村純義（一八三六〜一九〇四。海軍卿、海軍中将）、中牟田倉之助（一八三七〜一九一六。海軍軍令部長、海軍中将）ら、後年帝国海軍で枢要の地位に就く者も出るが、彼らは修業後自藩に戻り幕府海軍には関係していないため、ここでは取り上げない。

この時期の海軍士官は軍艦操練所教官とほぼ同義であり、任務量増加は長崎で養成された基幹要員を上回る人員の需要を生んだ。例えば万延元年四月時点で長期行動中の艦船は、観光丸（佐賀藩貸与）、咸臨丸（米国派遣）、蟠龍丸（観光丸乗員の便船）、朝陽丸（神奈川警衛）、鵬翔丸（同）の五隻であり、蒸気艦全艦と大型帆船鵬翔丸、つまり軍艦方の主力全てが稼働中であった。各艦に配員する乗員数も当然膨れ上がる。咸臨丸には軍艦奉行の木村、教授方頭取出役の勝ら士官十四名、通訳官として乗艦した教授方出役中浜万次郎、医師二名、吏員二名、朝陽丸には

教授方頭取出役の矢田堀以下士官九名、吏員三名、鵬翔丸には教授方出役尾形作右衛門以下士官五名、吏員二名、蟠龍丸には教授方出役福岡金吾（一八二六〜?）以下、士官七名、吏員三名が乗艦していた。軍艦方は軍艦を各地に派遣する一方で、並行して軍艦操練所での教育も実施しており、当然要員は不足してくる。

当時蒸気艦の船将は原則的に教授方頭取出役を充てていたが、蟠龍丸は教授方出役の福岡が指揮を執っている。頭取二人のうち、勝は米国派遣中であり、残る矢田堀を派遣すると江戸周辺に頭取が不在となるためにとられた処置だった。(41) またこの時、観光丸には講武所勤番矢口中輔（生没年不詳）が乗艦している。これは矢口が講武所付属諸器械御用を務め、蒸気機械の取扱経験もある「器械製作方練鉄之工夫等功者」であり、乗員の足りない観光丸で「相応之手伝」をさせるためだった。(42) 要員不足、特に軍艦操練所の教官確保と神奈川警衛船の乗組士官派出の両立は、常に軍艦方の頭を悩ませたのである。

傷病による損耗では、軍艦操練所創設から二ヶ月後の安政四年九月、教授方出役石井修三（一八二九〜一八五七）が急死、(43) 万延元年六月には教授方出役土屋忠次郎（一八一六〜?）が、翌文久元年二月には教授方頭取出役佐々倉桐太郎（一八三〇〜一八七五）が、同年九月には教授方頭取手伝出役中島三郎助（一八二一〜一八六九）が、病気のためそれぞれ出役御免となった。(44) いずれも第一次長崎海軍伝習組で、特に佐々倉は咸臨丸渡米組でもある。なお、土屋は以後軍艦方に戻ることがなかったが、佐々倉と中島は幾度かの療養を経つつ復帰、中島は箱館戦争で戦死するが、佐々倉は維新後、帝国海軍にも出仕している。

海難による損耗では、万延元年に鵬翔丸が破船した際、船将の教授方出役尾形作右衛門以下、士官数名（正確な人数は不明）、水夫小頭二名、水夫二十一名が水死している。(45) 尾形と乗組士官の教授方手伝出役高橋昇吉は、第一次長崎海軍伝習を修業した基幹要員であり、水夫幸吉は咸臨丸渡米組だった。文久三年に昌光丸が破船した際は、小十人格軍艦組鈴木録之助及び水夫・火焚各一名の計三名が死亡している。(46) 創設間もない軍艦方に余剰人員はなく、

【表4-2】安政6年～文久3年における軍艦方高級吏員の一覧

	安政6　万延1　文久1　文久2　文久3	
軍艦奉行	永井玄蕃頭尚志	2/24～8/27
	水野筑後守忠徳	8/28～10/28
	井上信濃守清直	11/14～　～8/24
	木村摂津守喜毅	11/28～　～9/26
	内田主殿頭正徳	閏8/15～5/20
	松平備後守乗原	8/14～11/11
同奉行並	木村図書	9/11～11/28
	勝麟太郎	閏8/17～元治1.5/14
	矢田堀景蔵	3/6～元治1.11/22
	木下謹吾	7/1～慶応1.2/2

（『柳営補任』より作成）

こうした不測の事態による要員損耗も大きな痛手となった。

教官勤務、軍艦乗組以外では、文久元年一月二十八日、教授方出役小野友五郎が建議していた港湾防御用の小形（ママ）蒸気軍艦二十隻建造のうち、一隻の試作が承認され[47]、教授方出役肥田浜五郎、同手伝出役朝夷捷次郎、同小野左太夫、その他の吏員が蒸気機関製造掛として長崎へ派遣、小野友五郎、教授方出役春山弁蔵、同手伝出役高橋参郎が江戸で船体建造に任じた（同艦は文久二年五月起工、翌年七月進水、途中工事中断を挟み慶応二年五月に就役、千代田形と命名された。排水量百三十八トン、六十馬力、砲三門、スクリュー）[48]。その他、艦船が長期修理に入る際、教授方が浦賀に出張しており、造修関係業務も増加傾向にあった。

次に行政吏員であるが、軍艦方の長である軍艦奉行は、外国奉行から転じた初代永井玄蕃頭尚志が安政の大獄により半年で御役御免となり、後任には、安政六年七月に発生した横浜ロシア士官殺害事件で外国奉行を解任された、水野筑後守忠徳が勘定奉行兼帯で就任した。永井同様安政の大獄で西丸留守居に左遷された水野の在任期間は僅か二ヶ月間でしかなかったが、第三章で見たように、奉行並の木村図書喜毅と共に日米修好通商条約批准使節派遣時の別船派遣の実現に尽力している。水野の後任で小普請奉行から転じた井上信濃守清直（一八〇九～一八六八）は、御目見以下から身を起こし、評定所、勘定所などの重要部署で下僚を務めたのち、老中阿部伊勢守正弘の抜擢を受け主に外交面で活躍したが、やはり大老井伊直弼に忌避されて、外国奉行から小普請奉行に左遷されていた幕吏である。井上の二週間後に軍艦奉行並から昇格した木村は、この時既に米国派遣が決まっており、奉行への昇格には遣米副使格としての箔付けという意味合いがあった(49)。安政六年から慶応四年までの約九年間、軍艦奉行は延べ十六人と転変めまぐるしいが、井上・木村両名の在任期間は異例の長さである。特に木村は慶応三〜四年の再勤を含めると在任期間四年七ヶ月となり、他の追随を許さない(50)。二人の奉行の重複勤務期間としても井上・木村コンビは群を抜き、叩き上げの能吏井上と、長崎目付として海軍伝習を監督して以来、行政官として海軍に携わってきた木村が、万延・文久期の海軍行政を牽引していく。

しかし行政処理には奉行だけでなく配下の吏員が必要になる。次席の奉行並は木村の昇格後、勝が軍艦操練所頭取から昇格するまで三年近く空席であり、三席の奉行支配組頭の設置は文久二年十月まで待たなければならなかった。また、実務を担う下僚として、専任の操練所勤番も存在はしたが、実質的に行政処理の中心となったのは、他部署からの出向者や臨時勤務者で構成される調方出役であった。万延元年十二月、井上・木村が操練所創設以来の出役勤務者への褒賞を願った伺によれば、安政四年六月三十日付で大番津田美濃守組小林甚六郎以下五名、同年十月十七日付で仙石播磨守組御徒河野新太郎以下四名、安政五年十月十八日付で同組御徒・下田奉行手付出役栄七倅・同無足見習津田鉄太郎以下二名、安政六年八月二十三日付で書院番石野式部以下六名、万延元年十月十五日付で樫田五郎兵衛組御徒・神奈川奉行支配調役並出役山下藤左衛門の計十八名がそれぞれ任命されている(51)。

ただし、派出元が多岐にわたる調方は質にばらつきがあり、万延元年六月、井上・木村は任期満了する小林以下五名について「出精仕御用立候者ニ付」三年間の出役延長を求める一方(52)、文久元年一月には出役年季を勘定所などの他役所と同様五年に延長すること、職務精励者の任期更新、不適格者の出役罷免の明文化を求め、それぞれ承認されている(53)。急速に増加する任務は、軍艦の展開能力のみならず軍艦方の行政処理能力にも影響していたのである。

調方出役のうち小林は、文久二年十月から元治元年七月まで軍艦奉行支配組頭を、石野は元治元年十月から慶応二年一月まで軍艦奉行並、次いで奉行を務めており、能吏を軍艦方に囲い込む努力は、海軍行政に通じた幕吏養成に一定の効果をもたらしたと言える。

文久二年七月には既存の海上軍事力である船手が廃止され、その備船及び水主同心が軍艦組へ編入される。同月の井上・木村の伺では、船手頭筆頭を世襲して船手廃止後は軍艦操練所頭取となっていた向井将監（正義。一八三八～一九〇六。のち豊前守、伊豆守。歩兵奉行）に、将軍の御船御成時の御用取扱を担当させ、その際に水主同心を向井の指揮下に置くことを求め、了承されている。(54) これは向井氏に代々蓄積された経験を評価したものだが、軍艦方が畑違いの旧船手業務に辟易している観もある。その後も軍艦方は海軍に直接関係しない業務の切り離しを図り、文久三年十月、軍艦奉行並矢田堀景蔵は、「海軍御拡張専務の折柄、何分余力も無之」と、軍艦操練所創設時に講武所から移管された水泳稽古の廃止を上申、大小目付と勘定方の評議で妥当と認められ、翌元治元年四月二日付で同稽古は他の番方等で行うこととなった。(55)

3　要員確保の試みと文久の改革

（1）要員確保の試み

要員の補充としてまず行われたのは、長崎での伝習修業後に海軍入りしなかった幕臣の任用である。安政六年十二月に軍艦奉行が上申した褒賞伺では、力石太郎以下箱館奉行江戸役所勤務者七名が、勤務の傍ら教授方助合として軍艦操練所へ出仕していたことがわかる。(56) このうち咸臨丸で米国派遣中の伴鉄太郎（一八二五～一九〇二）を除く六名は、万延元年四月に「教授方手伝引足兼、操練所稽古も差支候間」、神奈川警衛船乗組を命ぜられている。(57)

その次が軍艦操練稽古人の任用で、文久元年四月には焚火之番伊三郎倅小林録蔵（生没年不詳）、中津藩士島津文三郎（生没年不詳。佐久間象山門人。のち海軍中尉兼兵学中助教、海軍省八等出仕）、杵築藩士佐藤恒蔵（一八二三～？）の三名が「神奈川港御警衛御軍艦江乗組候操練教授方之者御人少ニ而差支候間」、警衛船乗組を命ぜられている[58]。この時点で軍艦操練所修業後に任用された士官は、小十人組荒井郁之助（一八三六～一九〇九）と掛川藩士甲賀源吾（一八三九～一八六九）の二人であるが、荒井は安政五年に軍艦操練所世話心得、万延元年に軍艦操練教授方手伝出役を[59]、甲賀は安政六年に軍艦操練教授方手伝出役をそれぞれ命ぜられており[60]、稽古人身分のまま警衛船乗組を命じる人事は、軍艦方に彼らの修業を待つ余裕がなくなってきたことを意味する。稽古人の警衛船乗組はその後も続き、翌年二月には小普請組小櫛和三郎以下五名が乗組を命ぜられている[61]。

最後が陪臣の任用である。陪臣出身者には海軍創設以来の士官小野友五郎（笠間藩士）がいるが、小野は海軍創設前に天文方出役へ出仕しており[62]、純粋な陪臣の任用とは言い切れない面がある。安政四年閏五月と万延元年七月には、陪臣の軍艦操練稽古人志願を促す通達が出され[63]、陪臣稽古人の中から甲賀、島津、佐藤が任用されていった。文久二年二月に神奈川警衛船に乗り組んだ稽古人の一人、高松昇（生没年不詳。赤松左衛門尉範忠家来）も陪臣である。ただし、小野を含めた五人は本来の藩籍（高松は旗本家来）を保持しており、深刻な要員不足に直面しつつ、この時点では、幕府は陪臣出身者の完全幕臣化に踏み切っていない。

身分の壁は幕臣と陪臣の間のみならず幕臣間にも存在した。将軍への拝謁権の有無を表す御目見以上・以下の区別は、家格と就き得る役職を規定し、個人の能力・功績で御目見以下から抜擢されても「永々御目見」とならなければ、子に御目見以上の格式は引き継がれなかった。海軍士官必須の素養である数学の能力に欠ける勝が船将要員であり続けたのは、勝家が微禄ながら高祖父以来永々御目見の家格を有していた点が大きい。洋式艦船の運用には語学、化学、数学など、洋学関連の学識が求められ、幕府内における既存の教育体系から人材を供給するのは困難だった。そのため長崎海軍伝習が行われ、軍艦操練所が創設されたわけであるが、それでも要員を幕臣だけで賄うのは不可能だったのである。ただし、ここで注意したいのは、幕府の人事制度が全てにおいて身分秩序で硬直化していたわけではない点である。

原則的に江戸幕府は家格に基づく厳格な秩序に支配されていたが[64]、その一方で、巨大かつ複雑な官僚機構を機能させるため、幕吏任用に関していくつかの異なる論理が存在していた。

まず基本原則は特定の役職に特定の家の当主・子弟が就く、家筋の固定化である。幕府の軍事編成である五番方（大番、書院番、小性組、小十人組、新番）のうち、将軍の親衛隊として最も格式が高い両番（書院番・小性組）の番士は「両番家筋」の家の者で、かつ中堅の役職（布衣）以上に在職している者の子弟に限られた[65]。

一方、譜代、二半場、抱席に分かれる御目見以下では、譜代・二半場にのみ世襲が許されるなど、非世襲幕臣も多数存在した[66]。例えば町奉行所組同心は抱席で、本人の死亡・離職時に子弟が新規採用される例も多かったが、養子の形で庶民から抱え入れる例も少なくなかった[67]。更に、家格は栄達の必要十分条件ではなかった[68]。寛政四年（一七九二）から開始された学問吟味は、幕臣の奨学の気風醸成を目的とし、及第者には優先的に幕吏に任用される特典があった。学問吟味は個人の能力（基準は漢籍の学力）に基づく幕吏任用という人事制度を構築し、幕臣に「勉学は立身の種」という共通認識をもたらした[69]。なお、軍艦方にも学問吟味及第者は複数在籍し、永井、木村、伊沢は嘉永元年（一八四八）の、矢田堀は同六年の及第者である。十八世紀末には御家人から旗本への家格上昇を果たした家が一〇五七家、旗本全体の約二割に達しており[70]、これは幕府官僚機構に家格と個人の器量という二つの論理が存在していたことを示す[71]。軍艦操練所への志願者が相次いだのも、修業後の幕吏任用を期待した面が大きい[72]。また、個人の能力（業前）による陪臣身分からの幕臣登用も存在し、中でも学問・技芸の役職は「業前之場所」と認識され、しばしば陪臣が登用された[73]。

軍艦方もこうした論理の使い分けの例外ではなかった。永井（家禄千石、部屋住[74]）、水野（同五百石）は高級幕吏に昇り得る家筋であり、木村も家禄二百俵ながら曾祖父以来浜御殿奉行を世襲し、歴代将軍に近侍してきた家筋である[75]。彼らは海軍士官としての経歴を有さない高級幕吏であり、目付、外国奉行など海軍以外の要職も歴任している。矢田堀、勝ら船将要員も永々御目見の格式を有する旗本だが、佐々倉、肥田らは御目見以下の出自であり、本人の代に召し出された者も多い。このように家格に基づきながらも、軍艦方の要員は各々の階層で選抜されているため、彼らの能力は一定の水準で確保されており、なお不足する分は陪臣の任用で補った。この傾向は外国方、蕃所調所など、幕末期に新設された部署に共通して見られる[76]。ただし、この制度がうまく機能するのは、医師、儒者など個人の業前で任用された者の職階が固定されている場合である。近代軍隊の人事管理は、試験や縁故で選抜された士官要員が下級・中級士官を経て将官に至るシステムである。士官の階級は経験、年功、教育及び能力に応じ、個人に付与されるものであり[77]、上記のように階層ごとに完結した身分秩序では、近代軍隊の機能を担保する一元的かつ直線的な人事制度を作ることができない。そうなると、状況によっては下僚の能力が上官を越える事態が生じる。軍艦方が最初にこの問題に直面したのが咸臨丸米国派遣であり、身分に基づく当直割の結果、副直士官が航海術科能力で当直士官に勝る、あるいは当直の組ごとで能力がばらつくといった事態が生じた[78]。そうした状況の中で迎えたのが文久の改革だったのである。

（2）文久の改革における人事施策

文久の改革における海軍建設でよく言及されるのは、軍艦組創設と後世「六備艦隊[79]」と称される海軍建設計画だが、艦隊運用構想の検討は次章に譲り、ここでは同計画における人事施策を見る。文久元年四月十五日、若年寄遠藤但馬守胤統《つねのり》（一七九三〜一八七〇。三上藩主）、同酒井右京亮忠毗《ただます》（一八一五〜一八七六。敦賀藩主）が海陸御備向并御軍制取調御用（以後「軍制掛」とする）に任命されたのを皮切りに、六月までに井上、木村を含む十五名が軍制掛に任命され、軍制改革の評議が開始された。

同年六月、正規の軍事編成としては初の海軍組織となる軍艦組が新設される。それまでの軍艦方は、軍艦奉行と一部吏員を除いて出役で構成されており、正規の役職（御役名之場）となることは、「恒久的組織」という点で軍艦方を近代海軍に大きく近づけた。教授方、同手伝出役の一部は、七月十二日の人事発令で軍艦組に編入され、教授方頭取出役の矢田堀景蔵は両番格軍艦頭取（役高二百俵）へ、同役の伴鉄太郎（万延元年八月二十六日、教授方助合より昇格）、小野友五郎は小十人格軍艦頭取（役高百俵）となり、正式に船将待遇となった[80]。なお、小野はこの時幕臣に召し出されている[81]。文久二年七月には井上、木村の建議に基づき、船手が廃止され軍艦組に編入される。安政二年（一八五五）の長崎海軍伝習開始以来並存してきた水軍と海軍はここに単一の組織となったのである。なお、船手頭四人のうち、唯一軍艦方に残った向井将監も翌年九月に使番へ転じ、以後、海軍へは戻らなかった。

文久三年に入ると、木村は一月八日に海陸軍総裁蜂須賀阿波守斉裕（一八二一～一八六八。徳島藩主）へ、二月十日に老中井上河内守正直へ、それぞれ士官の待遇改善を建議する[82]（井上清直は前年八月、外国奉行に転出）。その主旨は、莫大な費用を要するとはいえ、軍艦は予算次第で建造できるが、要員養成には多大な労力を伴い成業後も危険な職務であるため、士官に対しては「格別の御優待」が必要であるというものだった。特に「たとい厄介の者たりとも成業次第でそれぞれ御役仰せ付けられ」、「その身材能を相撰び」、「その資格にかかわらず御抜擢相成り、各々将士の任に当」と、当主・嫡男以外でも学業成績に応じて役に就く、つまり、家格や立場によらない個人の能力本位の人事制度を求めている。これが家、特に家禄を編成の基準とする近世的軍隊の構成員でありながら、近代的な軍艦を運用する実務の中で要員不足と苦闘してきた軍艦方が到達した結論であった。

前年の文久二年閏八月十二日には、小普請組支配百九十五人（旗本）、小普請組三十人（御家人）が軍艦奉行支配

【表4-3】海軍士官の階級・俸給等の一覧

幕府での職名（相当職階）	役　高	西洋海軍での階級
海軍総裁（老中）		元帥
海軍副総裁（若年寄）		大将
海軍奉行（駿府城代上席）	5,000石	中将
軍艦奉行（勘定奉行上席）	3,000石	少将
軍艦頭（西丸留守居上席）	2,000石	大佐
軍艦頭並（留守居番上席）	1,000石	中佐
軍艦役（新番組頭上席）	400俵	大尉
軍艦役並（両番上席）	300俵	中尉
軍艦役並見習（新番上席）	250俵	少尉
軍艦蒸気方（鳥見上席）	150俵	1等機関士
軍艦添役取締（天守番上席）	100俵持扶持	兵曹長
軍艦蒸気方並（徒目付上席）	80俵持扶持	2等機関士
軍艦添役（表火之番上席）	80俵持扶持	1等兵曹
軍艦蒸気方並見習(表火之番上席)	80俵持扶持	3等機関士
軍艦添役並（学問所勤番上席）	70俵持扶持	2等兵曹

（『海軍歴史Ⅱ』184～192頁より作成）

に置かれるが、木村らが求めているのは単なる員数合わせではなく、正規の海軍教育を受けた士官の確保と彼らの能力に見合った待遇であった。皮肉なことに、その後、軍制掛の評定で木村らの六備艦隊構想を勝が葬った際、勝が述べた反対理由も、「且、軍艦は数年を出てつして整ふへしといへとも、其従事の人員如何そ習熟を得へけんや」と、木村らと同じ認識に基づいていた(83)。幕府も実質的に無意味だったとはいえ、小普請組からの編入で軍艦組の人員増強を図るなど、海軍を建設する上で最大の障害が要員不足であることは、当事者達にとって疑う余地のない共通認識となっていたのである。

更に木村はこの建議に、【表4－3】に示すような西洋海陸軍士官の階級職務、俸給及び幕府職制にそれを置き換えた職名の一覧を添付する(84)。十五段階に分けられた階級の中で、各級軍艦の船将となるのは軍艦頭、軍艦頭並、軍艦役であるが、現船将要員の軍艦頭取（役高は両番格が二百俵、小十人格が百俵）は、五番方の平番士と同等かそれ以下（両番三百俵、新番二百五十俵、大番二百俵、小十人組百俵十人扶持）であり、建議の主旨が個人の能力に基づく士官任用と待遇改善にあったことは明白である。

しかし、将軍徳川家茂の再上洛、生麦事件に伴うイギリス艦隊の横浜来航と、国内外の情勢が緊迫する中で、この建議は六備艦隊構想と共に事実上棚上げとなった。失意の木村は五月末以降、老中、若年寄に相次いで退役を内願、六月十七日以降出仕をやめ、九月二十六日に御役御免となった。咸臨丸小笠原派遣で航海の指揮を執る一方、江戸内海の防備論「江都海防真論」を著すなど、実務・理論の両面で木村を支えた小野も、同年十一月十八日に勘定組頭へ転じて軍艦方を去り、文久期の海軍建設は軍艦方の挫折という形でひとまず終息する。

この一連の過程を、近代軍隊の将校制度から見直してみたい。この制度を貫く原理はハンチントンが規定するとおりプロフェッショナリズムである。(85) 専門的職業を規定する専門技術、責任、団体性の三点で考えると、

専門技術：軍事力の編成・装備・訓練、軍事活動の計画、作戦の指揮

責　任：国家に対する専門技術のアドバイザーとしての責任

団体性：将校団を一個の自立的な社会単位として成立させる諸制度

となり、(86) 官僚組織である将校団では階級ヒエラルヒーで能力の大小が区別される。そうなると、軍艦方の人事制度は近代軍隊としての機能を果たさないことになる。しかし、これを幕藩制国家の限界と片付けてしまうのは早計であろう。十九世紀において、それは日本だけの問題ではなかった。

ヨーロッパで傭兵制度が衰退した十七世紀半ば以降、将校団を構成したのは貴族階級であった。(87) 将校に必要な資質は熱意や勇気とされ、貴族の血統的資質がこれを担保すると考えられていた。(88) ただし、貴族身分は必ずしも将校として栄達するための必要十分条件ではなかった。絶対王政期のフランスでは、宮廷貴族と地方の中小貴族との待遇差が大きく、前者は十数年で大佐・将官に昇ったのに対し、後者はほとんどが中佐止まりであった。(89) なおかつ、高位の軍職は売官制により、大貴族やブルジョワ出身の法服貴族が独占していた。(90) 海軍の場合は帆船の運用という

特殊技能を要するため、身分や金銭のみで地位は得られなかったが、士官は貴族やそれに準ずる身分が望ましいとされたのは陸軍と同じである。例えば、イギリス海軍ではほとんどの士官候補生が、艦長や将官の縁故で軍艦に乗り組んで海軍でのキャリアをスタートさせていた(91)。最初の選抜が縁故による以上、その出自に偏りが生じるのは当然であった。こうした将校団のあり方に変化をもたらしたのがプロフェッショナリズムである。兵器や戦術の進歩により、将校に求められる資質はより専門的かつ技術的なものとなっていった。一七八一年にフランス陸軍で制定された「セギュール規則」は、少尉候補者に父方四代の貴族証明を義務付けたものだが、これは将校団からの平民排除よりも、金銭や身分による任官を排した貴族間の昇進機会均等（＝能力に基づく昇進）を目指したものとされている。また、砲兵、工兵など技能兵科の将校は、それ以前から平民に門戸が開かれていた(92)。海軍では十九世紀に入ってから、炸裂弾と施条砲の登場により大砲の攻撃力が向上し(93)、船舶用蒸気機関の実用化で航海技術が一変すると(94)、士官にはより体系的で科学的な知識が求められるようになった。これを受けてイギリス海軍では、一八五八年にポーツマスに繋留された軍艦イラストリアス号（Illustrious）で士官の一元的教育を行うようになる(95)。

これらを踏まえて幕府海軍に話を戻すと、近代軍隊を有するヨーロッパ諸国と同時期に同じ問題に直面していたことがわかる。従来の幕府軍制では、番方の頭や組頭達に特別な軍事的または技術的知識は求められておらず、和船を主力装備とする船手も、実際の運用にあたったのは水主同心であった。船手頭は寛永期以降、水軍出身の家筋に由来しない旗本も就任するようになり(96)、船手頭筆頭を世襲する向井氏を除き中堅幕吏のキャリア・パスに組み込まれていく。幕府が既存の身分秩序の枠内で海軍建設を試みたことも、軍艦方が実任務を通じていち早くその限界を認識したこともごく自然なことだったのである。

【表4-4】文久2年～慶応2年の海軍経費

年　度	請取高	別段伺分		
文久2年	23万4,000両余	金 6万3,000両余	洋銀20万4,000枚余	丁銀250枚
文久3年	30万6,000両余	金16万2,000両余	洋銀17万2,000枚余	丁銀185枚
元治元年	28万7,000両余	金14万両余	洋銀17万6,000枚余	丁銀540枚
慶応元年	24万8,000両余	金16万5,000両余	洋銀10万枚	丁銀　7枚
慶応2年	27万1,000両余	金26万8,000両余	洋銀3,000枚余	丁銀　7枚

（『海軍歴史Ⅲ』351～358頁より作成）

4　経　費

『海軍歴史』に記載されている海軍経費中、最大の項目は艦船購入費であり、文久期は元年三万八千ドル、同二年十八万四千ドル、同三年七十六万千五百ドルである(97)。一ドル＝三十六匁、一両＝六十匁で換算すると、それぞれ約二万三千両、約十一万両、約四十五万七千両となる。文久元年の金高歳出は約四百十万両、文久三年では約一〇六二万両であり(98)、それぞれ全体の〇・五五％及び四・三％を占めている。海軍経費全体は【表4－4】、項目別の海軍経費は【表4－5】のとおりであり、ここから各項目の概要はわかるが、経費の執行過程を通じて、行政組織としての軍艦方の性格を明らかにするには至らない。これを補うのが、「御軍艦操練所伺等之留」の経費関係書類である。これには船舶購入費など大規模案件が含まれず、総額から見て軍艦方の支出を網羅していないが、伺一件ごとに勘定方の評議結果が付されており、ここから経費執行過程と傾向がわかる。

万延元年から文久三年九月までの経費伺をまとめたのが【表4－6】である。定員の増員、人足等の雇用、褒賞などを「人件費」、装備品のうち帆、索具、医薬品など、頻繁に交換・補充を必要とするものを「消耗品」、建造、大規模修理、関連する施設整備を「造修」、大砲、端艇、測量機器などを「装備」、土木・建築工事に関するものを「普請」、物品の輸送に関するものを「輸送」として分類した。人件費は役扶持や出張時の馬匹提供などが多く、他項目との並置が難しいが、その中から、臨時手当、褒賞、見舞金など、一件ごとに金額化できるものを挙げた。

件数で突出しているのは人件費で、承認・却下件数ともに最多である。新任・昇格者への手当、死者・傷病者への見舞金など、規定に則って処理されるべき案件は概ね承認されている一方、長期勤務者への褒賞、外国への留学生派遣といった新規支出は却下され、吏員の増員や人足等の雇用は減員を求められている。これに次ぐのが消耗品であるが、文久二年五月に大元丸の水夫増員に伴い被服新調を要望した際、前年十一月に新調した帯、草笠の分だけ減数を求められているほか、全て承認されている[99]。なお、不明の一件は朝陽丸小笠原派遣時の薬種買上二十両余であるが[100]、この伺は相当部分が虫損で失われており、他の類似案件の結果から類推して承認されたと考えるのが自然である。

造修は総額の過半を占めるが、多くは前述の小形蒸気船建造関連であり、船体建造と機関製造が江戸・長崎に分かれて計一万三千両余りが計上されている。造修は減額指示と採否保留件数が最も多いが、やはり過半を占めるのが小形蒸気船関連である。同船の試作が決定された文久元年一月には、長崎で製造される機関以外の経費見積が提出され、同船を最終的に二十隻配備する計画から、二隻を試作するとし、一万八百両余りを計上しているが、勘定方はまず一隻を試作して、その成績に応じて二隻目以降の建造を行うのが適当であるとし、経費見積も機関製造に関する長崎奉行との調整が必要として決定を保留した。翌月一隻分の試作経費五九六〇両が再提示された際も、勘定方は可能な限りの減額を求めている[101]。

【表4-5】文久元年及び3年の項目別海軍経費

分　類	文久元年	文久3年
船乗組水主手当	10,275両	16,367両
軍艦操練所普請入用	1,202両	792両
大坂表航海等入用		95,624両
外国へ誂品・船等買上代	84,407両	232,471両
神奈川表警衛・諸品購入代・手当金		24,477両
長崎表修船場取建入用		5,000両

（飯島『江戸幕府財政の研究』114～121頁、表20から抜粋）

【表4-6】万延元年～文久3年9月における経費伺と採否状況

項目	件数	承認	却下	減額指示	保留	不明
	金額（両）					
人件費	45	35	5	3	0	2
	311	302	7	不明	0	2
消耗品	22	20	0	1	0	1
	1,368	1,324	0	24	0	20
造修	16	6	0	7	3	0
	19,858	734	0	8,042	11,082	0
装備	10	5	1	2	0	3
	15,897	2,083	12,900	913	0	11
普請	1	0	1	0	0	0
	不明					
輸送	1	1	0	0	0	0
	不明					
計	95	67	7	12	3	6
	37,434	5,346	12,907	8,066	11,082	33

（「御軍艦操練所伺等之留」より作成。金銀銭の交換比率は1両＝60匁＝6500文、銀1枚＝43匁、1ドル＝36匁で全て金高に換算。1両未満は四捨五入した。）

勘定方の厳しい査定は船体のみに留まらなかった。機関製造を担当する長崎派遣要員として、軍艦方が教授方出役浜口興右衛門以下三名、軍艦取調役頭取小林甚六郎以下五名の吏員を要望したのに対し、勘定方は教授方二名、吏員二名への減員を求めている[102]。勘折しもこの時期は、外交、海防問題への対処で長崎・兵庫・箱館への幕吏派遣が相次いでいた。派遣者への旅費や手当は文久元年度で一万七千石余り、弘化元年（一八四四）に比較すると約六・六倍に急増しており[103]、勘定方が派遣人数を抑えようとするのも当然だった。ただし、この時は井上・木村が勘定方に対し、当初教授方五人の長崎派遣を要望しながら、特に造船巧者を人選して三名に減員しており、これ以上の減員は任務遂行を困難にすると反論、吏員二名の減員で再度上申したところ、勘定方も「無余儀相聞」と同意に至っている[104]。

これ以外では、朝陽丸、蟠龍丸の修理、国産洋式帆船韮山形、君沢形の修理、押送船の老朽更新、軍艦操練所内の造修施設整備が、いずれも「可成丈入用相減候方に取計」と、減額あるいは勘定方への内訳書提出を求め決定保留となっている。

装備に関する伺約一万六千両の過半は文久元年一月に軍艦奉行が上申した、横浜のオランダ商人所有の蒸気船

（詳細不明）購入費用二万千五百ドル（一万二千九百両）である。これは外航能力に乏しい「川蒸気」ではあるが、神奈川近海や江戸内海での運用は差支えないとして購入を上申している。この案件は神奈川奉行滝川播磨守具挙《ともたか》（?～一八八一）らの交渉で一万三千ドルにまで値引きされたが「軍用之品ニも無之」、「渡船同様のもの」であったため、結局購入を見送られている。(105) 減額指示となったのは、文久二年に上申された船打調練（射撃訓練）用の「フレガット船形」製造で、金八百九十両、米四十石の計上に対し、砲門、砲台以外の簡素化が指示されている。(106) 文久二年三月の消火設備（龍吐水）導入も、約二十三両の伺に対し減数が求められ、同五月に約十六両の再上申でようやく承認されている。(107) また、文久元年七月に、軍艦二隻の米国への注文が老中から外国奉行へ達せられた際は、勘定方は一隻約一万三千両の小形蒸気船建造が二十隻計画されていることを鑑み、三十万ドルに及ぶ軍艦の注文は一隻に抑えるべき旨を答申する。しかし、この時は幕閣が二隻で押し切り、勘定方も受け入れている。(108) 一方、測量機器の購入（一七一〇両）、洋書購入（洋銀七十枚）などは、伺のとおり承認されている。

普請の一件は文久二年二月に軍艦操練所修繕の速やかな実施を求めたものだが却下されている。(109) 輸送の一件は前述の昌平丸によるロシア製大砲の廻航・揚陸費用十七両余りで、これは直ちに承認された。以上からわかる経費伺の項目別採否状況は次のとおりである。

（1）消耗品、装備品の老朽更新は、時折減額指示の査定を受けつつ概ね承認
（2）人件費も出張者への手当など先例・規定に基づく伺は例外なく承認
（3）一方、軍艦方吏員の定員増や人足の雇用などは却下ないし減員を要求
（4）艦船購入及び建造も極力抑制を企図

ポサドニック号事件は、幕府に近代軍隊建設を決意させる契機となったが、海軍建設事業は、常に勘定方によって歯止めをかけられた。勘定方は既に存在する軍艦方の行政コストに関しては、粛々と経費執行を認めているが、

その規模拡大に繋がる案件は極力抑制を試みている。軍艦方が船手と並置で新設されたことで行政コストは純増し、軍艦方への経常予算配布は、安政四年閏五月、七月、同五年七月、十二月（二回）、同六年五月、七月にそれぞれ五百両ずつ、二年間の総額で三千五百両にも上った(110)。勘定方が抑制を図るのも当然であろう。

ポサドニック号事件の次に対外戦争の危機が生じたのは、イギリス艦隊が横浜に入港した文久三年三月で、「素より御兵備御充実ニも無之」ことを認識する幕府は、兵端が開かれれば「尽死力防戦之覚悟」を示すより他なかった(111)。この時、幕府が策定した敵艦の江戸内海侵入阻止策は、帆船旭日丸、千秋丸、茶船、荷船に石などを積み、澪に沈めるというものだった。軍艦方の任務はこれら閉塞船を開戦後に所定の場所へ沈めることであり(112)、幕府軍艦による敵艦撃退はもとより期待されていなかった。ただし、この危機は老中格小笠原図書頭長行の賠償金支払断行で回避され、勘定方が海軍建設を国家存亡に関わる事業と認める契機とはならなかった。

おわりに

この時期の軍艦方は諸任務への従事を経て、教育・訓練組織から実動組織へ転換する。日本駐在の外交使臣や駐留軍も軍艦方を日本の正規海軍として扱っており、少なくともこの時期については、従来の「幕府海軍＝輸送部隊」観は見直される必要がある。また、軍艦方は海運利益の海軍費充当を構想し、軍艦を郵便汽船的に運用するなど、海軍と海運が一体化した近世期の海上軍事力との連続性も見られる。

人事面では、長崎で学んだ基幹要員が船将以下の諸配置に就き、軍艦操練所出身者も逐次士官の列に加わっていく。咸臨丸米国派遣、国内の諸任務、教育任務を同時に実施し得たことは、要員養成が一定の成果を挙げていたことを表しており、海軍行政に通じた吏員の確保も試みられた。しかし、組織基盤は艦船・人員ともに脆弱であり、軍艦を数隻運用すれば直ちに飽和状態となった。このため軍艦方は幕府人事制度の論理を駆使して人材確保に努め、個人の能力に基づく士官任用への志向は、部屋住、厄介、陪臣に役職への門戸を開いた。陪臣の任用は、日本最大の封建領主徳川家であっても、単独では近代海軍を建設できなかったことを意味し、幕藩体制下での近代海軍建設の限界を表している。しかし、これは同時に全国から人材を集めた近代日本海軍の黎明期としての意義を幕府海軍に与えるものでもある。ただし、近世的軍隊の原則が完全に排除されるには至らず、この時には、将官から末端までの直線的な士官任用は実現されなかった。

文久の改革で軍艦方は正規の幕府軍制に組み込まれたものの、木村らが策定した海軍建設計画も外国海軍に倣った階級制度も実現しなかった。その原因は既存の身分秩序変更への拒否反応だけではなく、むしろより実務的なものだった。日本が初めて経験した近代海軍建設は巨額の予算を要した。艦船購入のような一時支出のみならず、人件費、老朽更新などの継続支出が大きな負担となり、勘定方は個別案件の必要性は認めつつ、軍艦方の規模拡大に繋がる予算要求には冷淡にならざるを得なかった。人員、艦船、装備が一通り揃ったこの時期、幕府は初めて真の海軍コストを体験したと言えよう。ポサドニック号事件や生麦事件による対外危機も、国家制度を抜本的に変更させるには至らなかったが、当時世界一の海軍国だったイギリスでも、海軍コストと海軍の海洋支配が生む利益を天秤にかけた議論が行われており(113)、軍艦方と勘定方のせめぎ合いは、日本のみに留まらない近代海軍の本質に関わる問題だったのである。

当時近代海軍を有した国家の多くと同じく、幕府も総体的には近代海軍という新たな軍事概念を、既存の組織秩序の中で実現させようとしており、軍制改革の議論に敗れた木村の辞職は、その個人的な挫折に留まらず、近世軍制の中で近代海軍の建設を志向した軍艦方の敗北を意味した。こうして近代海軍制度の実現は、慶応の改革に持ち越されることとなる。

註

（1）ロシア軍艦ポサドニック号（Posadnik, 八百八十五トン、四百馬力、砲十一門）が対馬浅茅湾に侵入、半年余り停泊し同地租借を要求した事件。幕府は外国奉行小栗豊後守忠順を急派し退去を要求したが果たせず、結局イギリスの抗議により同艦は退去した。日野清三郎著、長正統編『幕末における対馬と英露』（東京大学出版会、一九六八年）、亀掛川博正「外交官としての小栗忠順」（『政治経済史学』二百七十七号、一九八九年五月）、保谷徹「批判と反省　オールコックは対馬占領を言わなかったか」（『歴史学研究』七百九十六号、二〇〇四年、十二月）などを参照。

（2）三谷博「文久軍制改革の政治過程」（近代日本研究会編『年報・近代日本研究』三号、一九八一年。三谷博『明治維新とナショナリズム』（山川出版社、一九九七年）に修正の上再録）。

（3）『日本史広辞典』（山川出版社、一九九七年）一九〇一頁。

（4）近松真知子「開国以後における幕府職制の研究」（児玉幸多先生古稀記念会編『幕府制度史の研究』吉川弘文館、一九八三年）。

（5）熊澤徹「幕末の軍制改革と兵賦徴発」（『歴史評論』四百九十九号、一九九一年十一月）、同「幕末維新期の軍事と徴兵」（『歴史学研究』六百五十一号、一九九三年十月）、同「幕府軍制改革の展開と挫折」（坂野潤治ほか編『講座日本近現代史1』岩波書店、一九九三年。家近良樹編『幕末維新論集3　幕政改革』吉川弘文館、二〇〇一年に再録）など。

（6）三谷博『明治維新とナショナリズム』（山川出版社、一九九七年）一八四、二三一頁。

（7）冨川武史「文久期の江戸湾防備」（『文化財学雑誌』〈鶴見大学〉一号、二〇〇五年三月）、同「小野友五郎の江戸湾海防構想とその形成過程」（『海事史研究』六十二号、二〇〇五年十二月）。

（8）高輪真澄「木村喜毅と文久軍制改革」（『史学』五十七巻四号、一九八八年三月）、David C. Evans and Mark R. Peattie, *Kaigun : Strategy, Tactics, and Technology in the Imperial Japanese Navy, 1887–1841* (Annapolis, 1997), 'Introduction' 及び1章。

（9）朴栄濬「幕末期の海軍建設再考」（『軍事史学』百五十号、二〇〇二年九月）、同「近代日本における海軍建設の政治的起源」（『国際関係論研究』十九号、二〇〇三年三月）、同「海軍の誕生と近代日本」（『ＳＧＲＡレポート』〈関口グローバル研究会〉十九号、二〇〇三年十二月）。

（10）朴氏を前者の代表とするならば、西欧世界との接触、技術受容を近代海軍建設の必須条件とするEvans氏、Peattie氏や封建制下の近代国防海軍建設は不可能と論じた井上清氏（『新版　日本の軍国主義1』、現代評論社、一九七五年）は後者の典型と言える。

（11）三谷博「明治維新と『家』身分制」（福地惇・佐々木隆編『明治日本の政治家群像』吉川弘文館、一九九三年。三谷『明治維新とナショナリズム』に再録）。
(12) 大口勇次郎「文久期の幕府財政」（『年報・近代日本研究』三号。家近良樹編『幕末維新論集3　幕政改革』吉川弘文館、二〇〇一年に再録）、飯島千秋『江戸幕府財政の研究』（吉川弘文館、二〇〇四年）一一一～一一二、一二七～一二八頁。
(13) 勝海舟全集刊行会編『勝海舟全集10　海軍歴史Ⅲ』（講談社、一九七三年）三六二～三六五頁。
(14) 「御軍艦操練所伺等之留」（国立公文書館所蔵多聞櫓文書、国立公文書館デジタルアーカイブ）一八七～一九二コマ。
(15) 同上　二二六～二三二コマ。
(16) 同上　一五八～一五九コマ。
(17) 『海軍歴史Ⅲ』三六三頁。
(18) 「御軍艦操練所伺等之留」九九～一〇五コマ。
(19) 同上　三五〇～三五一コマ。
(20) 同上　一七八～一八〇コマ。
(21) 同上　一二六～一二七コマ。
(22) 同上　七六コマ。
(23) 同上　四七二～四七五コマ。
(24) 幕府の小笠原調査は、田中弘之「咸臨丸の小笠原諸島への航海―その往復の記録―」（『海事史研究』二十五号、一九七五年十月）、同『幕末の小笠原』（中央公論社、一九九七年）を参照。
(25) 調査団を指揮した外国奉行水野忠徳と目付服部常純は派遣軍艦に関する伺の中で次のように述べている（伺の全文は『勝海舟全集9　海軍歴史Ⅱ』八～一〇頁を参照）。
最初御国の兵威を輝かし、彼ら寒心破肝、感服仕り候様これなくては相成るまじく候間、御軍艦へは大砲そのほか御武器類充分御備へ相成候様仕りたく、かつまた同島着岸の節、祝砲連発いたし候様仕りたく
(26) 慶應義塾図書館編『木村摂津守喜毅日記』（塙書房、一九七七年）一三一～一三六、一四三頁。
(27) 現代でも海軍の役割は、1．パワー・プロジェクション、2．海洋秩序維持のための脅威対処、3．海軍外交と連合の構築、とされている。石津朋之「シー・パワー」（立川京一ほか編『シー・パワー』芙蓉書房出版、二〇〇八年）を参照。
(28) 「御軍艦操練所伺等之留」四五二～四五三コマ。

(29) 横井勝彦『アジアの海の大英帝国』(講談社、二〇〇四年)一四一～一四二、二四三頁。
(30) 『海軍歴史Ⅱ』三三九頁。
(31) 「御軍艦操練所伺等之留」四五三～四五六コマ。
(32) 「形」は「型」と同義で同型艦は「〇形〇番」と称した。(ただし、建造が一隻のみの千代田形は例外)。安達裕之『異様の船』(平凡社選書、一九九五年)二五五頁を参照。
(33) 「御軍艦操練所伺等之留」三七二～三七三コマ。
(34) 同上 四〇六～四〇九コマ。
(35) 沿海測量事業については、横山伊徳「一九世紀日本近海測量について」(黒田日出男他編『地図と絵図の政治文化史』東京大学出版会、二〇〇一年)、鵜飼政志「海図と外交」(鵜飼政志ほか編『歴史をよむ』、東京大学出版会、二〇〇四年)を参照。
(36) 「海舟日記」(東京都江戸東京博物館蔵『勝海舟関係文書』)文久三年六月五日条。木村直也「文久三年対馬藩援助要求運動について」(田中健夫編『日本前近代の国家と対外関係』吉川弘文館、一九八七年。紙屋敦之、木村直也編『展望日本歴史14 海禁と鎖国』東京堂出版、二〇〇二年に再録)を参照。
(37) 「海舟日記」文久三年八月七日条。
(38) これらは項目ごとに実施日が定められ、一月十九日から十二月一九日まで年間を通じて行われた。『勝海舟全集8 海軍歴史Ⅰ』二〇七頁。
(39) 「御軍艦操練所伺等之留」九三～九八コマ。
(40) 史籍研究会編『内閣文庫所蔵史籍叢刊36 安政雑記』(汲古書院、一九八三年)二一九頁。伝習生徒人選を命じた安政三年七月三日付の達では「若年」、「伶悧」、「気力荒盛」ならば御目見以下、家督、部屋住の別は問わないとあるが、「但、身柄之ものニは旅装其外入費も相成可申哉ニ付、成丈軽キ御家人之内ニ而相撰之方可然」とも明記されている。
(41) 「御軍艦操練所伺等之留」二四三～二四六コマ。
(42) 同上 二四九～二五一コマ。
(43) 石井修三(一八二九～一八五八)は韮山出身で、鉄砲方江川組手代から第一次長崎海軍伝習に参加。帰府後教授方出役となったが尊攘派に殺害されたと伝えられる。戸羽山瀚編著『江川坦庵全集 別巻』(巌南堂書店、一九七二年)三六五～三六六頁及び相原修『西洋を学び明治を先覚した偉才 蘭学者・石井修三の生涯』(羽衣出版、二〇〇五年)一二六～一二九頁を参照。

(44) 「御軍艦操練所伺等之留」七七〜七八、一一四〜一一六コマ、中島義生編『中島三郎助文書』(私家版、一九九六年) 一二頁。
(45) 文倉『幕末軍艦咸臨丸』二八三頁。
(46) 「海舟日記」文久三年八月七日条。
(47) 『木村摂津守喜毅日記』二六頁。
(48) 倉沢剛『幕末教育史の研究一』(吉川弘文館、一九八三〜八六年) 四六六〜四六七頁。
(49) 土居良三『軍艦奉行木村摂津守』(中央公論社、一九九四年) 六八〜六九頁。
(50) 木村は軍艦奉行再勤前にはやはり再勤となる奉行並を一年間務めており、海軍士官としての教育を受けていない純粋な行政官としては異例の長期勤務である。
(51) 「御軍艦操練所伺等之留」三一六〜三二三コマ。
(52) 同上　三九一〜三九三コマ。
(53) 同上　七二〜七三コマ。この井上・木村連名の伺は以下のとおりである。

御軍艦取調役出役、同下役之儀去申年中願之通被　仰付候処、無年限ニ而出役為致置候而は励方ニも罷成不申候ニ付、御勘定所等出役之者年季切替之振合を以五ヶ年と相定、出精ニ而御用立候者は引続出役之儀申上、不精ニ而御用弁等不宜者は出役戻し取計候様可仕奉存候、尤伺之通被仰渡候ハヽ、是迄右出役被　仰付候者之頭支配江は私共相達候様可仕候、以後年季切替引続出役被　仰付候節は五ヶ年々季之積被仰渡候様仕度、此段奉伺候以上

(54) 同上　五〇四〜五〇五コマ。
(55) 同上　五二一〜五二五コマ。
(56) 同上　一八〇〜一八四コマ。
(57) 同上　一三九〜一四四コマ。
(58) 同上　三七九〜三八一コマ。
(59) 原田朗『荒井郁之助』(吉川弘文館、一九九四年) 三九頁。
(60) 日本歴史学会編『明治維新人名辞典』(吉川弘文館、一九八一年) 三八六頁。
(61) 「御軍艦操練所伺等之留」四七〇〜四七二コマ。
(62) 小野友五郎「先祖書」(広島県立文書館蔵『東京府日本橋区　小野友五郎家文書』)。

（63）文部省編『日本教育史資料7、武術』（鳳文堂、一九八四年、復刻）六八四〜六八五頁。
（64）山本博文「将軍権威の強化と身分制秩序」（山本博文編『新しい近世史1　国家と秩序』新人物往来社、一九九六年）。
（65）深井雅海『図解・江戸城を読む』（原書房、一九九七年）一三〇頁。
（66）同上『江戸城』（中央公論新社、二〇〇八年）五八頁。
（67）田原昇「江戸幕府御家人の抱入と暇」（『日本歴史』六百七十七号、二〇〇四年十月）。
（68）両番の家筋出身者であっても、番士就任後更に昇進できたのは家筋内の競争に勝ち抜いた者のみだった。山本英貴『江戸幕府大目付の研究』（吉川弘文館、二〇一一年）三二二頁。
（69）橋本昭彦『江戸幕府試験制度史の研究』（風間書房、一九九三年）三〇二頁。
（70）藤井讓治『江戸時代の官僚制』（青木書店、一九九九年）一三六頁。
（71）笠谷和比古『武士道と日本型能力主義』（新潮社、二〇〇五年）一三一頁。
（72）長崎海軍伝習の教官団長カッテンディーケ（Willem Johan Cornelis Ridder Huyssen van Kattendyke、一八一六〜一八六六）も「生徒の大部分は、ただ江戸に帰ってから、立身出世するための足場として、この海軍教育を選んだに過ぎない」と、こうした雰囲気を感じていた。カッテンディーケ『長崎海軍伝習所の日々』水田信利訳（平凡社、一九六四年）五四頁。
（73）国立公文書館蔵「軍艦所之留」五一〜六〇コマ。
（74）部屋住・厄介などは原則的に役職任用の対象外であったが、部屋住の場合、父の勤続が長年にわたったときや武芸・学問の「出精」を認められたときにはその限りではなかった。三谷『明治維新とナショナリズム』二八八頁。
（75）土居『軍艦奉行木村摂津守』六〜七頁。ただし、この時点では部屋住身分。
（76）宮崎ふみ子「蕃書調所＝開成所における陪臣使用問題」（『東京大学史紀要』二号、一九七九年三月。家近良樹編『幕末維新論集3　幕政改革』吉川弘文館、二〇〇一年に再録）、加藤英明「徳川幕府外国方」（『法政論集』〈名古屋大学法学部〉九十三号、一九八二年十月）。
（77）サミュエル・ハンチントン『軍人と国家　上』市川良一訳（原書房、一九七八年）一九頁。
（78）ジョン・マーサー・ブルック「咸臨丸日記」清岡暎一訳（日米修好通商条約百年記念行事運営会編『万延元年遣米使節史料集成』五巻、風間書房、一九六一年）一八六〇年二月二十日（陰暦万延元年一月二十九日）条。
（79）海軍歴史保存会編『日本海軍史』（第一法規出版、一九九五年）第一巻、四四〜四五頁。

(80)『大日本近世史料　柳営補任五』（東京大学出版会、一九六四年）二一一頁。
(81) 小野「先祖書」。
(82)『木村摂津守喜毅日記』一一二、一一八頁。建議の全文は『海軍歴史Ⅱ』一八三頁。
(83)「海舟日記」文久二年閏八月二十日条。評議の様子を勝は次のように記している。

此日於　御前、閣老、参政、大目付、目付、御勘定奉行、講武所奉行、軍艦奉行、其他共出席、海軍之議あり、大趣意は此程御軍制御改正局にて大綱を論せし書を以て、臣に為尋らる、其事に云、我邦にて軍艦三百数拾艘を備へ、幕府之士を以てこれに従事せしめ、海軍之大権政府にて維持し、東西北南海に軍隊を置かんには、今よりして幾年を経は全備せん哉と、謹て答、これ五百年之後ならては其全備を見るに到る難かるへし、且、軍艦は数年を出てつして整ふへしといへとも、其従事の人員如何そ習熟を得へけんや、子々孫々其趣意を反せす、其英意を継述するに、遵奉するに人あらされは、能ハさること必せり、それ海国防禦の策は、彼をも征伐せらるの勢力充分にしてあまりある事あらされは能ハす、いたつらに人員の増多なると船艦数隻なるとも人民其学術は勿論、勇威彼を圧伏するに足りされは、真の防禦は立かたからん、今、如此の大業を議せんよりは、寧ろ学術の進歩して其人物の出てんことこそ肝要ならめ云々

(84)『海軍歴史Ⅱ』一八四〜一九二頁。
(85) ハンチントン『軍人と国家　上』九頁。
(86) 同上　一二〜一九頁。
(87) 同上　二二〜二四頁。
(88) 竹村厚士「「セギュール規則」の検討」（阪口修平編著『歴史と軍隊』創元社、二〇一〇年）。
(89) 同上。
(90) 佐々木真「ヨーロッパ最強陸軍の光と影」（阪口修平、丸畠宏太編著『近代ヨーロッパの探求12　軍隊』（ミネルヴァ書房、二〇〇九年）。
(91) 田所昌幸「組織の「近代化」に向けて」（田所昌幸編『ロイヤル・ネイヴィーとパクス・ブリタニカ』有斐閣、二〇〇六年）。
(92) 竹村「「セギュール規則」の検討」。
(93) 青木栄一『シー・パワーの世界史②』（出版協同社、一九八三年）六七〜七三頁。
(94) 同上　五五〜六六頁。

(95) 田所「組織の「近代化」に向けて」。

(96) 小川雄「船手頭石川政次に関する考察」(『海事史研究』六十五号、二〇〇八年十二月。同『徳川権力と海上軍事』岩田書院、二〇一六年に再録)。

(97) 大口「文久期の幕府財政」。

(98) 飯島『江戸幕府財政の研究』七一頁。

(99) 「御軍艦操練所伺等之留」四三五〜四三七コマ。

(100) 同上四三〇〜四三一コマ。

(101) 同上　三三〜四〇、五二〜五九コマ。

(102) 同上　二一〜二四コマ。

(103) 飯島『江戸幕府財政の研究』七二頁。

(104) 「御軍艦操練所伺等之留」二八〜三二コマ。

(105) 同上　一六四〜一六九コマ。

(106) 同上　四二三〜四三〇コマ。

(107) 同上　四一八〜四二二コマ。

(108) 同上　三四二〜三四六コマ。

(119) 同上　四八一〜四八四コマ。

(110) 同上　三〇二〜三〇五コマ。

(111) 石井良助・服藤弘司編『幕末御触書集成』(岩波書店、一九九五年)六巻、一二八頁。

(112) 同上　一三二〜一三三頁。この時の軍艦奉行らへの指示は以下のとおりである。

万一非常之節、英国軍艦内海江駛入、防塞之ため御台場最寄上総澪、中澪、金杉澪通江、旭日丸、千秋丸并茶船、荷船等江石類積入、右澪通江沈置、駛入を立切候積申上候処、昨八日、御下知相済候ニ付、夫々取計候積ニ付、為御心得此段及御達候

(113) 横井『アジアの中の大英帝国』二三五〜二四一頁。

第五章　文久期の海軍運用構想

はじめに

近世期を通じて幕府の海上軍事力であった船手は航洋能力を持たず、沿岸防備（＝海防）は主に海岸砲台（＝台場）に依存していた。十八世紀以降の度重なる外国船来航事案を経て、「台場の銃器は死物、軍艦の砲器は活物[1]」という砲台に対する軍艦の優位性が認識され、安政期以降急速な海軍建設が進められるようになったのは、これまで見てきたとおりである。では、幕府は新たに建設した海軍（＝軍艦方）に関して如何なる運用構想を抱いていたのだろうか。

前章で見たとおり、幕府海軍近代化の取り組みが大きく前進した文久期（一八六一～一八六三）には、軍艦はそれまでの教育・訓練任務に留まらず、警備、救難、測量、輸送と多岐にわたって用いられるようになった。しかし、それだけで軍艦方の海軍としての性格を規定することはできない。幕府海軍の建設理念はどのようなものであったか、またその理念と実際の軍艦運用に相違点はあったのか、あったとすればそれはどのようなものであったのかという検討が必要になる。

この時期の海軍運用構想を明らかにするための手がかりは二つある。一つ目は、文久の改革で軍艦方が策定した海軍建設計画、二つ目は、軍艦奉行木村摂津守喜毅の下で海軍建設計画策定を支えた小野友五郎、そして木村が軍艦奉行を辞職し、小野が勘定方へ転出したのちに軍艦方の実権を握った勝麟太郎という二人の軍艦方士官によって著された海防建白書である。

幕府の海軍力を評価する上でもう一つ無視することができない要素がフリート・アクション（fleet action）能力である。創設から文久期に至るまで、幕府海軍は戦闘行動を経験していないため評価が難しい面もあるが、平時の訓練、幕府高官の見分の模様から、幕府が海軍力をどのような形で運用しようとしていたかを知ることができる。これは日本の海軍力が沿岸部に活動範囲を限定した海軍（brown water navy）から、外洋における展開能力を有する海軍（blue water navy）へ転換する成立要件の一つとなる能力でもあった。(2)

この分野の先行研究としては、江戸内海台場に関する淺川道夫氏の研究(3)のほか、木村、小野らの海軍構想を検討したものなど、(4)研究の蓄積が見られる。しかし、この分野の研究における主な視座は、台場の研究を主体とした海防史が中心であり、海軍力の運用構想に言及したものは少ない。木村らの海軍建設計画、勝の摂海防備構想も、これまで見られた分析は、ほとんどが木村や勝の政治姿勢などへの言及であり、(5)軍事的側面への言及は少なかった。

そこで本章では、文久の改革において軍艦方が策定した海軍建設計画、小野の著した「江都海防真論」、勝が参画した摂海警衛構想から、文久期における幕府の海軍運用構想を明らかにするものである。

1　江戸内海防備体制と海上軍事力

従来江戸内海の防備は、湾口部にあたる上総国富津と相模国走水を結ぶ線を最終防御線（＝切所）とし、それ以南に台場を設けるというものであった。しかし、嘉永六年（一八五三）のペリー来航後、その防御線は大幅に後退し、江戸内海に台場を設け、これをもって最終的な防御線とする構想に転じた。同年八月からは、品川台場の建設工事が開始され、翌七年七月に一～三番台場が完工、同年十二月（十一月安政に改元）には五～六番及び御殿山下台場が完工した（四、七番は完成前に工事中止、八～十一番は未着工のまま事業中止）。このような台場中心の江戸内海防備構想にあって、「台場の銃器は死物、軍艦の砲器は活物」という認識の下、軍艦による江戸内海防備という考え方は常に存在した。ではまず、幕府の江戸防備構想において従来の海上軍事力であった船手がどのような役割を担ったのか、ペリー来航まで遡って見ていきたい。

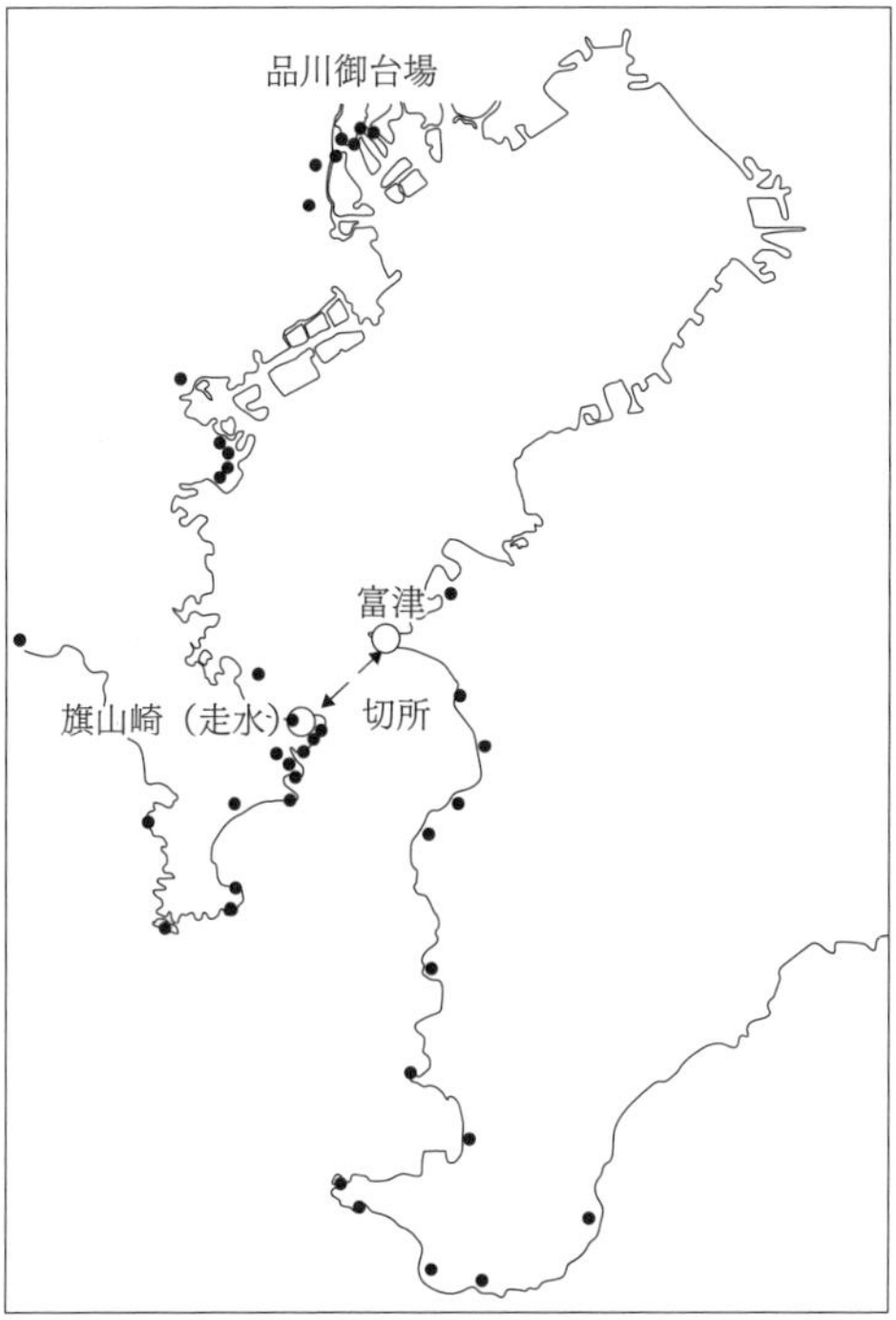

【図5-1】安政期の江戸内海周辺台場
（品川区立品川歴史館編『品川台場』10頁より作成）

嘉永六年六月三日にペリーが浦賀へ来航した際には芝、高輪、深川などの江戸内海を含めた沿岸部に諸藩の兵力が配置され、幕府鉄砲方は浜御殿に大筒を配備している(6)。この時、船手に発せられた六月十日付の命令は、「為見届被差出置」、「異国船引退候歟、又ハ此上近海江乗入候様子ニも候ハヽ、急速本多越中守、遠藤但馬守江早々注進」であった(7)。つまり、異国船の警戒及び、退去ないし内海侵入時における若年寄本多越中守忠徳（一八一八～一八六〇、陸奥泉藩主）、同遠藤但馬守胤統への伝令である。

幕府の船手のみならず、本牧に配備された熊本藩、大森に配備された長州藩の船舶に対しても、伝令船としての任務が付与されている。(8)異国船との戦闘に関する指示が見られないのは、この時の幕府全体の方針が避戦にあったこともあるが、幕府鉄砲方は同日付で異国船の内海侵入に備え、浜御殿への大筒配備を命ぜられており、異国船対応が一切の戦闘準備を排していたわけではない。これは単に船手の戦闘能力が期待されていなかったためと理解するべきだろう。

翌嘉永七年九月、ロシア使節プチャーチンの座乗するディアナ号（Diana）が大坂湾に来航、十月五日に下田へ向け出帆するまでの間、約半月にわたって天保山沖に滞泊する事件が起きた。第二章で見たとおり、この時は大坂城代土屋寅直指揮の下、周辺諸藩及び大坂蔵屋敷詰の諸藩士約一万五千人が警備に動員され、(9)これとは別に紀州藩が領内警備に約二万二千人を動員している。(10)海上軍事力としては、大坂船手の番船百十四艘、大小傭船を含めると五二二三艘の船舶が動員されているが、(11)この事態を予期していた幕府が、佐々木信濃守顕発《あきのぶ》（一八〇六～一八七六）、川村対馬守修就《ながたか》（一七九五～一八七八）という海防政策に精通した二人の幕吏を、あらかじめ東西の大坂町奉行に送り込むなど、(12)前年のペリー来航時以上に対処の準備を整えていたこともあり、ロシア使節の応接は穏便に進められ、この時も船手の番船に対して軍事的な役割は与えられなかった。

2　文久の改革における海軍建設改革

前章で見た、文久の改革における海軍制度建設の過程で、文久二年（一八六二）閏八月一日、海軍御備向并御軍制取調御用（以下、「軍制掛」とする）の一員として、文久元年五月十一日以来、軍制改革の評議に参画してきた軍艦奉行木村摂津守喜毅は、老中板倉伊賀守勝静（一八二三～一八八九、備中松山藩主）に「海軍御取建之義ニ付見込之趣」を提出する。[13] この建白書の内容は現在に伝えられていないが、同時期に軍制掛が提出した「海岸御備向大綱取調申上候書付」[14] とほぼ同じであるとされている。[15] この中で示されている海軍構想で、火急の要とされているのが江戸・大坂湾の防備であり、フレガット蒸気軍艦三隻、コルベット蒸気軍艦九隻から成る艦隊一組に蒸気運送船一隻、小形蒸気軍艦三十隻を付属させて江戸・大坂備としている。フレガットには一隻あたり士官三十人、乗員（水夫・火焚）三百九十六人、コルベットには一隻あたり士官二十二人、乗員百七十六人、海兵卒三十人、蒸気運送船には士官六人、乗員三十八人、小形蒸気軍艦には一隻あたり士官六人、乗員三十五人、海兵卒四人が乗り組むこととなっており、合計四九〇四人が計上されている。

江戸・大坂の防備を充実させた上で、次に取り組むべき課題として挙げられているのが、全国的な海軍配備である。ここでは日本を六つの警備管区に分けている。江戸を根拠地とする東海備は、艦隊三組に小型蒸気軍艦四十隻が付属し、陸奥金華山から紀伊大島までを担当する。箱館を根拠地とする東北備は、四組に小型蒸気軍艦五十隻が付属し、金華山から陸奥大間越までの間と蝦夷地一円を担当する。能登別所を根拠地とする北海備は、一組に小型蒸気軍艦十隻が付属し、出雲宇竜崎から出羽能代の間と隠岐、佐渡を担当する。下関を根拠地とする西北海備は、一組に小型蒸気軍艦が十隻付属し、宇竜崎から肥前田付までの間と四国内海、壱岐、対馬を担当する。長崎を根拠地とする西海備は、三組に小型蒸気軍艦四十隻が付属し、肥前平戸から薩摩、日向、大隅までの間と琉球を担当する。大坂を根拠地とする南海備は、三組に小型蒸気軍艦四十隻が付属し、紀伊大島より伊予青島に至る四国一円及び淡路島を担当する。六つの備の合計は艦船数三百七十隻、人員六万一二〇五人に及ぶもので、後に六備艦隊構想と称される大海軍建設計画であった。[16] この配備構想から、幕府が江戸・大坂及びロシアに接する東北の防備を重点的に考えていたことがわかる。

また、こうした数量的な拡充もさることながら、この建白で重要となるのが、指揮系統を一元化した中央集権的

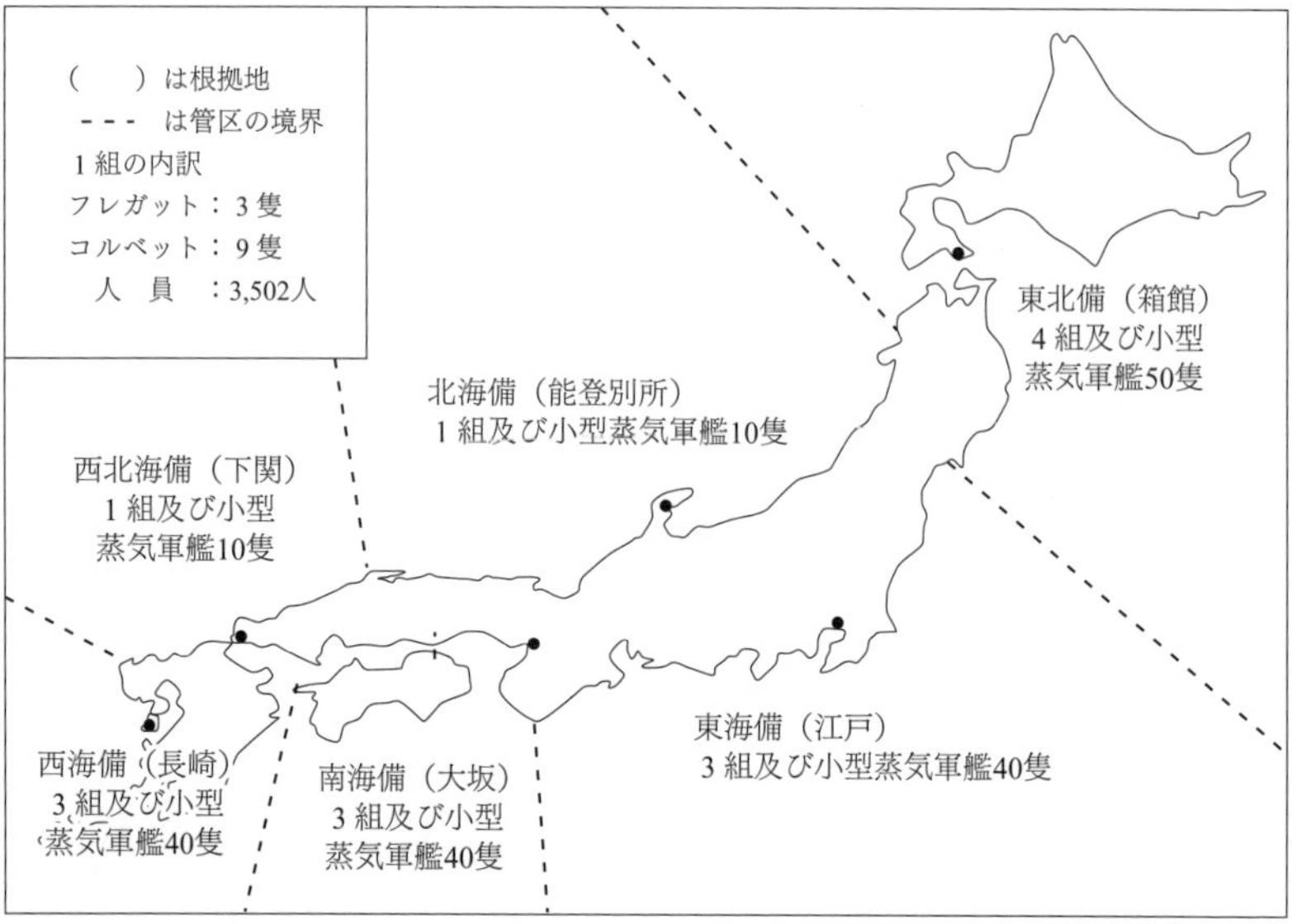

【図5-2】文久の改革における海軍配備計画

（『海軍歴史Ⅱ』201～217頁より作成）

海軍を明確に志向したことである。近世日本の軍制は、知行に応じて定められた軍役によって成り立っており、幕府にせよ大名にせよ、その軍勢は家臣団が各々の知行収入から調達・供出した自律的な戦力の、重層的かつ複合的な集合体であった(17)。

しかし、軍制掛が主張する海軍の編成では、この原則ははっきりと否定される。「封建の御制度にては、諸大名へ御分托これあるべきは当然の義に御座候へども」と、幕府軍制の原則を前置きしつつ、「海軍一組中、各家にて船隻を編成致し、あるいは両、三家にて一船を共にいたし候様相成り候ては、紀律斉整いたしがたく、号令一致も行届かず」と、海軍の性質からこれを不適当とする。更に、幕府が人員養成から艦船の調達・建造まで一手に取り扱うのではなく、大名家ごとにこれを行うとすれば、「その成立の遅速大いに逕庭《けいてい》これあるべく候」と、軍役に基づく幕府軍制の原則では、海軍の建設そのものができないとしている。これを「その大権を国家にて御統括成られ候仕向」とすれば、「紀律斉整いたし、号令一致仕」と、軍艦ごとの指揮権に至るまで海軍の権限を国家（ここでは幕府を意味する）に集中させる必要性が説かれる。その上で、海軍は全国の海備であり、幕府一手で整備するべきものではなく、「全国の力を悉皆海軍に御用ひこれなく候ては行届きがたき義」であると、幕府のみによらない日本全国の力を結集した海軍でなければならないとしている。その方策として、諸大名には「その分限に応じ海軍兵賦等差し出させ候様仕らず候ては叶いがたき義に御座候」と、諸藩から供出された海軍整備費によって幕府が海軍を建設し、運用するという方式が提示されているのである。こうして幕府職制に恒久的な海軍組織が設置されたのに続き、国家の支出によって維持される海軍の方向性も示されることとなった。ここまでの軍艦方は、蒸気軍艦をはじめとする近代兵器を装備する一方で、日本最大の封建領主である徳川家の財力で賄われる私的な軍事力であり、その点では近世軍制の枠内に収まる存在だった。この転換は封建制の根幹を揺るがす極めて重要な意味を持つ。

　このように、軍役に基づく自律的な戦力の集合体という近世軍制の概念とは異なる、指揮権が一元化された中央集権的海軍の建設を目指した軍艦方であるが、その運用構想は戦力を全国に分散させ、沿岸防備の任に充てるというものであり、台場を中心とした従来の海防理念の延長上にあった。これを象徴的に表しているのが、小型蒸気船の建造計画である。文久元年一月二十八日、軍艦操練教授方頭取小野友五郎が建議していた、港湾防御用小型蒸気軍艦二十隻の建造のうち、一隻の試作を承認する旨が老中、若年寄より木村へ下達された(18)。この時、建造を認められた蒸気艦は、小野を中心とする軍艦操練所の教授方により設計・建造が進められる。同艦は途中工事の中断を挟みながら、慶応二年（一八六六）五月に就役し、軍艦千代田形として幕府海軍の一角を担うこととなる。これは「内海敵船を防御仕候節は小形《ママ》蒸気船に無之候ては軽便自在の取廻は難出来(19)」と、港湾防御を念頭に置いたものであった。

　この海軍建設計画は、建白書が提出された二十日後の同月二十日に開かれた大評定において、その採否が検討されるが、文久二年七月九日の政事総裁職就任以降、幕議で重きをなした松平春嶽（慶永。一八二八〜一八九〇。前福井藩主）は、朝廷・諸藩との宥和による政治的安定の回復を目指すという自身の政治姿勢から、幕府に海軍の権能を集中させ、諸藩から兵賦を徴収するこの計画に否定的だった。この席で軍艦奉行並勝麟太郎が「これ五百年之後ならては其全備を見るに到る難かるへし」[20]と、この計画を批判したこともあってその場での採用とはならず、その後も木村がたびたび建議したものの、遂に日の目を見る事はなかった[21]。木村は文久三年九月二十六日に軍艦奉行を辞職し[22]、軍艦方主導の海軍建設計画は挫折に終わる。

3　海軍士官による海防計画の策定

（1）小野友五郎の「江都海防真論」

外国船対処の主体たる台場の補助戦力として、軍艦（軍船）を導入しようとする動きは、松平定信政権（老中在職期間一七八七〜一七九三）以来、しばしば見られるものであり[23]、和洋折衷式小型帆船蒼隼丸、晨風丸などの浦賀奉行所への配備は、その一つの到達点とも言えた[24]。ペリー来航直後の嘉永六年（一八五三）六月から七月にかけて、若年寄本多忠徳以下が江戸内海を巡見した際には、晨風丸の船打調練（＝洋上射撃訓練）が見分され、洋式軍艦導入の必要性が改めて認識されている[25]。これは安政二年（一八五五）のオランダからの観光丸贈呈に始まる洋式軍艦導入と、長崎海軍伝習によって具現化するが、その間、実際の江戸内海防備計画が台場の築造によって進められていたことは、これまで見てきたとおりである。それが文久期に入ると、長崎で海軍教育を受けた士官達が、江戸、大坂といった要衝の防衛計画に参画するようになり、台場のみに依存した海防体制の限界と、海軍力の必要性が説かれていく。

文久二年（一八六二）十二月、小野は「江都海防真論」全七巻を脱稿し、同書は木村を通じて松平春嶽、海陸軍総裁蜂須賀斉裕に提出された。[26]同書の執筆に先立つ文久元年五月六日、小野は軍艦組望月大象と共に「江戸内海の防禦に建築すへき炮臺の位置取調の命」を受け、建築途上で事業中止となった品川台場の援護策、切所と内海の二重防衛体制の確立、軍艦の配置などを答申している。[27]同書は一巻：総論・攻守、二巻：攻撃・防御、三巻：砲台・利害、四巻：水中砲台基礎、五巻：砲台地勢・砲台熕数、六巻：砲台経始、七巻：砲火論の全七巻から成り、台場の得失論、性能要目、配置、砲台・陸上戦力と軍艦を組み合わせた複合的な江戸内海防備を論じているのが特徴である。

小野は長崎から帰府後、軍艦操練所で教授方出役を務める傍ら、万延元年（一八六〇）の咸臨丸米国派遣では測量方筆頭として活躍し、翌文久元年の咸臨丸小笠原派遣では船将に任じられるなど、軍艦方で最も軍艦運用実務に長じた士官の一人であった。また、元来幕府天文方出役に出仕していた和算家であると同時に、高島秋帆（一七九八〜一八六六）から西洋砲術を学び、のちに幕府鉄砲方も兼ねた韮山代官江川英龍の門で砲術を学んだ人物でもあり、台場・軍艦を組み合わせた防備計画を策定するには最適任の人材だったと言えよう。小野の脅威認識は、

①大軍艦による海上からの攻撃
②小軍艦による浅瀬までの乗入
③端舟（ボート）による上陸
④江戸内海封鎖による海運途絶

の四点であり、その対策として「急務五ヶ条」（第一：警備厳重ニして普く人心を安からしむべし、第二：江都の米穀入津を知るべし、第三：江都の人員区別あるべし、第四：江都不慮の火災を知るべし、第五：攻兵深く内地ニ入らさらしむべ

し）が示される。

小野は沿岸防備における陸兵の編成、砲台の築造場所、台場の建築方法、射撃理論など、江戸の防衛方法を多岐にわたって論じているが、その要点は、江戸内海封鎖に備え、霞ヶ浦を開削して常陸〜江戸の水運ルートを開くこと、戦時に非戦闘員を江戸から退去させること、砲撃による火災の発生に備え、火除地を設けること、敵の上陸を許さず、水際で撃退すべきことなどである。江戸内海封鎖による物資不足や、霞ヶ浦開削による輸送ルート確保など、危機認識やその対策は、従来からの幕府の認識を踏襲したものとなっている。

では、その中で海軍力はどのような役割を与えられているのだろうか。小野は「仮令防御の備を設るニも、海軍の事情を知らざれバ、其警備ニ於て全からざるべし」、「海軍の警備全からざれハ、全勝を期すべからず(28)」と、海軍力が充実して初めて江戸の防備が完成すると主張しているが、軍艦の運用方法に関して具体的に述べているのが次の部分である。

内海緊要の地及ひ各処海岸の要所ニ砲台を築造して不慮の攻戦ニ備へ、常ニ彼をして肝胆を冷さしめ、大小の軍艦を制造《ママ》して遠境の防御とし、変ある時ニ至て彼をして自在を得ざらしむべし、異邦と戦争ニ於てハ我軍艦を率ひて彼の本府ニ攻入を主とすべし、若し彼より襲ひ来る時ハ敵艦を洋中ニ迎ふべし、或ハ砲台ニ引受て防御せんとするなれバ我軍艦ニ而彼の後面を取巻、少も猶予せず厳しく打撃を与へ、悉皆沈没なさしめんとすへきなり(29)

まず要衝への砲台築造、次いで大小軍艦の建造が掲げられているが、外国と戦端を開いた際の軍艦運用は攻守両面が示される。攻勢作戦は敵の本国を攻撃するという、小野の構想の中でも最も抽象的かつ漠然としたものであるが、防勢作戦は台場・軍艦双方の性能要目を踏まえて具体的に検討されている。想定される脅威の中で小野が最も憂慮するのが「小軍艦」である。「大軍艦」は遠浅の多い関東沿岸部に乗り付けることが難しく、攻撃は専ら砲撃に頼るしかないが、「小軍艦ハ至て遠丁ニ達べき重大の大砲を備へ、専ら浅瀬ニ乗入其進退軽弁なる故ニ、内海の攻戦ニ利用最も多きを以、近世各国皆制（ママ）造して攻守共ニ是を用ゆ」[30]という認識である。実際の戦闘事例を挙げると、アヘン戦争（一八四〇～一八四二）では、小型の汽走砲艦が喫水の浅さを活かし運河の遡江などで大活躍している。[31]アヘン戦争情報は林則徐（一七八五～一八五〇）によるアヘン密売取り締まりを報じた天保十年（一八三九）六月の「阿蘭陀風説書」以降、「阿蘭陀風説書」と「唐船風説書」の二ルートから日本にもたらされた。海外情報は幕府の厳重な管理下に置かれたが、実際には幕府通詞で翻訳され、訳本が幕閣へ提出される過程で数多くの写しが作られ、国内に広く流布していた。[32]その中には、「大船ハ沖ニ懸り、小船を数十艘乗廻し逆風も不構竪（ママ）横自在に矢の如く駆引いたし候」といった戦闘状況も含まれており、[33]小野ら海防実務担当者の構想にも影響を与えていたのである。

実際、生麦事件をはじめとする外国人襲撃事件が頻発して日本と条約締結諸国との緊張が高まる中、イギリス海軍中国ステーション司令長官ホープ少将（Sir James Hope, 一八〇八～一八八一）が本国海軍省へ送った一八六一年十月十八日（文久二年閏八月二十五日）付の報告書では、日本に対して取るべき軍事作戦として、六十～八十トン級の砲艦による海上封鎖、砲艦を中心とした五百人を越えない兵力による江戸内海砲台の占拠を挙げている。[34]小野の脅威認識は、外国海軍の軍事能力とその意図をかなり的確に洞察していたと言えよう。また、小野は防御用としても小軍艦の有用性を高く評価しており、この頃既に設計に関わっている小型蒸気艦を内海防御の要として挙げている。

第五巻の「砲台地勢」では、具体的な砲台の築造、軍艦の配備場所が述べられる。まず砲台は、相模側（西海岸）から三崎、金田、浦賀、横須賀、杉田、本牧、十二天、横浜、神奈川、品川、房総側（東海岸）に入って利根川尻、登戸、姉ヶ崎、竹ヶ岡、勝山、館山に砲台を築造し、このうち浦賀と横須賀に軍艦を配備する。そして想定

【図5-3】「江都海防真論」の江戸防備構想

（「江都海防真論」1巻より作成）

される防戦のシナリオは次のとおりとなる。まず、敵艦の侵入には外海に面した「切所」の砲台が迎撃し、浦賀の軍艦が砲台と呼応して敵艦を挟撃する。この迎撃を突破し内海への進入を図ろうとした場合には、横須賀の軍艦が猿島付近でこれを迎え撃つ。ここで敵が上陸を図るにも砲台のために果たせないので、敵は更に内海を進み、品川、高輪へ進入せざるを得ない。しかし、ここにも砲台の備えがあるため、上陸を試みようとすれば更に利根川尻、登戸、姉ヶ崎、木更津のいずれかに進むことになる。ここには陸軍の備えが設けられており、上陸は果たせない。そこへこちらの小軍艦千代田形数隻と大軍艦が敵艦を取巻けば、「必彼ハ焚焼せん、又ハ其儘奪ひ取るべきか」という目論見である。また、軍艦の備砲は左右両舷に二分されるので、我に対する攻撃に使えるのは総数の半分であり、かつ波涛の動揺もあり、砲手の照準も陸ほど正確ではない。「されバ利害は顕然として軍艦の利ハ砲台の利ニ及ぶべからず」と、軍艦に対する台場の優越という認識を示しているのは注目に値する。この当時の蒸気軍艦は、機関の性能、船体構造の問題から、帆走軍艦と比べて戦闘力で劣っており、ペリー来航以来の「黒船」に対する日本人の脅威認識は過剰ですらあった。[35] 砲台の築造技術者と海軍士官という二つの顔を持つ小野は、日本で最も早くに蒸気軍艦の等身大の能力を認識した人間の一人だったのである。「江都海防真論」の検討を通じて分かることは、小野もまた海軍力を台場の補助戦力として位置付けている点である。小野は戦闘力に劣る蒸気軍艦の利点として、戦闘の機会を見て自在に移動できる機動性を挙げているが、これにより「我軍艦ハ彼を追んとする而已ならず、航走自在ニして専ら砲台の欠を補」としている。[36]これは軍艦の役割を陸上砲台の補完的存在として位置づけたもので、小野の構想における台場と軍艦の関係を端的に表している。すなわち、小野の構想は、

第一段階：外洋における敵艦隊の邀撃

第二段階：外洋に面した台場と軍艦の連係による敵艦隊の挟撃

第三段階：内海の台場、陸上兵力、軍艦の連係による敵艦隊の挟撃

という、各種兵力を組み合わせた縦深防御であったと規定することができる。[37]

（2）勝麟太郎の摂海防備論と「一大共有之海局」構想

文久二年七月四日に軍艦操練所頭取として軍艦方に復帰して以来、松平春嶽と共同歩調をとって木村らの海軍建設計画を葬った勝であるが、この時期、勝が深く関与していたのが摂海警衛問題である。摂海すなわち大坂湾の防備体制は、異国船来航時に大坂湾周辺の中・小藩が出兵するというもので、常備の防備体制を持たなかった。それがロシア軍艦ディアナ号の天保山沖侵入、日米修好通商条約による兵庫開港、大坂開市の決定により、摂海の防備体制確立は焦眉の急となったのである。それまで江戸内海防備を担当していた長州藩、岡山藩、柳川藩、鳥取藩がそれぞれ摂海防備に配置換えとなり、紀伊、徳島、明石の三藩はそれぞれの領地が面する紀淡海峡、明石海峡への台場築造を命じられた。[38]

勝は比較的早くから摂海警衛問題に関与しており、第二章で見たとおり、安政二年（一八五五）に海防掛勘定奉

行石河土佐守政平、海防掛目付大久保右近将監忠寛の海防巡視に随行した際、勝も大坂近海の防備体制を見分して建白書を著している[39]。その後、勝は長崎での海軍伝習を経て軍艦操練教授方頭取となり、万延元年に咸臨丸の指揮官として太平洋横断航海を経験するが、米国から帰国すると蕃書調所頭取助に転出、更に講武所砲術師範に転じており、文久二年七月四日に軍艦操練所頭取として復帰するまでの間、事実上海軍から追われていた。この人事は第三章で見たとおり、航海中の航海指揮が不十分だったことにより、船将不適の評価を受けた結果ではないかと思われる（勝自身は後年「時に讒者の舌に罹つて種々無形の世評を立てられて」と述懐しているが[40]、木村が軍艦方への出仕をやめて勝が軍艦方の実権を握った後、軍艦頭取以下の士官達が一斉に御役御免や病気欠勤を願い出て、勝への不服従を表明していることを考えると[41]、この述懐は勝の韜晦と考えるべきだろう）。

文久二年二月、大坂での砲台築造の任務を帯びた勝は、門人で軍艦役二等出役の佐藤与之助を伴い順動丸（四百五トン、三百六十馬力、外輪）で上坂する[42]。この前後にわたり、勝は紀伊藩や明石藩の要人としばしば面談して砲台築造の指導を行っており[43]、その一部は明治維新までに完成している。

文久二年十二月、閏八月十七日付で軍艦奉行並に昇進し軍制掛に加えられていた勝は、諸港及び摂海警衛に関する建白書を、老中格小笠原図書頭長行に提出する[44]。「凡諸港之警衛は、先其攻守之道を明詳いたし候義、第一に御座候」と、概念的な海防の説明に始まるこの建白書における脅威認識は、敵が二～三隻の軍艦で四国・九州の要港、沿岸の城郭、あるいは江戸内海、関東近海、大坂湾に出没し、陸上へ砲撃を加え、舟艇をもって上陸するというものである。この建白に先立って、勝は順動丸を指揮して小笠原の海路上坂に従っており、「蒸気船艦之進走は、此度之船行にて御考被下べく候」と、小笠原の体験に訴えてその機動性を強調している。

【表5－1】は文久年間における幕府艦船の品川～大坂・兵庫間の航海のうち、出入港日が特定できるものの一覧である。平均で七日間、早い場合には三～四日で目的地に到着している。慶応元年五月から閏五月にかけて、将軍

【表5-1】文久期における品川～大坂・兵庫間の航海日数

行　程	期　間	艦　船	日　数	平均日数
品川～大坂	文久2年12月17日～12月27日	朝陽丸	11日間	7日間
	文久3年 2月23日～ 2月26日	順動丸	4日間	
	文久3年 6月12日～ 6月15日	咸臨丸	4日間	
	文久3年 6月13日～ 6月16日	順動丸	4日間	
	文久3年 9月 2日～ 9月 9日	順動丸（途中機関故障）	8日間	
	文久3年12月27日～ 1月 8日	翔鶴丸	12日間	
	文久3年12月27日～ 1月 8日	順動丸	12日間	
	文久3年12月27日～ 1月 8日	朝陽丸	12日間	
品川～兵庫	文久2年12月17日～12月21日	順動丸（商船と衝突、外輪損傷）	5日間	
	文久3年 1月13日～ 1月15日	順動丸	3日間	
	文久3年 1月23日～ 1月28日	順動丸	6日間	
	文久3年 3月21日～ 3月24日	咸臨丸	4日間	

（『木村摂津守喜毅日記』及び「海舟日記」より作成）

徳川家茂が江戸から大坂まで陸行で親征した際に要した三十七日間、同年十二月に木村喜毅が単独で京～江戸間を陸行で移動した際に要した十三日間と比較しても、その機動性の高さは一目瞭然である。これを踏まえた上で、勝は「夫皇国之地たる、何れか海浜にあらざる」という日本の地理的環境にあって、「今天下之侵掠を防ぐの策而巳」ならず、「神洲固有之御威を更張する」、すなわち「護国之濤策は形勢如斯危険に相成居申候」と説く。これに対する方策は、「唯国内にて外蕃出て征するより善成るは無御座」と、動的な防御を挙げている。ただし、この「攻守之大略」で提示した、外洋での海軍力運用に関する記述はここまでで、以降は摂海警衛を巡る具体的な沿岸防備体制の在り方に主題が移る。議論の前提として外洋での海軍力運用を説きながら、それが観念的なものに留まっている点は、小野の「江都海防真論」と共通した特徴である。

勝の説く摂海警衛の主体は台場である。まず、紀伊の加太及び友ヶ島、淡路の由良、明石海峡に面した明石、松尾崎の両岸に台場を築き、兵庫周辺の三ヶ所に「石造塔」を建設する。堺から大坂、西宮に至る海岸は遠浅であるので、舟艇での上陸を防ぐ堡塞を築くというもので、敵艦の大坂湾侵入を防ぐため要所ごとに台場を築造するという、静的な防備体制である。しかしながら、このように厳重

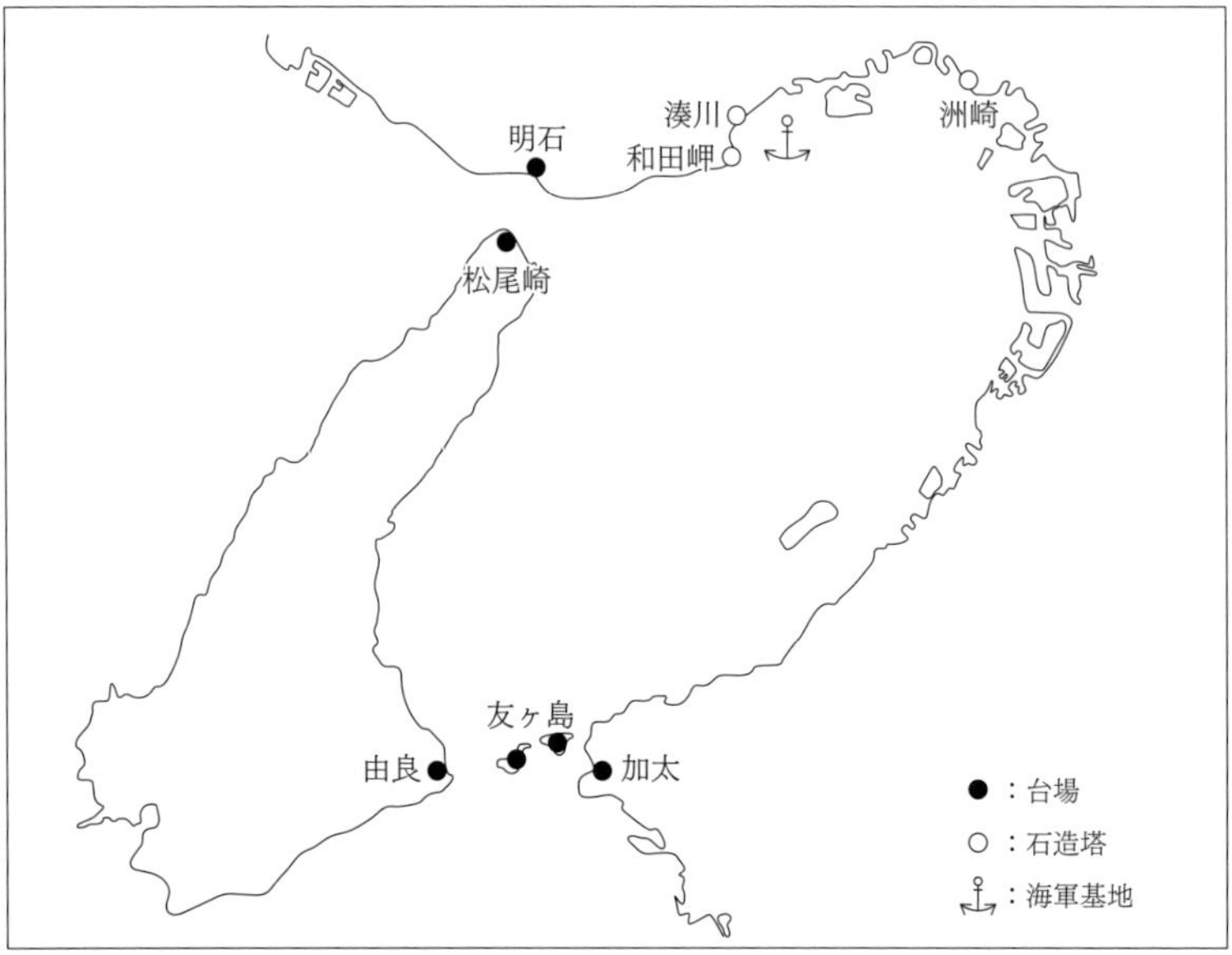

【図5-4】勝の摂海防備構想

（『勝海舟全集2　書簡と建言』265〜266頁、原剛『幕末海防史の研究』171・176頁より作成）

に砲台の備えを敷こうとも、二〜三隻の軍艦が海峡の砲台に対峙し、その間に「迅速成る迦農船と唱候、八十斤或は百五十斤之大銃を相備候小蒸気船」が海中を乗り抜け、内海の要所へ焼玉や榴弾を打ち込み、湾内を乗り回すことは阻止できないと、その限界についても述べている。港湾防御上の最大の脅威に、喫水の浅い小型軍艦を想定している点も小野と共通する。

　こうした陸上砲台の限界を補うものとして提示されているのが軍艦の配備で、兵庫港に海軍操練所を置いて「西海の軍隊」を創設し、江戸の軍艦のうち半数を兵庫に置き、造船所を建設すれば「摂海之御固追年堅固に相立」、「日本環海、不時之変に応候事も容易に相成可申」としている。更に、この建白の翌年となる文久三年春（月日不詳）、勝は再び摂海警衛に関する建白書を提出する。[45] これは先の建白を補足したもので、砲台の設置場所、備砲の種類、数量をより具体的に挙げている他、旧式化していた加太砲台の改修、神戸への海軍操練所及び造船所の建設を謳っている。

この二つは、勝が文久・元治期に心血を注いだ神戸海軍操練所の構想を具体的に論じた、初めての建白書としてよく引用されるが[46]、同時に勝の戦力としての海軍の位置づけが明確に示されているものでもある。すなわち、海岸砲台の補助戦力としての海軍力である。この時期の勝の動向と、神戸海軍操練所については、これまで多くの研究で言及されてきたが[47]、それは幕府・諸藩の海軍力を結集する「一人共有之海局」構想[48]に代表されるような、政治的な意味における海軍論であり、松平春嶽、大久保忠寛ら公議政体派の一員としての言説であった。神戸海軍操練所を巡る勝の言説でとかく注目されるのは、軍制改革を巡る評定や、その前日の松平春嶽との面談で主張した人材育成への認識といった、雄藩連合的発想であるが[49]、政策実施上の海軍の枠組みを、摂海警衛の補助戦力として位置づけた点は留意しなければならない。勝の根底にある軍事認識は、勝自身が批判して廃案に追い込んだ、木村らの海軍建設計画と大きく異なるものではなく、逆に、嘉永六年の海防建白書で提示した「海軍と海運の一致」の理念に見られるような、外洋における軍艦の活用という側面は影を潜めている。

これまで何度も触れてきたとおり、勝は洋式砲術家として世に出た人物であり、勝が幕吏に登用されるきっかけとなった嘉永六年の海防建白書も、砲術家としての知見から生まれたものである。これを勝の軍事技術者としての連続性として位置づけることもできるが、軍艦方の高級士官である小野、勝が海軍力運用のあり方に共通の認識を示したことは、海軍力の存在意義に関して、ある種の統一見解が軍艦方に存在していた可能性を窺わせる。軍事面での幕府の関心は、沿岸部、特に江戸、大坂といった要地の防備体制にあった。砲艦外交に代表されるような海軍力の外洋海軍的運用は、当時の日本人も嘉永年間以来、受動的に経験しているが、幕府の核心的利益は外洋ではなく沿岸部に置かれていたのである。小野や勝が海軍力の重要性を説くにあたり、台場の補助戦力としての機能を強調したのも、外洋における海軍力の活動が概念的な記述に留まっているのも、彼らが幕吏として海軍力の増強を施策として実現するためには、どのような論理構成をするのが最も現実的であるのかを考えれば当然のことだったと言えよう。

4　海軍運用能力の実態

このように、幕府が近代的な海軍力の建設を推し進めた文久期に入っても、対外的な軍事力の主体は依然として台場だった。海軍力の充実を主張する軍艦方の幕吏や、長崎で海軍教育を受けた士官達が策定した海防計画でも、台場に依存した防備体制の限界を指摘しつつ、海軍力強化の必要性は、台場の欠点を補完する機能に根拠が求められていた。港湾防御用の小形蒸気軍艦の二十隻に及ぶ建造計画は、これを象徴的に表している。では、こうした海防体制の中で、海軍力の運用はどのような形で行われていたのだろうか。警備、救難、輸送など、戦闘行為に属さない諸任務については前章で見たとおりであるが、戦闘に関わる面は、実動例が生まれなかっただけに検証が難しい。その手掛かりとして、平時における訓練、演習がどのような形で行われていたのかについて見ていきたい。

【表5‐2】は、『木村摂津守喜毅日記』で確認できる、文久年間における幕府艦船の訓練及び幕閣・幕吏による見分状況であるが、全て単艦行動である。文久二年十二月二十一日、政事総裁職松平春嶽、老中板倉周防守勝静、同水野和泉守忠精（一八三三〜一八八四。山形藩主）をはじめとする幕府首脳部が品川沖の幕府軍艦を見分した際は、蟠龍丸、咸臨丸の順で一隻ごとに見分を行っている。一隻ごとの見分に時間がかかったためか、途中で夜となり、最後に予定されていた健順丸（三百七十八トン、帆船）の見分は中止されている。翌文久三年一月六日、将軍の居住空間や執務場所である中奥に勤務する幕吏が蟠龍丸、咸臨丸、昌光丸を見分した時も、一隻ごとの見分であり、このうち蟠龍丸のみが品川〜羽田間を航行している。

【表5-2】文久期における幕府艦船の訓練・見分

文久元年	11月 7日	咸臨丸試運転（品川〜浦賀）
2年	12月21日	松平春嶽及び老中・若年寄、蟠龍丸、咸臨丸を見分
3年	1月 6日	奥向及び膳所頭、蟠龍丸、咸臨丸、昌光丸を見分
	1月17日	松平春嶽ら順動丸を見分
	1月27〜28日	奥向の咸臨丸乗試（品川〜下田）
	2月 1日	奥向の朝陽丸乗試
	5月23〜24日	咸臨丸運転稽古（品川〜神奈川）

（『木村摂津守喜毅日記』より作成）

幕府艦船の運用が艦隊行動の段階に至っていなかったことは、文久二年二月、木村と同役井上清直の連名で提出された、ヨーロッパへの留学生派遣の建議からも分かる。(50) この建議の概要は次のとおりである。長崎海軍伝習以来各人の技量は向上し、外国人の手を借りることなく、アメリカへ軍艦を派遣できる程にまでなったものの、軍艦の主意は海洋の航海だけではなく、「非常之場合ニ臨海防接戦之儀」である。長崎海軍伝習で受けた砲術教育は「全一艘宛之打方而已」であり、他の学科も航海術科が中心で、敵と対峙する「海上之兵学巨細之講授」には至っていない。軍艦の数は増えたとしても、「進退陣隊行列之利害」に習熟しなければ海軍の任務は果たせない。長崎海軍伝習で受けた諸学科は「海軍之体」であり、「陣隊之布置利害得失」は「兵之用」であるが、現在は「体を知り、用を不知姿」、すなわち、海軍の基本事項は習得しているものの、海軍の本格的な運用は習得に至っていない。未だに船数も少なく「海上陣列等之実地習練」も難しいので、外国の実情調査も兼ねて、軍艦操練所の教授方から七〜八名を選抜し、英・米・蘭三ヶ国のうちいずれかに留学生を送るべきであるというものだった。単横陣で敵陣に突入し、個艦ごとの白兵戦で勝敗を決するという古代のガレー船以来の戦闘方法から、帆走軍艦が大砲を主要武器とし、単縦陣で一つの有機体として戦うようになったのは、第一次英蘭戦争（一六五二〜一六五四）中の一六五三年に、イギリス海軍が戦闘教則（Fighting Instructions）を公布したのが始まりとされている。その後、旗旒信号の発達により、十九世紀初頭には旗旒信号による「自由な会話」が可能となっており、通信システムの飛躍的な進歩は、単縦陣の戦法に多様性をもたらすこととなった[51]。この建議では、「戦争之用意防御之手筈」にはフリート・アクション能力の獲得が不可欠であることを幕府海軍が認識していたこと、そして現在の幕府海軍にはそのような艦隊運用能力が欠如しているという自己認識を持っていたことが示されている。なお、幕府海軍はこの時点で六隻の蒸気艦を保有しており、「いまた御船数も少く」というのは修辞でしかなかった。

これは実際の艦船が複数隻で運用された際にも表れている。文久二年十二月十七日、順動丸（勝麟太郎座乗。船将：両番格軍艦頭取荒井郁之助）と朝陽丸（船将：二丸留守居格軍艦頭取矢田堀景蔵）が大坂行を命ぜられ品川を出帆するが、順動丸が同月二十一日に兵庫港に入港し、翌二十二日に大坂に到着したのに対し、朝陽丸の大坂到着は二十七日であった。両艦が途中ではぐれたのか、初めから互いを僚艦と見なしていなかったのかは詳らかにできないが、軍艦奉行並として両艦を指揮すべき勝の日記は順動丸の行動についてのみ記され、朝陽丸には一切触れていない。そもそも勝に戦隊司令官という意識があったか自体疑わしい。

翌文久三年、将軍徳川家茂の再上洛が軍艦で行われることとなり、軍艦方は創設以来初めてとなる大規模な艦船運用を経験する。上洛には幕府艦翔鶴丸（三百五十トン、三百五十馬力、外輪）、朝陽丸、千秋丸（二百六十三トン、帆船）、長崎丸一番（九十四トン、六十馬力、外輪）、蟠龍丸の他、諸藩の洋式艦船にも随伴が命ぜられ、黒龍丸（排水量不明、百馬力、外輪、福井藩）、安行丸（百六十トン、四十五馬力、スクリュー、薩摩藩）、観光丸（幕府から佐賀藩へ貸与中）、発機丸（二百五十トン、七十五馬力、スクリュー、加賀藩）、広運丸（二百三十六トン、帆船、南部藩）、大鵬丸（七百七十七トン、二百八十馬力、外輪、福岡藩）、八雲丸（三百二十九トン、八十馬力、スクリュー、松江藩）を含め、計十二隻が参加した[52]。旗艦となった翔鶴丸には、将軍家茂に政事総裁職松平大和守直克（一八三九〜一八九七、川越藩主）、老中酒井雅楽頭忠績、同水野和泉守忠精、若年寄田沼玄蕃頭意尊（一八一九〜一八六九、相良藩主）、同稲葉兵部少輔正巳（一八一五〜一八七八、館山藩主）ら幕閣が扈従した他、軍艦運用の統括者として勝が乗り組んだ。翔鶴丸は十二月二十八日に品川を出帆、荒天を避けて各地へ入港しつつ、翌文久四年一月八日に大坂天保山沖に入港しているが、この間の、十二隻の行動は統一的ではない。品川を出帆して浦賀に入港し、そのまま滞泊した二十八日には八隻で行動しているが、一月二日下田を出帆してほどなく、荒天を避けて子浦へ入った際は、順動丸、朝陽丸は先行し、他艦は下田へ引き返したため、翔鶴丸に従う艦は一隻もなくなった。六日に翔鶴丸が由良に入港し、ここで順動丸、朝陽丸、安行丸、大鵬丸が合流し、更に大坂に到着する八日、天保山沖に入る直前になって八雲丸が合流したが、他の六隻は一月末までにかけて各々単艦で入港している。[53]この時も勝は翔鶴丸以外の動向について一切記録しておらず、将軍家茂に扈従して翔鶴丸に乗艦した目付杉浦兵庫頭勝静（一八二六〜一九〇〇）の日記により、辛うじて翔鶴丸と行動を共にした他艦について確認できるのみである。これは、幕府海軍の軍艦運用能力が個艦単位の段階にあったことを示すと共に、最古参の士官の一人である勝に、艦隊単位の行動に対する着想がなかったことを示している。[54]この時点では、幕府艦隊が外洋で敵艦隊を迎え撃つという構想は、到底現実味を持ち得なかったのである。実際の運用能力という点からも、軍艦は台場の弱点を補完する存在としてのみその存在意義を主張し得たと言えよう。

5　政治・外交部門の海軍力利用への志向

むしろ、海軍力を沿岸海軍の枠外で活用しようとする動きは、軍艦方以外から起こる。

文久元年から翌二年にかけて、幕府は小笠原諸島の開拓に乗り出し、外国奉行水野忠徳を長とする調査団を派遣した。[55]実はこれに先立ち、万延元年の咸臨丸米国派遣に際して往路・復路いずれかでの調査が命ぜられていたが、[56]往路は小笠原諸島が航路から大きく外れており、復路ではボイラーの不具合、石炭残量への懸念を理由に見送られている。[57] 万延元年八月、再び軍艦奉行へ軍艦による小笠原巡視が命ぜられるが、諸艦に修繕が必要であり、航海に耐えないと回答して見送られた。なお、大小目付はオランダ船を雇ってでも早急に小笠原調査を実施すべきであると、老中に上申している。翌文久元年一月、正式に小笠原諸島回収が決まると、朝陽丸が派遣艦の候補に挙がったが、機関修理中のため再び沙汰止みとなった。この時もオランダからの傭船が検討されているが、ここで注意すべきなのは、商船を「不体裁」として艦載砲を備えた軍艦の傭船が主張された点である。これは小笠原への蒸気船派遣が、単なる輸送手段以上の意味を以て理解されていたことを端的に示しているだろう。結局、軍艦借用はオランダ側から断られ、神奈川港警衛中の咸臨丸が派遣されることとなった。

小笠原諸島に既に外国人が居留していることは幕府も把握していたが、水野は特に、「最初御国の兵威を輝かし、彼等寒心破胆」ため、軍艦へ大砲などの武器類を十分に搭載し、小笠原到着の際には「祝砲連発いたしたく候」[58]と上申する。老中安藤対馬守信正（一八二〇～一八七一。陸奥磐城平藩主）は「まず見合わせ候様」[59]と却下するが、これはまさに軍事力を背景に、現地住民との交渉を有利に進めようという意識であり、典型的な砲艦外交の発想である（実際には水野は安藤の制止を無視して祝砲を七発発射している）。幕末日本が初めて経験した近代海軍は、関係諸有司がこれを軍事面、外交面のどちらで認識したかに関わらず、紛れもなく砲艦外交の機能を担った海軍だった。水野ら幕府有司は、外交実務を通じて西洋列強の海軍力を背景にした「自由貿易体制の強要」を受動的に経験しており、従来の沿岸防備のための海軍力という発想の枠を越え、より動的な海軍力の使用を着想していた。

海軍力を外交に利用しようとする動きはこれ以降も表れ、元治元年（一八六四）の朝鮮事情探索の内命を帯びた勝麟太郎の対馬派遣計画[60]、慶応三年（一八六七）の若年寄並兼外国総奉行平山図書頭敬忠《よしただ》（一八一五～一八九〇）の朝鮮派遣計画[61]と、元治～慶応期の幕府外交にしばしば現れるようになる。ここで注意を要するのは、軍艦運用の実務者である軍艦方はこうした動きを主導せず、小笠原派遣ではむしろ消極的な反応を示している点である。軍艦の出動を求められる度に、軍艦方は航路の不都合、艦船の不具合など、実務上の理由で実施不能と回答しており、この事業を強力に推し進めたのは大小目付、外国奉行など、政治・外交に携わる幕吏達であった。軍艦方の反対はあくまで実務的な理由に終始しているが、その背景には海軍は海防任務遂行のための軍事力であるという運用思想があったのではないだろうか。

おわりに

ペリー来航を契機に、それまで実効的な海上軍事力を持たなかった幕府は近代的な海軍力の建設に取り掛かり、文久期には戦力面、制度面の双方で大きな進捗を見せた。しかしながら、海防、特に江戸内海や大坂湾防備体制の主役は依然として台場であり、軍艦方の海軍力は台場の限界を補完する戦力として位置づけられた。文久期の海軍建設を象徴する木村喜毅らの海軍建設計画は、一元的指揮系統を持った大海軍を構想したという点で、従来の近世的軍隊の枠組から踏み出した画期的なものであったが、その運用構想は戦力を全国に分散させて各地の沿岸防備にあたらせるという、従来の沿岸防備体制の理念を越えるものではなかった。これは相次いで江戸・大坂の海防計画を策定した小野、勝にも見られる傾向であり、彼らもまた海軍の必要性を説くにあたり、台場の補助戦力としての意義を強調する形をとった。その背景には、蒸気軍艦を実際に運用するようになった軍艦方が、実務経験を通じて、蒸気軍艦の戦闘力は必ずしも海岸砲台を圧倒するものではないと気付いたこと、軍艦方が複数隻の軍艦を保有しながらも、それを戦術単位として有機的に運用する能力を獲得していなかったことが挙げられよう。

むしろ、外洋での展開を含む海軍力の積極的な利用を志向したのは、大小目付、外国方などの政治・外交部門であった。彼らは小笠原開拓事業において現地住民への示威を念頭に置いて、単なる輸送手段としての蒸気船に留まらない軍艦の派遣に固執し、軍艦方は逆にこの事業への参画に及び腰ですらあった。

沿岸海軍から外洋海軍への転換が、普遍的な海軍の発達段階であるとするならば、文久期の海軍運用構想に外洋海軍を志向する要素が含まれてくるのも、さほど奇異ではないのだが、話はそう簡単ではない。「シー・パワーは艦隊の規模や形態により単純に計れるものではない。海軍を増強し、維持するという各国政府の決定は、決して自然なものではなく、国家の経済的存亡がシー・パワーにどの程度まで依存しているかによる」(62)とするならば、当時の日本は経済的存立を依存するべき海外植民地も海外市場も有していない。幕府が最も恐れた江戸内海・大坂湾への外国船侵入に関して、江川英龍ら海防政策担当者、勝、竹川らの海防論者が等しく危惧しているのは、港湾封鎖や通商破壊によって国内の商品流通が停止することであった。それ故に理念上の問題としては、幕府海軍を外洋に展開させる運用構想が幾人かの論者によって提示されたとしても、幕府の海防政策として実施されるのは、幕藩制国家の死活的な経済活動に直結する港湾部の防備だった。海軍建設の重要性も、沿岸海軍の方向性において主張される他に、施策として海軍建設が推し進められる道はなかったのである。

註

（1）嘉永二年十二月、老中への浦賀奉行戸田氏栄・浅野長祚の建議（勝海舟全集刊行会編『勝海舟全集12　陸軍歴史II』講談社、一九七四年）五三三頁。

（2）現在でも公海上において広範囲にわたる作戦を長期的に行う能力を「ブルーウォーター能力」と呼んでいる。アレッシオ・パタラーノ「「海軍」から「海自」へ」矢吹啓訳（『軍事史学』百七十六号、二〇〇九年三月）。

（3）淺川道夫『お台場』（錦正社、二〇〇九年）、淺川道夫『江戸湾海防史』（錦正社、二〇一〇年）。

（4）高輪真澄「木村喜毅と文久軍制改革」（『史学』五十七巻四号、一九八八年三月）、冨川武史「文久期の江戸湾防備」（『文化財学雑誌』〈鶴見大学〉一号、二〇〇五年三月）、同「小野友五郎の江戸湾海防構想とその形成過程」（『海事史研究』六十二号、二〇〇五年十二月）。
（5）園田英弘『西洋化の構造』（思文閣出版、一九九三年）一〇九～一一六頁。松浦玲『勝海舟』（筑摩書房、二〇一〇年）二一一～二一四頁。
（6）石井良助・服藤弘司編『幕末御触書集成』（岩波書店、一九九五年）六巻、五〇頁。
（7）同上　五二頁。
（8）同上　五〇、五二頁。
（9）大阪市編『大阪市史』（清文堂、一九六五年。復刻）二巻、七五〇～七五六頁及び神戸市立博物館蔵『天保山魯船図』。
（10）原剛『幕末海防史の研究』（名著出版、一九八八年）二四四頁。
（11）同上。
（12）大坂町奉行就任前に佐々木は海防掛勘定吟味役、川村は初代新潟奉行としてそれぞれ海防政策に携わっていた。高久智広「ロシア船来航時における応接と大坂町奉行の役割」（品川区立品川歴史館編『江戸湾防備と品川御台場』岩田書院、二〇一四年）を参照。
（13）慶應義塾図書館編『木村摂津守喜毅日記』（塙書房、一九七七年）文久二年閏八月一日条。
（14）勝海舟全集刊行会編『勝海舟全集9　海軍歴史Ⅱ』（講談社、一九七三年）一九六～二一七頁。
（15）三谷博『明治維新とナショナリズム』（山川出版社、一九九七年）二二六～二二七頁。
（16）海軍歴史保存会編『日本海軍史』（第一法規出版、一九九五年）一巻、四四～四五頁。
（17）高木昭作『日本近世国家史の研究』（岩波書店、一九九〇年）五頁。
（18）『木村摂津守喜毅日記』文久元年一月二十八日条。
（19）「御軍艦操練所伺等之留」（国立公文書館所蔵多聞櫓文書、国立公文書館デジタルアーカイブ）三三～四〇コマ。
（20）「海舟日記」（東京都江戸東京博物館蔵『勝海舟関係文書』）文久二年閏八月二十日条。
（21）松平春嶽の政治姿勢と勝の軍艦奉行並登用との関連性については、第三章註（87）で述べたとおり、三谷博氏が勝の軍艦奉行並登用が海軍建設計画阻止を目指す松平・大久保主導の人事である可能性を提示している。三谷『明治維新とナショナリズム』二二九～二三〇頁及び二四二頁を参照。
（22）『木村摂津守喜毅日記』文久三年九月二十六日条。

(23) 安達裕之『異様の船』（平凡社選書、一九九五年）一二九～一三〇、一六三～一六六、二一五頁、松本英治「文化期における幕府の洋式軍艦導入計画」（『日本歴史』七百二十九号、二〇〇九年二月）。
(24) 安達『異様の船』二五九～二六六頁。
(25) 淺井良亮「嘉永六年の江戸湾巡見」（『佛教大学大学院紀要　文学研究科篇』三十九号、二〇一一年三月）。
(26) 現存するテキストは東京大学史料編纂所所蔵本と東北大学附属図書館狩野文庫所蔵本が有名だが、防衛大学校図書館も同書を所蔵している（ただし、第五巻及び第一巻付図欠損）。これは海軍大将八代六郎（一八六〇～一九三〇）の旧蔵書で昭和八年に海軍兵学校へ寄贈され、戦後流出。昭和三十一年に防衛大学校が古書店から購入したものである。海軍兵学校の蔵書は終戦前後に相当数が失われており、これもその一つだろう。兵学校資料の散逸状況は金澤裕之「海軍史料の保存と管理」（『波涛』二百十三号、二〇一一年三月）を参照。なお、本書では東大本を参照した。
(27) 同書の先行研究としては藤井哲博『咸臨丸航海長小野友五郎の生涯』（中央公論社、一九八五年）、冨川「文久期の江戸湾防備」、同「小野友五郎の江戸湾海防構想とその形成過程」を参照。
(28) 「江都海防真論」一巻、「総論」。
(29) 同上。
(30) 「江都海防真論」二巻、「攻撃・防御」。
(31) 横井勝彦『アジアの海の大英帝国』（講談社、二〇〇四年）九一～一〇八頁。アヘン戦争における汽走砲艦の活躍は、汽走砲艦時代（gunboat era）の到来を認識させるものであった。
(32) 鵜飼政志「ペリー来航と内外の政治状況」（明治維新史学会編『幕末政治と社会変動』有志舎、二〇一一年）。
(33) 岩下哲典『幕末日本の情報活動　改訂増補版』（雄山閣、二〇〇八年）二二～三二頁、松浦章『海外情報からみる東アジア』（清文堂出版、二〇〇九年）第五章。
(34) 鵜飼政志「一八六三年前後におけるイギリス海軍の対日政策」（『学習院史学』三十七号、一九九九年三月。学術文献刊行会編『一九九九年度　日本史学年次別論文集』近現代二、朋文出版、二〇〇一年に再録）。
(35) 園田『西洋化の構造』四九、六一～六七頁。
(36) 「江都海防真論」六巻、「砲台経始」。
(37) 冨川氏は小野の構想を「台場を主力とする沿岸警備体制」から「軍艦を主力とする沿海警備体制」への移行と評価しているが

（冨川「小野友五郎の江戸湾海防構想とその形成過程」）、この縦深防御構想は台場の記述に多くが割かれており、この時期でも小野が江戸内海台場の築造に関与していることからも、江戸内海防備の主役を台場から軍艦に移行させたとまでは必ずしも言い切れないのではないかと思われる。
(38) 原『幕末海防史の研究』三〇～三一、二四二～二五三頁。
(39)『勝海舟全集2　書簡と建言』六四二～六四六頁。
(40) 江藤淳、松浦玲編『氷川清話』（講談社、二〇〇〇年）四〇頁。
(41) 文久三年八月十七日付、軍艦頭取以下宛勝海舟書簡（『書簡と建言』二四八頁）。
(42) 松浦『勝海舟』二〇二頁。
(43)「海舟日記」文久三年四月二～四日、十日、十五日、同年五月七日、三十日条。
(44)『書簡と建言』二六四～二六六頁。
(45)『勝海舟全集別巻　来簡と資料』六八三～六八五頁。
(46) 例えば松浦『勝海舟』一九八頁。
(47) 石井孝『勝海舟』（吉川弘文館、一九七四年）二・三章、羽場俊彦「神戸海軍繰練所の成立に関する一考察」（『軍事史学』六十三号、一九八〇年十二月）、松浦『勝海舟』五・六章など。
(48)『海軍歴史Ⅱ』三八七頁。
(49) 例えば松浦前掲『勝海舟』一八二～一八三頁、二五四～二五五頁。
(50)「御軍艦操練所伺等之留」三五二～三五七コマ。
(51) 青木栄一『シー・パワーの世界史①』（出版協同社、一九八二年）一〇二～一一一頁。
(52)『氷川清話』二二四～二二六頁。
(53)「海舟日記」文久三年十二月二十七日～同四年一月八日条、小野正雄監修『杉浦梅潭目付日記』（杉浦梅潭日記刊行会、一九九一年）二六七～二七一頁。
(54) 勝が海上で数隻の軍艦を指揮している時にも将軍や自分の乗艦以外について何も記録していないことは勝研究の第一人者である松浦玲氏も指摘しているが、もっぱら勝を巡る人間関係や勝の内面性の分析に留まっており、海軍運用に関する知見という側面は検討されてこなかった。松浦『勝海舟』一九六～一九七、二四六～二五〇頁。

（55）小笠原調査については、文倉平次郎『幕末軍艦咸臨丸』（巌松堂、一九三八年）十八章、田中弘之「咸臨丸の小笠原諸島への航海」（『海事史研究』二十五号、一九七五年十月）、同『幕末の小笠原』（中央公論社、一九九七年）、藤井『咸臨丸航海長小野友五郎の生涯』4章を参照。

（56）「奉使米利堅紀行」航海略述。

（57）ただし、実際にはボイラーの状態、石炭の残量ともに問題はなかったと見る向きもある。田中『幕末の小笠原』一一六頁を参照。

（58）「伊豆国附島々、そのほかへ差し遣はされ候御軍艦の義につき伺ひ奉り候書付」（『海軍歴史Ⅱ』）九頁。

（59）同上　一〇頁。

（60）文久期の勝は対馬藩による日朝通交体制刷新運動に深く関与しており、しばしば自身の対馬・朝鮮派遣を幕閣に上申していた。この間の勝の言説を巡っては、アジア連帯論か侵略論かという論争があり未だ決着を見ていない。しかし、少なくとも蒸気軍艦による幕吏の朝鮮訪問は、従来の日朝外交儀礼のあり方から大きく逸脱したものであり、その構想に砲艦外交の要素があったことは否定できないだろう。勝の対馬問題への関与については木村直也「文久三年対馬藩援助要求運動について」（田中健夫編『日本前近代の国家と対外関係』吉川弘文館、一九八七年。紙屋敦之、木村直也編『展望日本歴史14　海禁と鎖国』東京堂出版、二〇〇二年に再録）、沈箕載『幕末維新日朝外交史の研究』臨川書店、一九九七年）、松浦『勝海舟』二一一～三七頁、二一四～二一六頁などを参照。

（61）一八六六年、李氏朝鮮による仏人宣教師処刑をきっかけにフランス艦隊が朝鮮軍と交戦した事件（丙寅洋擾）及び通商を求めて朝鮮に来航した米商船ジェネラル・シャーマン号の焼き討ちを受けて、幕府が英仏と朝鮮の調停を企図したもの。田保橋潔『近代日鮮関係の研究』（朝鮮総督府中枢院、一九四〇年）二章第六、安岡昭男「慶応期の幕使遣韓策」（箭内健次編『鎖国日本と国際交流』下巻、吉川弘文館、一九八八年）、亀掛川博正「慶応三年、幕府の朝鮮遣使計画について（Ⅰ）～（Ⅲ）」（『政治経済史学』三〇七～三〇九号、一九九二年一～三月）を参照。

（62）パタラーノ「「海軍」から「海自」へ」。

第六章　元治・慶応期の海軍建設と第二次幕長戦争

はじめに

元治・慶応期は国内情勢の緊迫から、幕府の海軍力が攘夷戦争用の軍隊から内戦用の軍隊に変質した時期とされるが、(1)海軍建設の実態は文久期以上に未解明の部分が多い。士官任用の問題、艦船増加に伴う管理・運用の問題など、軍艦方には引続き多くの課題が山積していた。

また、この時期の海軍建設は中古商船の大量購入、神戸海軍操練所構想(2)と、木村喜毅の軍艦奉行辞職後に軍艦方を主導した勝麟太郎によりその方向性が変わっていく。この二つは勝研究の中で必ず言及されるものだが、その多くは政治史的文脈に留まっている。(3)神戸海軍操練所についても、『日本海軍史』ではその概要を簡単に触れるに留まり、(4)いくつか見られる操練所に関する研究も勝の教育思想に重点が置かれるなど、(5)これまで軍事的な意義はほとんど検討されてこなかった。また、幕府の石炭供給体制を検討した神谷大介氏は、軍艦方の石炭需要の傾向から「文久二年閏八月付の軍制掛の全国的な海軍の創設計画後も、幕府の政策基調としては、蒸気船を主軸とした艦隊編成を目指すという方向性が継続していた」としているが、蒸気海軍を編成する上での運用構想の継続性もしくは断絶性は明らかにされていない(6)。

この時期で重要となるのが、海軍が事実上初めて本格的な実戦に投入された慶応二年(一八六六)の第二次幕長戦争である。この戦いで幕府海軍は大島口(周防大島方面)と小倉口(小倉方面)の戦いに投入される。第二次幕長戦争はこれまで多くの論者が言及してきたが、その多くは政治史的な研究であった(7)。幕末期の海軍建設に言及する海軍史研究で必ず触れられる戊辰戦争とは対照的に、第二次幕長戦争における幕府軍の動向については陸上戦闘に関する叙述が中心で、海軍の動向は全く言及されていない(8)。特に軍艦方の軍事行動の意図、戦線に与えた影響については不明な点が多く(9)、「幕府海軍は手抜きをした」、「虎の子の軍艦を損傷したくなくて海戦を回避した(10)」というイメージ先行の評価が行われているのが現状である。また、第二次幕長戦争における戦闘叙述はこれまで主に『防長回天史』などの史料が用いられてきた。しかし、『防長回天史』は長州側の視点で叙述された維新後の編纂物であり、これまで活用されてきた他の一次史料も幕府海軍に触れている部分は少なく、結果として、幕長戦争に関する記述は陸戦中心となっている(11)。

そこで本章で取り上げるのが軍艦富士山の先任士官、次いで船将としてこの戦いに参加した望月大象の日記である(12)。同日記は望月が維新後を過ごした韮山の町史で翻刻されているが、これまで第二次幕長戦争に関する研究でほとんど活用されてこなかった。その内容は富士山の行動に関する記述が中心で、必ずしも海軍方の動向や海戦の経過を網羅したものではないが、今まで海軍の視点からの長州征伐を論じた史料が全くなかった現状を考えると、研究史上の空白を埋める重要な史料であると言える。

以上の点をふまえ、本章では文久三年九月の木村喜毅辞職から慶応二年八月に小倉口の戦いが事実上終結するまでの幕府海軍(13)の動向を検討するものである。

1　文久三年九月以降の軍艦方人事

文久の改革における海軍建設計画廃案に伴う軍艦奉行木村摂津守喜毅の辞職、軍艦頭取小野友五郎の勘定方転出後の軍艦方の陣容は、【表6-1】・【表6-2】のとおりである。木村が辞職した文久三年九月二十六日の時点で軍艦方を主宰したのは、同年閏八月十五日に講武所奉行から転じた松平備後守乗原（生没年不詳。二千石）である。松平は使番兼講武所頭取、講武所奉行並兼歩兵頭、講武所奉行と、万延元年以降、幕府の軍事部門で経歴を重ねてきた幕吏である。(14)家格も大名身分で就任した内田主殿頭正徳（一八三〇～一八六三。小見川藩主。在職中病死）を除き、歴代奉行中最も高かったが、海軍関係の経験はなく、同年十一月十一日には甲府勤番支配に転出、その後も講武所砲術師範役、撒兵奉行などを歴任しており、(15)むしろ陸軍畑の人物であった。なお、松平の転出後、奉行職は翌元治元年五月に勝麟太郎が奉行並から昇格するまで空席となっている。次席の軍艦奉行並は、文久二年閏八月からその職にあった勝に加え、同三年三月に矢田堀景蔵、同年七月に木下謹吾がそれぞれ軍艦頭取から昇格し、同年十月には石野式部が目付から就任する。船将要員の軍艦頭取は、矢田堀、木下が昇格し、小野友五郎が勘定組頭に転出、船手頭から就任した向井将監が使番に転出した結果、伴鉄太郎、荒井郁之助、肥田浜五郎（一八三〇～一八八九）の三名となった。奉行、奉行並に次ぐ吏員である軍艦奉行支配組頭は、石川荘次郎（生没年不詳）、小林甚六郎（同）の両名が、文久二年十月二十五日の役職新設以来、その任にあたっている。小林は安政四年（一八五七）六月に軍艦操練所調方出役に任命されて以来、軍艦取調役頭取を経て同役に就任、石川の軍艦方着任時期は不明だが、万延元年（一八六〇）三月には軍艦操練所勤番組頭勤方としてその名が確認でき、小林同様、軍艦取調役頭取を経て組頭に就任、両名ともに海軍行政に熟達した吏員となっていた。小林はその後、二丸留守居過人兼外国御用出役

【表6-1】文久3年9月前後の軍艦方幹部

役職	文久3 ／ 元治1
軍艦奉行	～9/26 木村摂津守喜毅
軍艦奉行	～5/20 内田主殿頭正徳
軍艦奉行	松平備後守乗原（8/14～11/11）
軍艦奉行	勝安房守義邦 5/14 ～11/10
軍艦奉行	堀伊賀守利孟（5/25～6/29）
軍艦奉行	小栗上野介忠順（12/18～）
軍艦奉行並	～5/14 勝麟太郎
軍艦奉行並	3/6～11/22　矢田堀景蔵
軍艦奉行並	木下謹吾 7/1～
軍艦奉行並	石野式部（10/23～）
軍艦頭取	矢田堀景蔵（～3/6）
軍艦頭取	伴鉄太郎 ～11/18
軍艦頭取	～12/29 小野友五郎
軍艦頭取	～9/22 向井将監
軍艦頭取	荒井郁之助 ～11/18
軍艦頭取	～7/1 木下謹吾
軍艦頭取	肥田浜五郎
軍艦頭取	片山椿助（10/4～？）
軍艦頭取	望月大象（11/18）
軍艦頭取	安井畑蔵（11/18）
軍艦奉行支配組頭	石川荘次郎
軍艦奉行支配組頭	～4/10 小林甚六郎
軍艦奉行支配組頭	庄田主水 9/27～

（『柳営補任』などより作成）

頭取取締並に転出し、以降小十人頭過人、目付と栄進していくが(16)、石川は慶応三年四月に勘定組頭へ転出するまで、長期にわたり海軍の行政処理を支え続けていく(17)。

　木村以降の奉行就任者は、勝を除きいずれも海軍教育を受けていない高級幕吏であり、この点は木村と変わらないが、木村と異なるのは、過去に海軍行政に関する職歴を持たない点であり、在任期間も極めて短い。松平の転出後は半年以上にわたり奉行不在となっており、行政組織としての軍艦方の力は、井上・木村時代に比

【表6-2】慶応元年～2年の軍艦方幹部

職	人名	在任期間（慶応1～慶応2）
軍艦奉行	小栗上野介忠順（～2/21）	（慶応1初め～）
軍艦奉行	木下大内記利義	2/2～
軍艦奉行	石野筑前守則義	4/15～1/7
軍艦奉行	岡部駿河守長常（閏5/1~7/8）	
軍艦奉行	勝安房守義邦	5/28～
軍艦奉行	藤澤志摩守次謙	10/15～
軍艦奉行並	木下謹吾（～2/2）	
軍艦奉行並	石野式部	～4/15
軍艦奉行並	藤澤志摩守次謙	7/1～10/15
軍艦奉行並	栗本瀬兵衛（8/10～11/2）	
軍艦奉行並	木村兵庫頭喜毅	7/26～
軍艦頭取	肥田浜五郎	～10/24
軍艦頭取	片山椿助	～？
軍艦頭取	望月大象	～10/24
軍艦頭取	安井畑蔵	～10/24
軍艦頭取	鈴藤勇次郎	4/10～10/24
軍艦頭取	根津勢吉（8/2～10/24）	
軍艦奉行支配組頭	石川荘次郎	
軍艦奉行支配組頭	庄田主水	
軍艦奉行支配組頭	依田五郎八郎	8/5～
軍艦奉行支配組頭	長谷川儀助（8/5～10/4）	
軍艦奉行支配組頭	平野雄三郎	10/10～
軍艦奉行支配組頭	伊佐新次郎	11/18～

（『柳営補任』などより作成）

べて弱体化している。

とは言いながら、軍艦方内部の陣容強化が進められていたのも事実である。軍艦奉行並の勝、矢田堀、木下は長崎での海軍伝習に参加して以来、軍艦方で経歴を重ねてきた旗本であり、幕府海軍士官の草分けであった。石野は安政六年（一八五九）八月に書院番士のまま軍艦操練所調方出役を兼帯して以来、万延二年（一八六一）一月に使番に転出するまで在任し、その後、開成所頭取、目付と、幕吏としての経歴を順調に重ねた上での軍艦方復帰である。軍艦頭取は矢田堀、木下らが昇格していく中で、長崎海軍伝習及び軍艦操練所修了者が逐次就任しており、軍艦方の艦船運用能力は着実に向上していた。士官と対をなす吏員も、木村、石野に次ぐ存在として石川、小林が組頭クラスにまで職階を上げてきている。安政期から育成されてきた海軍士官・吏員が、こうした中堅ポストに就き得るところまで、軍艦方は組織として成熟してきたと言えよう。

慶応期に入ると、その傾向は一層顕著となる。小栗忠順、岡部長常ら高級幕吏が短期間で奉行職を入れ替わる一方で、軍艦方の士官・吏員として経歴を重ね、元治期に奉行並となっていた木下や石野が、相次いで奉行に昇格する。木下は家禄二千石の上級旗本の養嗣子であり、奉行昇格後、外国奉行や大目付にも任ぜられるが、いずれも兼帯であり、軍艦奉行の職は解かれていない。また、元治期の政変で解任されていた勝が復職し、文久三年に辞職した木村も奉行並として軍艦方に復帰している。軍艦奉行支配組頭は、石川荘次郎が異例の長期勤務となったのに加え、慶応二年には大幅な人員増強が図られている。長崎海軍伝習開始から十年にして、ようやく軍艦方は海軍組織としての陣容を整えてきたのである。

また、陪臣や厄介の任用は更に広がりを見せる。元治元年四月には、勝の門人で長崎海軍伝習に参加して以来、陪臣身分のまま軍艦方に出仕していた軍艦組二等出役佐藤与之助（庄内藩士）が幕臣に召し出され、諸組与力格軍艦組を命ぜられている。(18) 同年十二月、軍艦操練稽古人川谷求左衛門（松江藩士）が「軍艦組人少」として、神戸海軍操練所付軍艦観光丸への乗組を命ぜられ、(19) 同所に併設された勝の海軍塾に学ぶ津山藩士道家帰一、津軽藩士工藤菊之助も、同艦乗組を命ぜられている。(20) 慶応元年閏五月には、軍艦組三等出役島津文三郎（中津藩士）、同・田辺十三郎（佐倉藩士）が、軍艦奉行からの再三の要望により富士見宝蔵番格軍艦組に召し出された。(21) こうした傾向は、翌元治元年三月、翔鶴丸（三百五十トン、外輪）が八丈島へ派遣された際の乗員構成にも表れている。この時の乗組士官等は、小十人格軍艦頭取安井完治（畑蔵から改名）以下二十一名、小筒方の水主同心十三名、吏員二名に医師一名の三十七名である。このうち、陪臣は士官十一名、医師一名、厄介は士官五名に上っており、その過半が陪臣と厄介で占められていることがわかる。(22)

第四章で見たとおり、文久二年閏八月には、小普請支配（旗本）百九十五名、小普請組（御家人）三十名が軍艦奉行支配・組に移籍する。同支配・組には海上砲術、蒸気、造船、測量、運用などの教育科目が課され、不足する軍艦方要員の補強が試みられているが、文久三年九月二十九日付で軍艦奉行の松平から、組の者に「海軍術稽古無精」の輩がいるため、彼らを簡便な判断・手続で小普請支配・組へ戻せるようにしたいという伺が出されている。(23)思うに任せない幕臣の人材養成は、陪臣・厄介からの任用を更に進めざるを得ない状況を生んだのである。

ただし、こうした陪臣・厄介の任用にはほぼ例外なく一つの条件が付けられていた。慶応二年（一八六六）八月十六日付で、鷹匠金之丞惣領鈴木新之助（生没年不詳）以下二十名が軍艦組出役ないし同組当分出役を命ぜられる。(24)このうち、惣領・厄介は十二名、陪臣は六名と、そのほとんどを占めているが、彼らへの発令はいずれも「出役」もしくは「当分出役」であり、軍艦組の正規役職ではない。陪臣から幕臣へ新規召出を受けた小野友五郎、佐藤与之助などは極めて異例な存在であった。これは言うまでもなく、人件費の抑制を目的としたものである。陪臣を新規に召し出す、あるいは幕臣の次・三男に新たに一家を立てさせれば、彼らに与えられる家禄は幕府にとって永続的な支出となる。これに対し、出役であれば当人が当該役職に就いている期間のみ手当を支払えば良い。この時の出役人事では、任期中五人扶持が手当として規定されていた。(25)陪臣・厄介の任用にあたって新規召出を避け、出役の形で任用する傾向は、幕末期に新設された他部門の役職でも見られたことであるが、(26)軍艦組の人事施策もその意図は同じである。

このように、窮乏する幕府財政の中で人件費を抑制するため、伝統的に用いられてきた変則的人事施策とも言うべき出役の任用であるが、近代軍制の導入という面で考えると、別の意味が生まれる。すなわち、近代的な軍事制度では、家禄を背景とした士官任用を行う余地がなく、軍艦方は個人の能力本位の任用を志向するに至る。これが文久の改革における軍艦方の要望であり、計画が棚上げされた要因は、財政的な側面が強かったことは第四章で論じたとおりだが、今回は逆に、人件費抑制のために職位が家禄から独立した個人に付与されることになったのである。この現象は、階級は個人に備わるという、近代軍隊の将校制度の原則[27]に繫がる概念として捉えるべきである。

2 勝麟太郎主導下の海軍行政

（1）艦船取得

元治元年から慶応二年にかけての艦船取得状況は【表6−3】のとおりである。文久三年九月時点の軍艦方艦船は、観光丸、咸臨丸、蟠龍丸、朝陽丸、順動丸、長崎丸一番、太平丸、先登丸の蒸気艦八隻、鳳凰丸、昌平丸、旭日丸、千秋丸の帆船四隻である。この後一年間に、翔鶴丸、長崎丸、長崎丸二番、エリシールス（日本名不詳）、神速丸、大江丸の蒸気艦六隻が購入されている。また、木村時代までの蒸気艦の多くは、軍艦として建造された艦船を幕府が購入あるいは他国から贈呈されたものであったが（ただし、蟠龍丸は英国ヴィクトリア女王〈一八三七～一九〇一〉の遊覧船[28]）、それ以降、幕府が新たに取得した艦船は、横浜、長崎などの開港場で購入された中古商船である。これは勝麟太郎が軍艦方の実権を握った時期とほぼ符合する。こうした艦船購入の意図は何処にあったのだろうか。

万延・文久期の艦船運用が多岐にわたったことは、既に第四章で述べたとおりである。その背景にある海軍力建設構想は港湾防御用小型蒸気軍艦建造の上申や、海軍建設計画に代表されるように、正規軍艦の整備を中核としたものであった。井上清直・木村喜毅によって上申された小型蒸気軍艦二十隻の建造計画のうち、予算化されたのは

【表6-3】文久3年9月時点の幕府保有艦船と以後1年間の艦船取得状況

	艦船名	取得時期	排水量	推進方式	艦載砲	備考
文久三年九月時点の保有艦	観光丸	安政2年6月	400t	外輪	6門	軍艦。和蘭より贈呈
	咸臨丸	安政4年8月	625t	スクリュー	12門	軍艦。和蘭より購入
	朝陽丸	安政5年5月	300t	スクリュー	12門	軍艦。和蘭より購入
	蟠龍丸	安政5年7月	370t	スクリュー	4門	遊覧船。英国より贈呈。
	順動丸	文久2年10月	405t	外輪	1～2門	中古商船。於横浜購入
	長崎丸一番	文久3年2月	94t	スクリュー	不明	中古商船。於長崎購入
	太平丸	文久3年2月	370t	外輪	1～2門	中古商船。於横浜購入
	先登丸	不明	不明	スクリュー	不明	国産※
	鳳凰丸	安政元年5月	不明	帆船	不明	国産
	昌平丸	安政2年8月	370t	帆船	10門	国産。薩摩藩より献納
	旭日丸	安政3年5月	不明	帆船	不明	国産。水戸藩より献納
	千秋丸	文久元年7月	263t	帆船	不明	中古商船。於横浜購入
	長崎丸二番	文久3年10月	341t	スクリュー	不明	中古商船。於長崎購入
	エリシールス	文久3年10月	85t	スクリュー	不明	中古商船。購入地不明
	翔鶴丸	文久3年11月	350t	外輪	4門	中古商船。於横浜購入
	長崎丸	元治元年2月	138t	外輪	不明	中古商船。於長崎購入
	神速丸	元治元年2月	250t	スクリュー	2門	中古商船。於箱館購入
	大江丸	元治元年8月	不明	スクリュー	1～2門	中古商船。於横浜購入

（『海軍歴史』「船譜」、文倉平次郎『幕末軍艦咸臨丸』（巌松堂、1938年）、などより作成）
※先登丸の詳細は不明だが君沢形七番を改造した可能性が指摘されている。杉山謙一郎「内輪式蒸気船『先登丸』について」（『千葉商大論叢』40巻3号、2002年12月）を参照。

試作一隻（のちの千代田形）に留まり、木村が心血を注いだ海軍建設計画の挫折も、政治的理由に並んで財政上の理由によるところが大きかったが、木村辞職後の艦船購入方針の大きな変更は、厳しい財政上の制約の中で、戦闘力に目をつぶってでも船数を揃えることを優先した、いわば次善の策だったのだろうか、あるいは軍艦方の艦船運用思想に変化が生じた結果だろうか。

その事情を明らかにするのが次の史料である。勝が軍艦奉行並に登用された直後の文久二年九月十七日、政事総裁職松平春嶽、老中板倉周防守勝静、同水野和泉守忠精から蟠龍丸の修理見込み、横浜の売船について下問があったのに対し、勝は「当今海軍にあらされは兵備立かたき」という大前提を示しつつ、要人の移動手段として軍艦方の艦船を用いるのなら、軍艦に限らず商船でも良いとし、海軍力が未だ充実していない中で「上官高位」

が蒸気船で海路移動をすれば、「旧染御一洗の挙」になると答申している。[29] この時下問された売船が、翌月実際に購入された順動丸である。その後、昌光丸、協鄰丸、太平丸と中古商船の購入が進められ、木村の辞職後、その流れは加速する。

後述するように、順動丸による将軍徳川家茂の大坂湾巡視が、神戸海軍操練所創設に繋がったことを考えると、勝の目論見はあながち的外れなものではなかった。こうして幕府の海軍力は輸送任務へ大きく舵をきることとなる。中古商船大量購入の流れと関連してか、元治元年二月には、軍艦・運送船を区別するため、軍艦のみ船名から「丸」を省いて呼称すべき旨が達せられ、観光、咸臨、朝陽、蟠龍、翔鶴、黒龍の六隻が軍艦に、それ以外が運送船に区分されることとなった。[30]

（2）給炭機能の確保

一方、後方機能に関する構想としては、元治二年二月に勘定方と軍艦方が連名で提出した上申が挙げられる。これは従来江戸商人から購入していた石炭の調達費圧縮と軍艦方に必要な石炭確保のため、全国の産炭地を勘定奉行管轄とし、軍艦奉行管轄の石炭会所（箱館、横浜、横須賀、兵庫、長崎）を設け、販売、利益を海軍費に充てるとしたものである。[31]

日本における石炭の歴史は、史料で確認できる限りでも文明十年（一四七八）、筑前での使用例にまで遡り、「石炭《いしずみ》」、「燃石《もえいし》」、「焚石《たきいし》」、「煤炭《ばいたん》」、「五平太《ごへいた》」などの異称でも用いられてきた。[32] 第一章で詳述した伊勢商人竹川竹斎は、産炭地として紀伊、近江、美濃、山城、伊賀、伊勢、加賀、越後、出羽、下総、相模及び中国・九州地方を挙げているが、[33] 幕末期に商業ベースで石炭を採掘していたのは、九州では唐津、高島、香焼《こうやぎ》、筑豊、三池、本州では沖ノ山（長門）、常磐（常陸、陸奥）、そして蝦夷地（白糠、茅沼）である。[34] 元来、九州地方の石炭は、家庭用、鍛

れ、石炭の主要消費地は瀬戸内地方へ移っていく。(35)ところが、十八世紀後半以降、製塩用燃料としての有用性が注目され、石炭の主要消費地は瀬戸内地方へ移っていく。

こうした状況の中、最初に幕府海軍の給炭地として整備されたのが長崎である。長崎では外国船からの石炭需要が高まったこともあり、筑豊、三池、高島、香焼の石炭は長崎にも出荷されるようになった。長崎港口に位置する高島、香焼の石炭は直ちに港へ回漕されたが、筑豊炭は川船で遠賀川から芦屋へ、三池炭は駄馬もしくは車で大牟田河口へ集積された後、長崎へ回漕された。幕府は艦船用の石炭を安価に確保し、かつ販売利益を財源とする目的から、安政六年五月二十二日付で、長崎奉行を通じて九州各地の代官に石炭売買の取締を命じた。しかし、文政十三年（一八三〇）に「焚石会所」を設置した佐賀藩をはじめ、諸藩も石炭専売を開始しており、(36)幕府による一元的な石炭管理の試みは成功しなかった。(37)また、長崎は同年二月に海軍伝習が中止されて以降、長らく幕府の蒸気軍艦が常駐せず、寄港地としての役割に留まっていた。このため、給炭地としての整備は最優先とはならなかったのである。

幕府の主要給炭地としての役割を担ったのは、品川沖を軍艦方艦船の根拠地とした江戸である。日本の主要産炭地は、産出量、採掘技術いずれから見ても当時から九州地方であった。しかし、八百～九百キロも離れた江戸への輸送コストを考えると、九州の炭鉱は有力な供給元とはなり得なかった。また、安政三年に発見された蝦夷地の白糠、茅沼炭鉱には、幕府直営というコスト上の利点があった。しかし、これも江戸まで八百キロという距離の壁を越えるには至らず、両炭鉱で採掘された石炭は、いずれも箱館に入港した外国船の用に供された。(38)

江戸への石炭供給を主に担ったのは、陸奥南部から常陸北部にまたがる常磐炭田である。これは嘉永～安政期に常陸国上小津田村、小豆畑村、陸奥国好間村、白水村で相次いで発見され、水戸藩松岡領（付家老中山氏）、湯長谷藩（内藤氏）、磐城平藩（安藤家）といった諸家が、その経営に乗り出していた。(39)このうち白水村は、第四章にも登場した片寄平蔵が安政三年に同村弥勒沢で炭層を発見し、江戸の海産物商明石屋治右衛門（？～一八六二）と提携して江戸での販路を得る。更に安政五年、平蔵は軍艦操練所御用となり、直接幕府へ石炭を納入するようになる。[40]平蔵が軍艦方へ納めた石炭は、文久三年で八千百七十俵（一俵＝十六貫＝百斤）、同年四月だけで三千俵に上る。[41]（幕府海軍全体の石炭購入量を示す史料がないため、この数字の多寡を論じることは難しいが、蒸気軍艦千代田形〈百三十八トン、六十馬力、スクリュー〉の年間消費量九千俵[42]を目安として挙げておく）。常磐炭田で採掘された石炭は、各炭坑から駄馬（一駄につき二俵）で小名浜、磯原海岸、剣浜、平潟、川尻浜といった最寄りの港湾に集積され、明石屋ら江戸商人の手で江戸へ回漕されたのち、軍艦操練所へ納入された。[43]

もちろん、幕府は常磐炭田からの石炭供給を明石屋ら特定の御用商人にのみ依存したわけではない。安政六年の長崎奉行通達に続き、幕府による石炭の直接管理を試みたのが、元治二年二月の上申である。この上申では、産炭地から江戸への石炭輸送に軍艦方艦船あるいは廻船等を用いるとしており、嘉永期から連綿と続く「海軍と海運の一致」の概念（第一章及び第二章を参照）が、ここでも施策面で姿を現している。ただし、施策としては、この計画も全国的な実施・成功には至らなかった。[44]幕府は石炭の供給を水戸藩松岡領、湯長谷藩にも求めることとなり、結局は江戸商人を介しての購入に落ち着く。次節で述べる第二次幕長戦争に際しては、これまた商人請負で「御進発用石炭八百万斤（＝八万俵）」を白水、小豆田、小津田周辺で調達、兵庫へ回漕している。[45]

ただし、幕府による石炭管理が成功した例もある。安政四年、播磨国神西郡森垣村の石川八左衛門（生没年不詳）は兵庫港に近い車村、奥妙法寺村での炭鉱開発に着手する（高取山炭鉱）。次項で述べる神戸海軍操練所の開設に伴い、軍艦奉行並勝麟太郎は八左衛門に開発の促進を命じるが、勝の失脚と操練所の閉鎖により、開発はいったん途絶した。その後、慶応元年、両村を支配した大坂谷町代官斎藤六蔵（生没年不詳）が、炭鉱からの運搬路を修復・拡幅して牛馬のみならず牛車の通行が可能となり、八左衛門も採掘を再開する。同年十二月には、勘定奉行服部筑前守常純（生没年不詳）が、老中に兵庫への石炭会所設置を含めた炭鉱支配機構の整備を上申し、直ちに許可された。高取山炭鉱及び兵庫石炭会所の整備は、斎藤と勝の門人である大坂鉄砲奉行佐藤与之助らの手で進められる。慶応三年三月末には石炭会所が落成し、会所の隣地には海軍方の石炭御囲所が設けられた。同年十月には幕府から諸大名へ、諸家の軍艦の石炭が欠乏した時には、兵庫石炭会所で石炭を払い下げる旨が達せられ、兵庫における幕府の石炭管理体制は、幕府瓦解直前に一応の完成を見る[46]。

このように、幕府は海軍創設当初から石炭の確保に腐心し、その一元的管理を試みる。しかし、西南諸藩が先んじて石炭専売を開始し、江戸商人が活発な商業活動を展開していたこともあり、兵庫石炭会所を除き成功には至らなかった。給炭という重要な後方機能に脆弱性を抱えたまま、海軍は幕長戦争・戊辰戦争という内戦期を迎えることとなる。

（3）神戸海軍操練所

文久三年四月に設立が許可され、元治二年（一八六五）三月に廃止された神戸海軍操練所は、勝の主導で創設された海軍教育機関である。前章で見たとおり、勝は文久二年二月以来、摂海警衛問題に関与しており、同年十二月に老中格小笠原図書頭長行へ提出した建白書では、兵庫に海軍操練所を置き、「西海之軍隊」を創設して江戸の軍艦の半ばと造船所を置くことを主張している[47]。翌文久三年春（月日不詳）にも同主旨の建議を行っており[48]、神戸に海軍の拠点を置くことは勝の持論であった。

文久三年四月二十三日、順動丸で海路大坂～神戸間を巡視中の将軍徳川家茂に扈従していた勝は、神戸に操練局を置く必要性を説き、その場で裁可された[49]。翌二十四日には勝の家禄（蔵米取り）の一部を神戸村の地方知行に振り替えることと、海軍所、造艦所御取建御用、摂海防御向御用が命ぜられる[50]。同月二十七日には海軍所の予算として年間三千両が認められ、併せて勝が神戸に海軍塾を開くことが認められた[51]。同年五月二十二日には長崎の製鉄所が神戸付属となり[52]、六月五日には江戸の軍艦頭取一名、軍艦操練教授方両三名が一年交代で神戸に在勤することが定められるなど[53]、矢継ぎ早に組織作りが行われた。勝はこの間、対馬藩の日朝通交関係刷新運動への関与、長崎への出張など他任務に忙殺されていたが、同年九月二十五日に神戸入りしている[54]。

ただし、この計画は勝主導で進められたものであったため、政治情勢が激変する中で勝が他任務に忙殺されると、神戸の組織作りも停滞しがちとなった。このため、勝は元治元年（一八六四年）二月七日、在京の老中に小十人格軍艦頭取肥田浜五郎を大番格に昇格させた上で神戸操練所の専任教官とし、その下に諸組与力格軍艦組二等佐藤与之助、軍艦組出役西川寸四郎（大野藩士。生没年不詳）、目付赤松左京（一八三一〜一九〇四）を配すること、文久三年十二月に佐賀藩から返還された観光丸を神戸付とし、更に福井藩の蒸気艦黒龍丸を買い上げて神戸付とすることを軸とした建白書を提出する[55]。千代田形の機関製造など、重要案件を複数抱える肥田を神戸専任とすることは難しかったようであるが、同年四月十六日付で赤松、西川を神戸局教授とすること、観光丸を神戸付とすることが達せられ[56]、次いで同月十八日付で佐藤に神戸操練所詰が命ぜられた[57]。これ以降、神戸操練所は多忙の勝に代わり佐藤が中心となって運営されるようになる。なお、黒龍丸は勝の建議どおり同年八月に幕府の買い上げとなったが、他任務に使用され、結局神戸での操練には使用されなかった。

勝の神戸軍艦操練所に関する構想は、元治元年一月に大坂城で老中酒井雅楽頭忠績に提出した建白書でよく表されている[58]。その概要は、

身分を問わず全国から人材を集め、一代限りで海軍惣督にも任用する

軍艦一〜二隻を各所に置くのではなく五〜六隻で一隊とし、数隊を編成する

神戸操練所の陣容充実

諸侯からの海軍費徴収である。艦隊の編成については、一隊が自国の防備を担い、一隊が敵の補給を妨げ、一隊が敵の「空虚之地」を攻撃するとし、「護国之要は出征より良方には無」と結んでいる(59)。神戸操練所については、昨年設置されながら組織作りが進んでいない現状を述べ、学術に優れた者二～三名、艦船三隻を一年交代で派遣すること、江戸、神戸の両操練所を海軍教育の二大拠点とすること、長崎、朝鮮、上海、広東へ練習航海を行うことなどが述べられている。人材登用と諸侯への海軍兵賦は、文久の改革における海軍建設計画でも主張されたものであるが、海軍力の運用に関しては、沿岸防備に主眼が置かれた文久三年までの海軍運用構想と大きく異なる。前章で述べたとおり、この時期の勝は、軍艦による海外交易の構想を諸藩士に語っており、それは軍艦の外洋での展開を志向したものだったことがわかる。勝の海軍構想は、嘉永期以来の持論が施策化されたものであり、従来の海軍建設の方向性とは明らかに異なるものだった。このうち、長崎、朝鮮、上海、広東への練習航海は、四月十六日の通達で認められている(60)。同年五月十四日には勝は軍艦奉行に昇格し、廃止された大坂船手の人員と船舶は神戸操練所に所属することとなり、同所の陣容は着実に整えられつつあった。

しかし、政治情勢は勝に不利な方向へ進んでいく。同年六月五日、池田屋事件で神戸操練所生徒の望月亀弥太（一八三八～一八六四。土佐藩士）が死亡し、続く七月十九日の禁門の変で長州勢に加担する生徒が続出すると、かねてから長州藩尊攘派と親交の深かった勝は幕府内で危険視され、九月十九日に生徒の姓名、出身地について調査が行われた(61)。翌月二十二日には勝に江戸への帰府命令が下り、二十五日に勝は神戸を発ち十一月二日に江戸へ到着、老中阿部豊後守正外（一八二八～一八八七、白河藩主）との面談を経て、同月十日に軍艦奉行を罷免される。十二月二十日には家禄も再び蔵米に切り替えられ、勝は神戸から完全に切り離されることとなった。神戸操練所も翌元治二年三月に廃止が決定され、四月十一日、江戸から現地に派遣された赤松左京により佐藤へ達せられた(62)。佐藤は操練所の存続を求めたが決定は覆らず[63]、廃止に伴う要務処理のため、江戸から軍艦取調役前田右三郎が派遣され[64]、神戸操練所の廃止は粛々と行われた。

勝の海軍構想は、それまでの海軍建設の方向性を変えるものであり、これを具現化する形で創設されたのが神戸海軍操練所である。徳川家臣団の枠を越えて全国から広く人材を集める士官任用制度など、その構想は近世的軍隊から近代軍隊への転換を促す先駆的なものであったが、勝の失脚とともに一年足らずで廃止されたため、海軍建設の実務上は特筆すべき成果を残すことはできなかった。

この間、軍艦方は初の実戦を経験している。元治元年三月、尊王攘夷・横浜鎖港を求める水戸藩士藤田小四郎（一八四二〜一八六五）が筑波山で挙兵したのを機に、水戸藩を二分する大規模な内乱が勃発する（天狗党の乱）。幕府は鎮定のため、若年寄田沼玄蕃頭意尊を総督とする軍勢を派遣するが、軍艦方にも「浮浪之徒」の「海上乗逃」を阻止するため、九月八日付で軍艦の派遣命令が下り、現地に派遣された軍艦方艦船は海域を封鎖し、沖合を偵察する藤田ら筑波勢の小舟を撃沈するなどした。十月五日、追討軍が筑波勢と協同する大発勢の拠る那珂港を攻撃した際は、黒龍丸が海上から砲撃を加えている[65]。日本に近代海軍が創設されて以来、海軍力が港湾の封鎖に用いられた最初の例として注目すべき事例ではあるが、戦闘自体は対艦戦闘力を持たない天狗党への一方的な攻撃であり、蒸気軍艦による初の戦闘としての意義は限定的なものに留まる。同年十一月の第一次長州出兵でも戦闘行為は生起せず、海軍は戦場に投入されていない。勝の失脚後、軍艦奉行が短期間で入れ替わり続け、強烈な個性で海軍建設を推進する人間がいない状況で迎えたのが第二次幕長戦争である。

3　第二次幕長戦争への投入

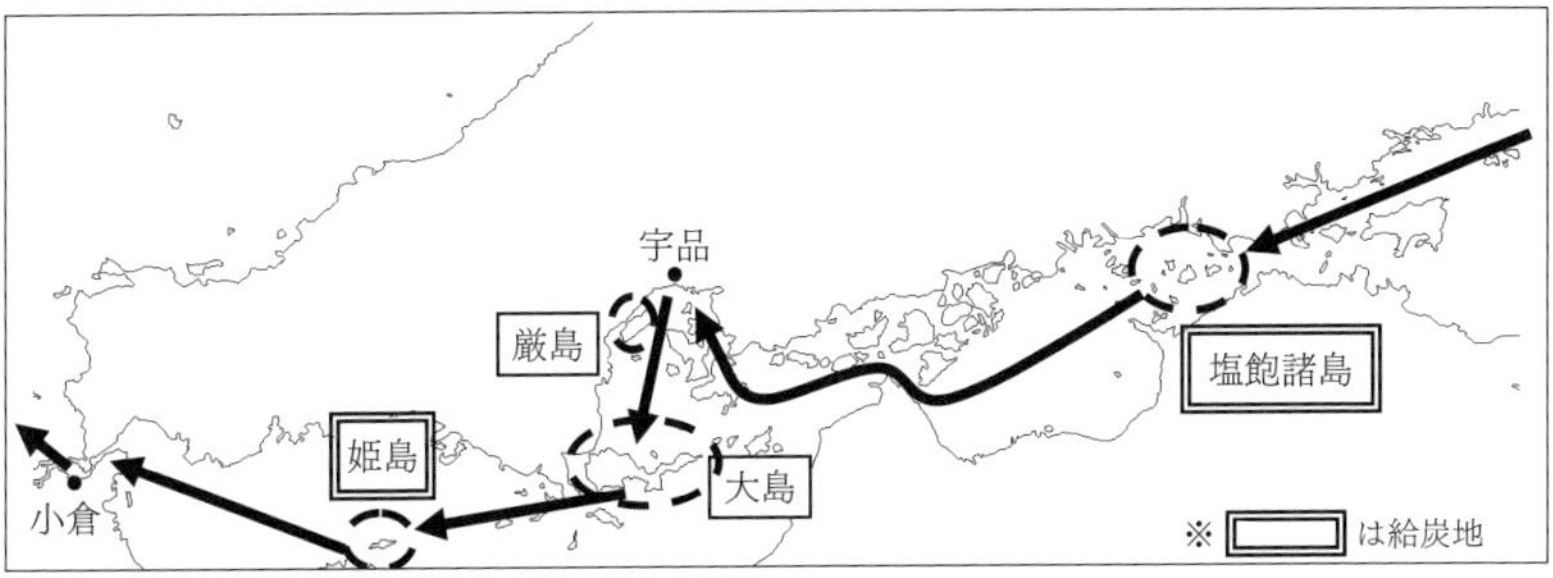

【図6-1】第2次幕長戦争における幕府海軍の進路（5月末〜8月）
（「富士山艦長望月大象、長州征伐日記」より作成）

第二次幕長戦争は慶応元年五月十六日の将軍徳川家茂進発に始まり[66]、その後も幕長間の交渉が続けられるが、同二年五月二十九日を回答期限とした、幕府の長州処分案を長州藩が黙殺すると、開戦は不可避となる。この間、富士山（肥田浜五郎指揮）、翔鶴（佐々倉桐太郎指揮）、長崎丸二番（柴誠一指揮）、大江丸（五百十トン、スクリュー、松岡磐吉指揮）、旭日丸（排水量不明、帆船、近藤熊吉指揮）の五隻は、五月二十九日までに順次安芸国宇品港へ入港した[67]。具体的な艦名は特定できないが、その一部は軍用金十一万六千両及び十四万四千貫余りを、広島城下へ輸送する任務に従事したようである[68]。翌日、各船将は広島に進出していた老中小笠原壱岐守長行、大目付兼軍艦奉行木下大内記利義の元に参集する。各艦に与えられた任務は、小倉方面を指揮する小笠原の便船となること及び、周防国大島攻略への参加であった。

（1）大島口の戦い

六月二日、翔鶴は長崎丸二番と共に小笠原、木下を小倉へ送り、翔鶴のみ即日宇品へ帰投、宇品から旭日丸と松江藩所有の八雲丸を曳航して厳島へ向かった。八雲丸は一八六二年英国製の新鋭艦だが、機関の傷みが激しく、機走困難だったようである。一方、富士山と四国方面指揮官である若年寄京極主膳正高富（峰山藩主。一八三六〜一八八九）座乗の大江丸も、同日出航して塩飽島で給炭、富士山は宇品経由で七日に厳島へ投錨した。厳島には歩兵奉行河野伊予守

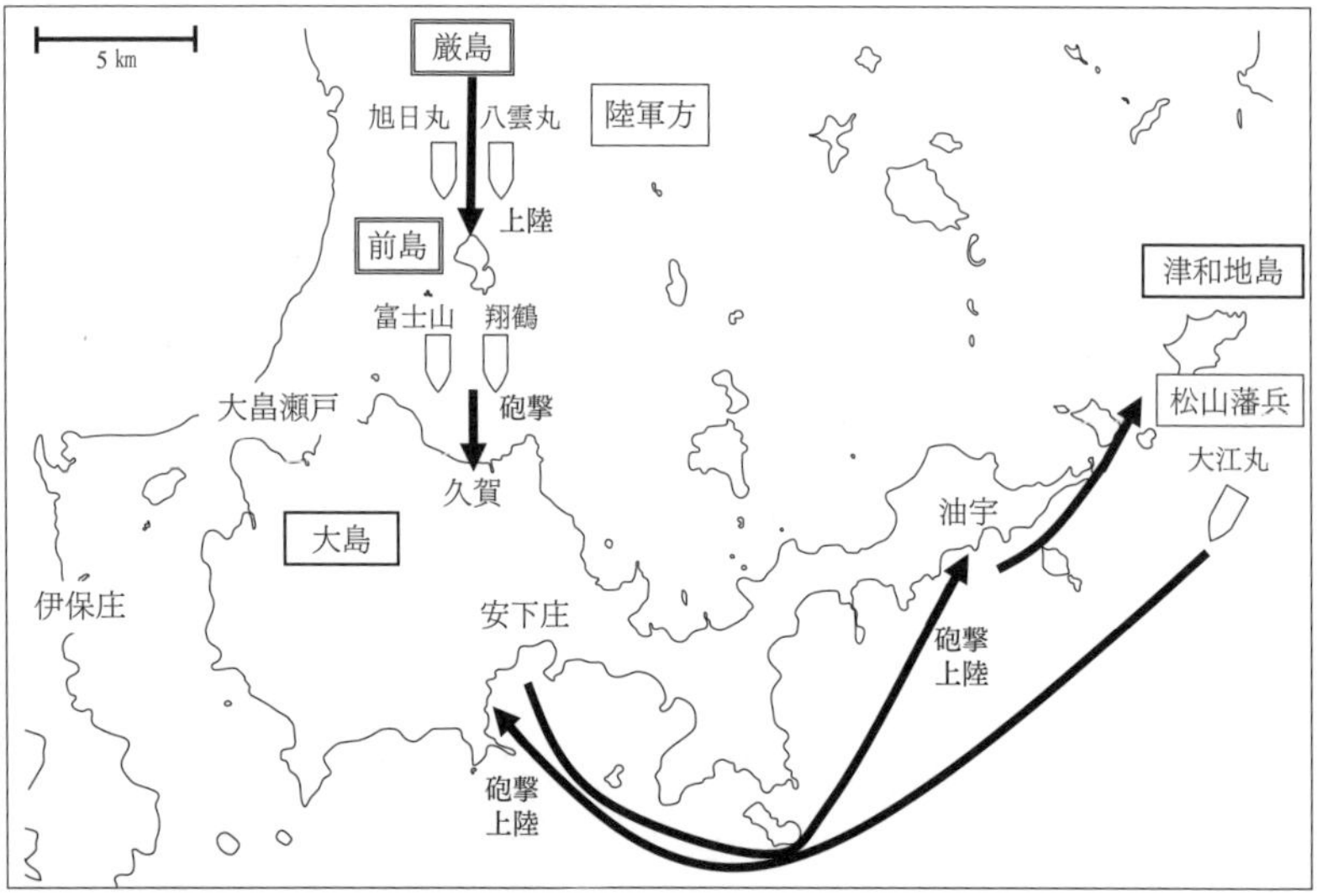

【図6-2】大島口の戦況（6月8日）
（「富士山艦長望月大象、長州征伐日記」及び『防長回天史』より作成）

守通（生没年不詳）指揮の歩兵一大隊（一五六五人）、歩兵頭戸田肥前守勝強（生没年不詳）及び、歩兵頭並城織部（生没年不詳）指揮の歩兵一大隊（一一五〇人）を基幹兵力とする陸軍方[69]が待機中であった。軍艦方からは富士山船将の肥田、同艦先任士官の望月、翔鶴船将の佐々倉、旭日丸船将の近藤がそれぞれ上陸し、河野の陣所で陸軍方と以後の行動について協議した[70]。その結果、八日午前三時に海陸両軍が会同して八時に攻撃を開始することに決した。

しかし、八日の予定時刻を過ぎても陸軍方は現れず、結局会同は十時にずれ込む。旭日丸、八雲丸は前島前方に投錨し、富士山、翔鶴も大島砲撃後、同海域に投錨した。夜半、各船将は翔鶴に参集し、同艦座乗の河野・戸田と翌日の上陸について協議、陸軍方は軍艦方へ、各艦から上陸部隊と兵船へ水夫を派出するよう要請した。翔鶴船将の佐々倉が人手不足を理由にこれを拒絶する一幕もあったが、結局いずれも了承された。一方、松山藩兵約百五十名は、七日に津和地島から安下庄へ進出し、大江丸の砲撃後無抵抗で上陸、次いで海路油宇へ向かい、砲撃後上陸、敵の遺棄物を押収後津和地島へ帰投した。なお、長州側の記録では、この砲撃による被害は寺院二宇と民家数軒の焼失となっている[71]。

なお、三宅紹宣氏は、長州藩側の史料により、六月七日に小倉から派遣された幕府軍艦長崎丸が室津瀬戸口、次いで安下庄に砲撃を加えたとしている[72]。望月の日記はこの件に言及しておらず、軍艦方の史料からこれを確認することができないが、元治元年二月に幕府が長崎で購入した長崎丸は同年五月に焼失しており[73]、これは長崎丸二番のことではないかと思われる。

九日午前四時、前島沖を抜錨した富士山が再び久賀への砲撃を開始する。やがて翔鶴が到着し、佐々倉と大島出張中の勘定吟味役小野友五郎（元軍艦頭取）[74]が富士山へ来艦、陸軍方は兵船と兵糧不足のため大島上陸を見合わせ、前島に上陸したことを伝えた。このため、両艦は大江丸応援を決心、翔鶴は直ちに出帆し、富士山は伊保庄偵察を経て津和島へ移動した。大江丸から松岡らが富士山を訪れ情報交換した後、富士山と翔鶴は前島へ出帆、陸軍方との連絡のため、松山藩士一名が同乗した。夜半に入って両艦が前島へ投錨すると、各艦船将と松山藩軍使は直ちに上陸、河野の陣所で戸田、小野を交えた軍議となった。以後の行動について、松山に陣を置く京極高富へ伺いを立てようとする河野に対し、未だ安下庄を掌握せず、久賀へは上陸すらしていない現状では、京極へ伺いを立てるまでもなく、まず大島を攻略するべきであると、望月が即時上陸を主張した結果、翔鶴で厳島の一大隊を運び、二大隊で久賀へ上陸して安下庄の松山勢と合流することに決し、会同場所は肥田の提案で普門寺と定められた。なお、散会後、肥田と望月は河野へ松山勢の奮戦ぶりを伝え、今回は必ず上陸を果たすよう求めた。これは、大島口の幕府軍にとり唯一の友軍である松山藩への配慮であると同時に、陸軍方への不信感を表明したものであった。

十日に富士山は津和島沖へ移動、十一日午前四時に富士山、大江丸は松山勢の兵船を曳航して出帆、八時に安下庄へ到着し、砲撃後松山勢が上陸した。富士山は陸戦隊を編成し、肥田、望月がこれを率いて上陸するが、戦闘開

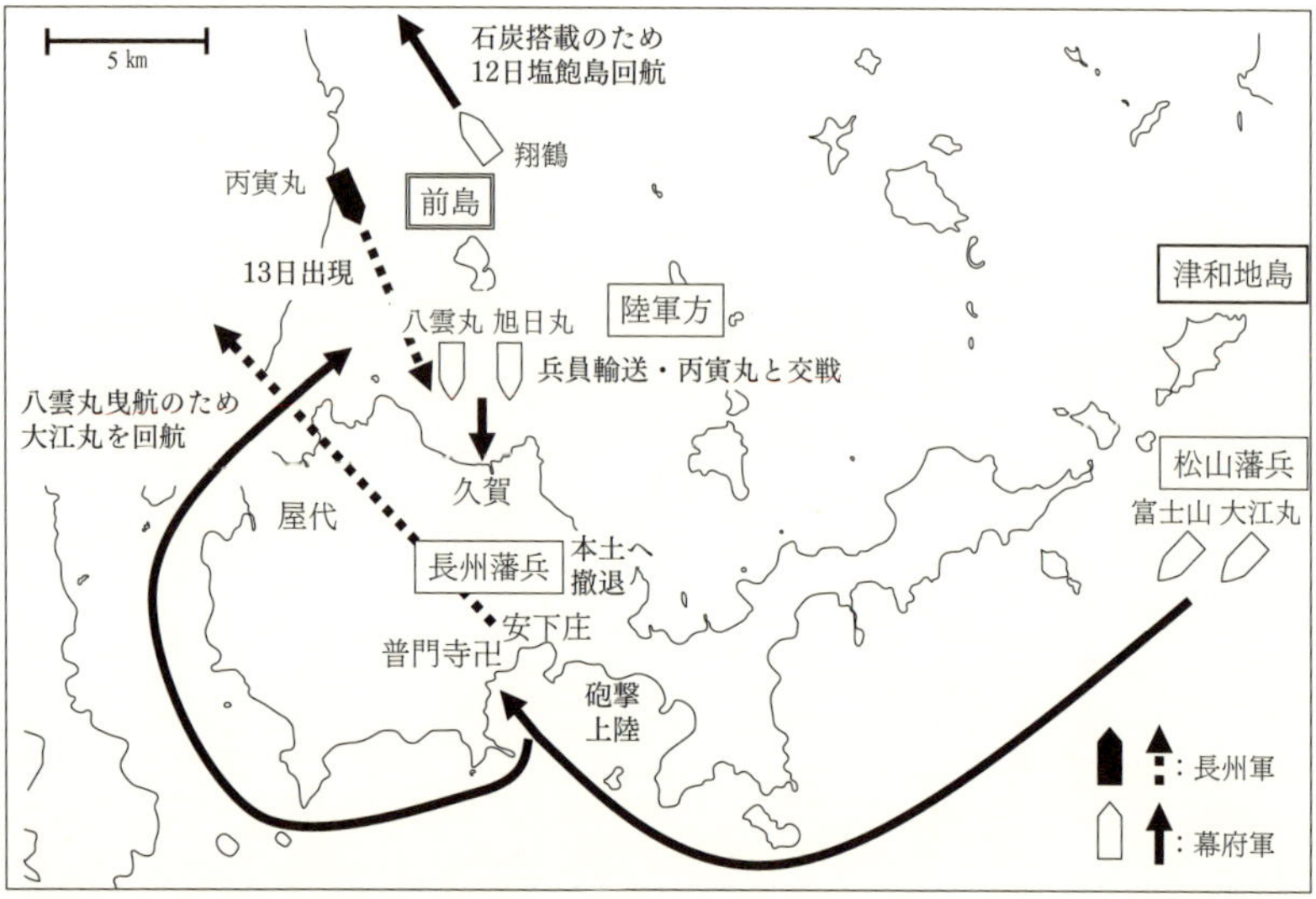

【図6-3】大島口の戦況（6月11日～13日）

（「富士山艦長望月大象、長州征伐日記」及び『防長回天史』より作成）

始後に松山勢から砲撃支援要請を受けた両名が隊ごと帰艦したため、結局陸戦隊は戦闘に加わっていない。幕府との開戦にあたり、長州藩は主力を他の三方面に配置し、大島は代官齋藤市郎兵衛（一八三〇～一九一〇）以下、大島に所領を持つ重臣村上氏の家臣団、僧兵、農商兵のみを置き、状況に応じて援兵を出す方針だった。(75) このため、長州勢はこの攻撃を支えられず本土へ敗走したが、松山勢も夕刻兵船に引き揚げた。この間、久賀方面では、十一日午前六時に翔鶴、八雲丸、旭日丸が陸上への砲撃を開始、これに続き、陸軍方は午前九時に予定どおり久賀へ上陸を果たしている。

十二日午前四時、松山勢は濃霧のため予定より一時間遅れて行動を開始する。富士山、大江丸の砲撃後、松山勢は安下庄に再上陸して普門寺で陸軍方と会同したが、夕刻には再び海上へ引き揚げた。久賀では翔鶴が石炭搭載のため塩飽島へ回航、折悪しく八雲丸が独航不能となったが、兵員輸送の都合上戦線から外すことができないため、大江丸を回航し曳航させることとなった。

十三日は陸兵休養と富士山修理に充てられ、安下庄に

【表6-4】幕長戦争における幕府軍と長州藩の海軍力比

	艦船名	排水量	推進方式	担当戦域・備考
幕府軍	富士山	1,000t	スクリュー	大島口→小倉口
	大江丸	510t	スクリュー	大島口→小倉口
	翔鶴	350t	外輪	大島口→小倉口→長崎（7月17日？）
	旭日丸	不明	帆走	大島口→小倉口
	回天	710t	外輪	長崎　→小倉口（7月17日）
	順動丸	405t	外輪	小倉口→長崎（7月1日）
	長崎丸二番	341t	スクリュー	小倉口→大島口→小倉口→長崎（時期不明）
	八雲丸	329t	スクリュー	大島口。松江藩船
	飛龍丸	380t	スクリュー	小倉口。小倉藩船
長州藩	乙丑丸	300t	スクリュー	大島口→小倉口
	丙寅丸	94t	スクリュー	大島口→小倉口
	癸亥丸	283t	帆走	小倉口
	丙辰丸	47t	帆走	小倉口
	庚申丸	不明	帆走	小倉口

（『海軍歴史Ⅲ』「船譜」、三宅『幕長戦争』203頁より作成）

動きはなかったが、久賀では午前四時に長州藩の丙寅丸（九十四トン、スクリュー）が旭日丸、八雲丸を奇襲した。両艦も応戦したが、丙寅丸を指揮する高杉晋作（一八三九～一八六七）が、「丙寅の小艦固より久しく幕の堅艦と衡を争ふべきに非ず[76]」と、一撃離脱に徹したため、双方特段の被害もないまま丙寅丸は遁走している[77]。安下庄では十五日午後三時に丙寅丸、乙丑丸（三百トン、スクリュー）と、陸兵を搭載した兵船二隻が出現、既に松山勢から敵兵遭遇の報を受け、試運転を中止していた富士山は、直ちに抜錨して攻撃したが、ここでもほどなく長州勢が逃走したため、双方に特筆すべき戦果はなかった。

【表6―4】は、幕長戦争における幕府軍と長州藩の海軍力の比較である。排水量、船数ともに幕府軍が長州藩を圧倒している。のみならず、幕府軍には軍艦として建造された富士山、回天の二隻がいるのに対し、長州藩の五隻は、国産艦の丙辰丸、庚申丸以外、全て長崎で購入された中古商船である。なお、長州藩の海軍建設は、安政六年八月に藩の洋学機関博習堂で開始された海軍教育に端を発し、松島剛蔵以下七名の教官は、いずれも藩から長崎海軍伝習に派遣された経歴の持ち主であった。その後、中古蒸気商船の購入、帆船丙辰丸による産物廻送任務を兼ねた江戸への航海（前述高杉晋作は、この航海に参加）、幕府軍艦操練所への学生派遣などの施策が進められるが、文久三年五月の長州藩による攘夷決行への報復として行われた翌六月の米軍艦ワイオミング号（Wyoming. 一四五七トン、スクリュー）による攻撃で壬戌丸（四百四十八トン、スクリュー）、癸亥丸撃沈、庚申丸大破という痛手を被った（のちに癸亥丸、庚申丸は修理され復帰）。同年十一月、藩船手組の根拠地三田尻御船倉を海軍局と改称し、松島が海軍局頭取役に就任するが、尊攘派の一員であった松島は元治元年十二月に刑死、海軍局には更なる打撃となる。生前の松島の構想に基づき、三田尻に海軍学校が創設されたのは慶応元年四月末であり、幕長戦争までの準備期間は一年間でしかなかった。(78) 艦船・人員の質・量ともに著しく劣勢な長州藩海軍が幕府海軍に決戦を挑むことは望むべくもなかったと言えよう。

十六日早朝、陸軍方と松山勢は屋代を攻めるが、大畠瀬戸から進出した長州勢に苦戦、松山勢は午後五時に海上へ撤退する。富士山は陸地を砲撃しつつ松山勢の兵船を曳航して津和地島へ向かう途中、小倉から派遣された長崎丸二番と遭遇した。十七日午前六時過ぎ、富士山は津和地島へ投錨し、肥田、望月は長崎丸二番へ移乗して目付溝口出羽守（諱、生没年不詳）へ戦況を報告した。溝口は陸兵支援のため、富士山、翔鶴に小倉来航を求める老中小笠原長行（小倉方面指揮官）の内意を伝え、船将の柴からは、小倉か沓尾へ二十日までに回航するよう求める木下の書状が渡された。

同日午前十一時過ぎ、松山勢から富士山へ陸軍方応援の申し出があり、富士山は直ちに抜錨して久賀へ向かった。久賀へ到着すると、旭日丸から船将の近藤が敵情説明のため、富士山へ来艦した。富士山は前日から対地砲撃を続ける翔鶴に加わり、艦上にも敵弾が飛来する激戦となった。この砲撃は幾度かの中断を挟んで断続的に行われたが、陸軍方にとっては重要な支援だったようであり、夕刻に入り、砲撃の合間に翔鶴を訪れた肥田は、歩兵頭の戸田から砲撃再開を直接要請されている。しかしながら、陸戦はいよいよ幕府軍の劣勢となり、同日午後十一時に戸田が富士山へ来艦、大島で戦闘中の陸軍方を翔鶴に収容するまでの間、砲撃支援を続行するよう重ねて肥田へ要請した。十八日夕刻、肥田は大江丸を訪れて戸田、船将の松岡らと以後の方針を協議、ここで陸軍方の芸州口転用が決定される。十九日午前中に肥田が戸田の陣所を、佐々倉が富士山を訪れて細部を打ち合せ、午後四時に陸軍方は富士山、翔鶴、大江丸、長崎丸二番に分乗、富士山が殿艦となり厳島へ撤退した。陸軍方の撤退にあたり、軍艦方は砲撃支援の他、艦載のバッテイラ（短艇）を派出して陸軍方を収容したようである。(79) こうして、大島口の戦いは幕府軍の敗北に終わった。

（2）小倉口の戦い

六月二十日午前十一時、安芸国廿日市沖に投錨した諸艦へ、木下からの急状が到着した。急状は長州勢による六月十七日の田ノ浦、門司攻撃を報じ、各艦の速やかな小倉回航と、敵艦の撃破を命じたものであった。この時、田ノ浦は丙寅丸、癸亥丸（二百八十三トン、帆船）、丙辰丸（四十七トン、帆船）が、門司は乙丑丸、庚申丸（排水量不明、帆船）が襲撃し、砲撃後、陸兵が上陸して民家を焼き払い、砲台から大砲などを奪って引き揚げている。(80)

各船将が翔鶴に参集して協議した結果、富士山、翔鶴、長崎丸二番は石炭・薪水の搭載後、沓尾へ移動、旭日丸は翔鶴が曳航、松山藩へ貸与中の大江丸は、同藩との調整及び、若年寄京極高富（四国方面指揮官）の指示次第と決し、各艦は直ちに出帆した。この時、肥田は蒸気船購入任務のため、弾薬、海図などの送付を求める江戸への書状とともに富士山を離れた。以後、富士山の指揮は望月が執ることとなる。大島口では各艦とも連日砲撃を行い、六月十七日の戦闘では富士山一隻だけで十二発の砲弾を発射するなど、かなりの弾薬を消費しており、(81) 早急な補給が必要だった。これを受け江戸の軍艦操練所は、書状が到着すると直ちに三一二三両余りの緊急支出を決定している。(82)

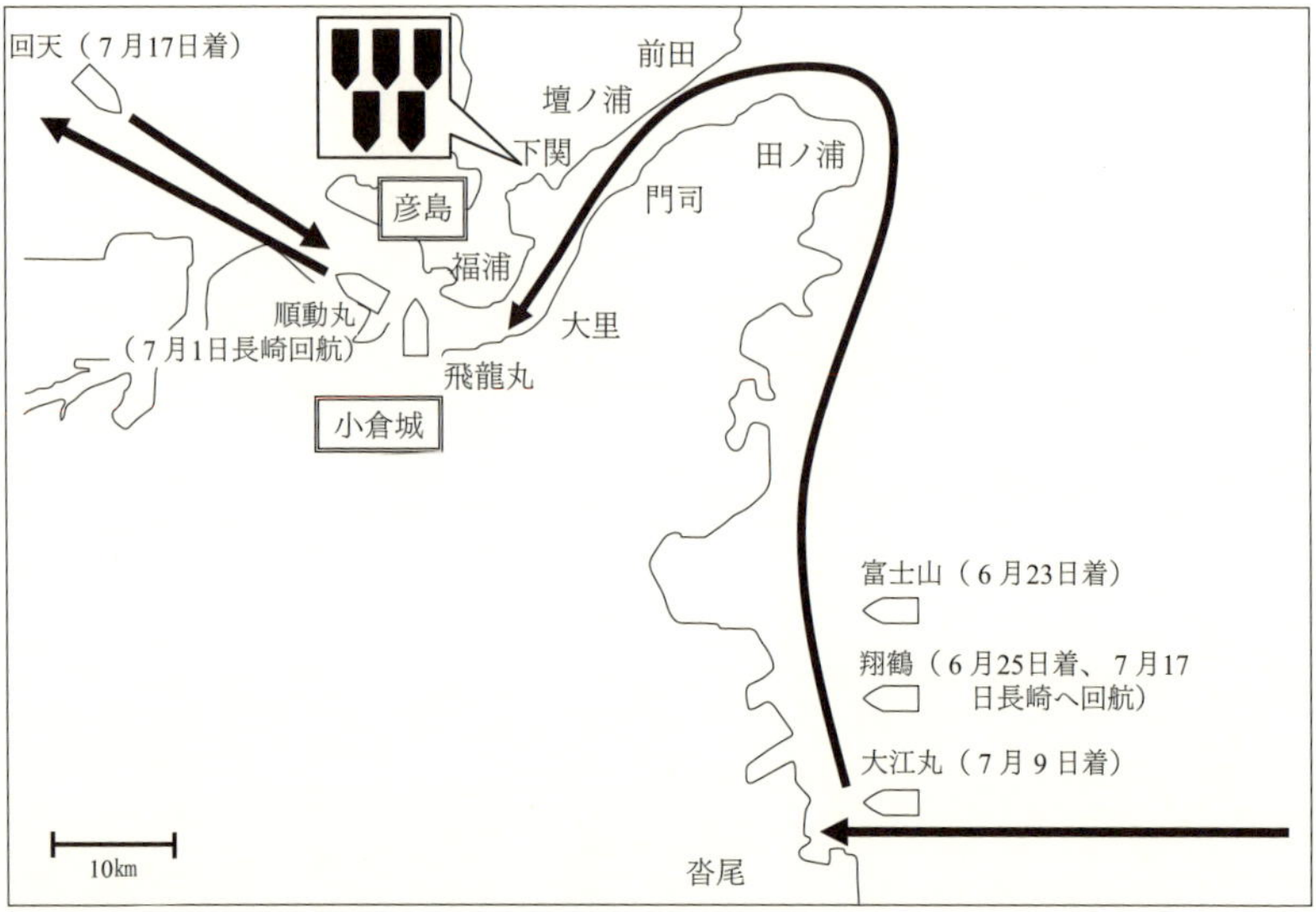

【図6-4】小倉口の戦況（6月23日〜7月30日）
（「富士山艦長望月大象、長州征伐日記」より作成）

富士山は二十三日午前十二時前に沓尾沖へ到着し、翔鶴の沓尾到着後に小倉へ進出する旨と大江丸の行動方針について木下へ報じた。すると翌日二度にわたり木下から書状が届き、各船将が速やかに小倉へ参集すること、小倉の蒸気艦は順動丸一隻であり、小倉藩の飛龍丸（三百八十トン、スクリュー）と、熊本藩の蒸気船（艦名不明）が頼みにならないため、富士山一隻でも速やかに小倉へ向かうこと、小倉方面で異変が生じた際は順動丸を沓尾へ派遣することが命じられた。しかし、望月は敵地ゆえに単艦では座礁した場合救助が困難であり、加えて順動丸は元来「商売船」のため、下関の突破は不可能として、富士山回航は翔鶴到着後が適当と、重ねて回答した。二十五日午前十一時には翔鶴が沓尾に到着、備えとして佐々倉が沓尾に残り、望月と翔鶴座乗の使番松野八郎兵衛（生没年不詳）が陸路小倉へ急行して木下と面談した。

二十六日、望月と順動丸船将岩田平作（一八二八〜？）は、木下及び目付平山謙二郎（敬忠。のち図書頭。若年寄）と面談、下関の敵は台場と蒸気船三隻、帆船二隻であり通峡困難（実際は蒸気船二隻、帆船三隻）、このため、攻略には海陸同時攻撃が必要であると説いた。その後、両名は小笠原とも面談し、順動丸は運送船であるため、戦力強化のため富士山、翔鶴のうち一隻でも小倉へ回航するよう求められる。小笠原、木下からの度重なる要望に、望月と岩田も遂に富士山の小倉回航に同意した。

二十七日に望月は沓尾に戻り、佐々倉と協議した結果、両艦の小倉回航を決断、総員戦闘配置で下関を通峡し、二十八日午前五時過ぎに小倉へ投錨した。これを機に、本格的修理を要する順動丸を長崎に回し、乗員は同地で購入予定の蒸気艦に乗り組ませることになり、同艦は七月一日に小倉を出帆した。同日、小笠原は望月、佐々倉を呼び、装備に優れる佐賀藩兵が到着するまで、両艦で敵艦を攻撃するよう求めた。しかし、二人は下関には浅瀬が多く、なおかつ商船が多数碇泊していること、両艦の残弾が乏しいことを挙げ、軍艦単独の攻撃は不適当であるとし、海陸協同で彦島を攻略し、続いて下関を攻撃することを具申、小笠原もこれに同意した。

しかし、先に動いたのは今回も長州勢だった。七月三日午前三時二十分、砲三門を搭載した長州の上荷船が富士山に接近して発砲、彦島の弟子待砲台から門司側の大里砲台への砲撃も始まった[83]。更に下関からは丙寅丸、丙辰丸、庚申丸の三艦が大里沖へ進出し、幕府艦へ砲撃を加えた[84]。これを受けて木下から富士山と翔鶴の両艦へ、大里へ上陸した敵への対処命令が下り、午前七時過ぎに富士山と翔鶴は彦島と大里への砲撃を開始する。富士山が不運に見舞われたのはこの時である。英国砲艦との敬礼・答礼をはさみ、攻撃を再開した直後、富士山の百斤砲が破裂し、軍艦組出役三等松村久太郎、水夫小頭弥八が即死、軍艦組出役一等島津文三郎が重傷、小筒方二名が重軽傷を負った。松村は二条城番組仮抱入同心松村銀次郎の子で、文久元年（一八六一）三月に軍艦組出役となった士官[85]、弥八は塩飽島出身で、長崎海軍伝習以来の練達の水夫であった[86]。死傷者処置のため、富士山が戦線を離れていたところへ木下が来艦、被害に驚いた木下は富士山の戦線復帰見合わせを命じたため、幕府側の海軍力は一時的に低下した。なお、富士山ではこの他に水夫一名が作業中に転落死している。この日以降、彦島攻略の沙汰はなく、富士山の木下も五日に陸上へ戻るが、九日には松山藩へ貸与していた大江丸が沓尾に到着、戦力増強が図られている。

七月十日、木下は富士山、翔鶴が陸兵と協同して彦島を攻撃し、同時に大江丸が前田、壇ノ浦を攻撃して敵を挟撃する彦島攻略案を策定、望月を通じて小笠原へ上申した。しかし、小笠原は小倉に参陣している九州諸藩兵の消極姿勢を理由にこれを却下、木下が要望した軍艦を交代で戦域から離脱させて休養を取らせる案も退けた。木下はこれを不服として以後旅宿へ引き籠り、佐々倉が出勤を勧めても「頻りニ酒を飲ミ、不取敢」体となった(87)。相役の軍艦奉行勝安房守義邦（五月二十八日再任）は大坂にあり、木下の引き籠りにより小倉口の海軍指揮官は不在同然となった。

十三日には佐々倉が翔鶴を修理のために唐津呼子へ回航することと、木下を長崎へ移送することを上申し、平山の承諾を得たものの、この処置に富士山側が反発したため、翔鶴の呼子回航は、長崎で購入予定の蒸気艦（実際には既に購入済み）が小倉に到着するまで見合わせとなった。戦線の膠着は海軍方内にも不協和音を生んでいたのである。更に十六日に長崎の順動丸からの急報で、同艦は修理に六ヶ月を要し、応急修理も不可能であるため、乗員は横浜で購入予定の蒸気艦に転用すること、近々修理完了予定の長崎丸二番は江戸に派遣される旨が伝えられたが、十七日に長崎で購入された蒸気艦回天（七百十トン、外輪、船将柴誠一）が到着し(88)、ようやく翔鶴は長崎へ回航されることとなった。

戦況が動いたのは七月二十七日である。午前四時五十七分、彦島砲台が小倉を砲撃し、小倉砲台もこれに応戦、富士山、回天、飛龍丸も直ちに戦闘準備を整えた。この時、丙寅丸が突如出現、七時五分に幕府艦への砲撃を開始したが、富士山が接近すると逃走、富士山以下は彦島砲撃を続けた。この砲撃に長州勢は「進退不自由、応援の兵道をタ、レ(89)」と、かなり苦しめられたようである。七時四十分に丙寅丸が再び大里に出現し、幕府艦及び陸上砲台と交戦を始める。富士山と丙寅丸は互いに至近弾があったものの、特段の被害もないまま丙寅丸は撤退、富士山、回天も相次いで戦闘を停止し、飛龍丸のみ砲撃を続行した。九時四十分に再び長州艦（艦名不明）が出現したが、富士山が接近すると再び逃走した。十時二十分に回天から柴らが訪れ、富士山は台場を、回天は敵艦を攻撃することに決し、富士山は台場に乗寄せたが激流のため断念、以後、午後八時の小倉沖投錨まで断続的に彦島、大里の敵及び敵艦と交戦、回天は砲撃しつつ下関を通峡した。

その後大規模な海戦は起きなかったが、戦場外で状況は一変する。三十日に熊本藩兵が突如帰国したのである。[90]幕府軍は大いに動揺し、同日午後九時三十二分には小笠原が密かに富士山に来艦、長崎への出帆を命じた。実はこれに先立ち、七月二十日に将軍徳川家茂が大坂城で病没、密かに報を受けた小笠原は戦線維持を断念し、単身脱出を図ったのである。翌八月一日には小笠原の随員達も富士山に乗艦し、午前六時三十五分に長崎へ向け出帆、回天がこれに随伴した。方面指揮官と海軍の主力を一度に失った小倉では、参陣の諸藩兵が続々と帰国、孤軍となった小倉藩は小倉城を焼いて撤退、領内でのゲリラ戦に移行した。二日午前零時過ぎ、富士山と回天は長崎へ到着、小笠原は更に七日午後回天で隠密裏に大坂へ出帆、ここに海軍方の第二次幕長戦争は終結する。なお、富士山は木下らを乗せて十日に長崎を出帆、二十四日に江戸へ到着している。[91]また、小倉から豊後日田の天領に撤退した陸軍方を、長崎の軍艦で大坂まで輸送することも検討されたが[92]、上記のとおり、小笠原ら要人の便船に用いられたため実施には至らなかった。

第二次幕長戦争における海軍の行動は、輸送、上陸支援、対艦・対地戦闘の三つに大別され、開戦前は自艦への搭載及び、兵船曳航による兵員・物資の輸送、開戦後は上陸支援のための艦砲射撃に活躍した。大島口の戦いでは、小筒方で編成された陸戦隊が松山勢と共に上陸している。彼らは「マリニール（marinier）」とも呼ばれ[93]、陸戦や移乗白兵戦に従事する海兵隊の役割を担っていたことが分かる。[94]ただし、彼らは実際の戦闘に加わる前に船将の肥田と共に帰艦しており、陸戦隊による初の戦闘事例としての意義は、限定的なものに留まる。対艦戦闘は大島、小倉両方で行われたが、彼我共に特段の戦果はない。これは海軍力に劣る長州勢が正面からの海戦を避け、一撃離脱の奇襲策を用いたためであった。対地戦闘は陸戦の劣勢もあって海軍の主要行動となり、大島口で陸軍方を指揮した歩兵奉行河野守通、歩兵頭戸田勝強、小倉口の幕府軍を指揮した老中小笠原長行と、各級指揮官は海軍方の攻撃力に大きく依存していた。小倉口の戦いにおける台場攻撃では十分な戦果を得られなかったが、関門海峡は狭隘（最狭部は全幅約五百メートル）な上に潮流が激しく（最大九ノット）、現在でも海難事故多発海域として警戒されている海峡である。(95) 当時の船舶の性能、海軍方の術科能力を考えれば、この海域で軍艦を自在に動かすことは期待するべくもなかった。「幕府海軍は手抜きをした」というのは、必ずしも正当な評価とは言えない。

また、第二次幕長戦争は洋式化された幕府海陸軍が協同して作戦行動を取った最初の戦いでもあるが、(96) 大島では陸軍方との連係は円滑さを欠いたものだった。陸軍方、軍艦方の両方に指揮権を持つ四国方面指揮官京極高富は遠く松山にあり、大島口の戦いは、海陸両軍を統括する指揮官なしで海陸統合作戦を行う困難性を示す事例となった。

一方、この戦いを通じて幕府海軍自身の問題点も明らかになった。一つ目は軍艦運用である。対艦戦闘での低い戦果は、両軍とも複数の蒸気艦を擁しながら個艦戦闘に終始したこととも関係がある。単に同一海域で複数の艦船を展開して戦うだけで、フリート・アクションになるわけではない。実はこの問題には幕府海軍の通信能力も関係している。この戦いの中で、軍艦奉行や各船将は、戦闘中も意思伝達のため相互に僚艦を訪れ、あるいは一同が艦や陣所に参集している。現在のところ、長崎海軍伝習や軍艦操練所での船舶通信教育や、平常任務時での幕府艦船間の意思疎通手段がどのようなものであったかは不明であり、望月も富士山をはじめとする幕府艦船の信号通信の有無について触れていないため、ここでは可能性の提示に留めるが、これは当時世界的には船舶間の通信手段として最も有効だった旗旒信号が、幕府海軍で用いられていなかったことを暗示している。(97) 海軍方はまだフリート・アクション能力を獲得していなかったのである。

二つ目が組織の未成熟である。富士山船将は小倉回航時に肥田から望月に交代するが、その理由は肥田の死傷でも罷免でもなく、肥田の軍艦購入任務のためだった。もちろんそれは口実で事実上更迭された可能性もあるが、肥田は第二次幕長戦争後も軍艦役、軍艦頭並、軍艦頭と、船将系統で順調に昇進しており[98]、この船将交代劇が肥田の更迭によるものとは考えにくい。戦闘行動の最中に主力艦の船将を行政上の任務で陸上へ上げるというのは、やはり異常な処置と言うべきだろう。また、小倉では老中小笠原長行の消極姿勢を不服として、軍艦奉行木下利義が引き籠る事態が起きるが、先任船将の望月が指揮権を引き継ぐことも、在坂の軍艦奉行勝義邦あるいは奉行並の藤澤志摩守次謙《つぐよし》（一八三五～一八八一）が海軍指揮官として派遣されることもなく、目付平山謙二郎が諸事船将の相談に応じるという曖昧な形で海軍指揮が行われた。こうした指揮系統上の問題は、実戦を通じて初めて明るみになったものである。

三つ目が元治・慶応期における海軍建設路線の問題である。第二次幕長戦争には幕府艦船七隻に松江藩・小倉藩の各一隻が参加したが、このうち正規軍艦は富士山、回天の二隻である。小倉口のような砲火の激しい戦場において、商船転用の艦船は行動が制限されたため、七月以降、戦闘の中心となったのは富士山、回天の二隻だった。輸送力重視の海軍建設は、「海軍と海運の一致」を主張する勝の台頭により具現化したが、軍艦と商船の未分化時代が終焉していた当時では[99]、もはや実効的な海軍力とはなり得なかったのである。

おわりに

以上、元治・慶応期の海軍建設について検討した。幹部人事では、文久期までと同様、海軍士官としての経歴を有さない高級幕吏が軍艦奉行に就く傾向が続くが、その一方で、主に海軍で経歴を重ねてきた士官・吏員が、軍艦奉行並以下の中堅ポストに登用されるようになっており、慶応期にはこの中から軍艦奉行に昇る者も現れた。これは安政期以来取り組まれてきた要員養成の一つの到達点を示すものである。また、陪臣、厄介の任用も数を増し、全国から人材を集める体制が作られていった。彼らに要する人件費を抑制するため、その多くは新規召出ではなく出役の形をとったが、それはかえって個人の能力に基づく士官任用という、近代軍隊制度の原理を実質的に認める、いわば怪我の功名とも言うべき結果をもたらした。こうして幕府海軍はこの時期、近代海軍としての要件を漸進的に整えていく。

一方、文久期までの海軍建設からの変化も生じた。木村喜毅が軍艦奉行を辞職した後に海軍の実権を握った勝麟太郎は、正規軍艦の購入という従来の海軍力整備から、中古商船の大量購入へと路線を変更する。それは要人の移動あるいは兵員・物資の輸送手段としての海軍力の機能を重視したものであった。また、船舶数増加に伴い、石炭確保の取り組みも活発化してゆく。第五章で述べた、対馬藩による朝鮮通交関係刷新運動への関与や、神戸海軍操練所創設で見せた勝の海軍運用構想は、海軍力整備の目的を沿岸防備能力の強化から、外洋での活動へと変化させていく。ただし、勝の失脚によりその期間は極めて短いものとなり、神戸海軍操練所は実質的な成果を生むことなく終焉することとなった。

幕府海軍が実質的に初めて実戦に投入された第二次幕長戦争では、海軍方は開戦当初から兵員輸送、上陸支援、対艦戦闘に従事し、大島口、小倉口で活躍する。その戦闘力は小笠原長行、河野守通ら方面司令官、前線指揮官から大いに頼みとされ、一時は戦況を挽回する原動力となったが、全体的な陸戦の劣勢を覆すには至らなかった。また、初めて実戦を経験することにより、統一指揮官のない海陸統合作戦の実施困難性、フリート・アクション能力の欠如、海軍方の組織としての未成熟、更には砲火の激しい戦場において、中古商船から転用した艦船は運用に耐えないという現実が明らかになり、嘉永期以来、しばしば複数の論者によって唱えられ、元治期に勝が施策化した

「海軍と海運の一致」という海軍構想がもはや実効性を持った海軍力整備とはなり得ないことが明らかとなった。ここに、日本においてのみ概念的に続いてきた軍艦と商船の未分化時代に終止符が打たれる。小倉口進出にあたり、望月が下した「商売船之事ニ候得者、下ノ関乗貫ケ之義出来いたす間敷候[100]」という順動丸への評価は、日本における軍艦・商船未分化時代の終焉を告げたのである。

将軍が遠征先で陣没するという、江戸幕府開闢以来の異常事態の中、徳川宗家、次いで将軍職を継承した一橋慶喜が長州藩と停戦することで、第二次幕長戦争は終結する。その後新将軍徳川慶喜主導下で進められ慶応の改革において、幕府海軍の制度建設は最終段階を迎えることとなる。

註

（1）例えば高輪真澄「木村喜毅と文久軍制改革」（『史学』五十七巻四号、一九八八年三月）。ただし、その区別は「征長戦争などで国家としてではなく、幕府としての海軍の必要が高まってくる」といった漠然としたもので、編成、運用に係る具体的な違いは提示されていない。

（2）現在「神戸海軍操練所」が一般的となっているこの組織の名称は、短期間で廃止されたこともあり、「海軍操練所」、「神戸操練局」、「神戸海軍局」、「神戸表軍艦操練所」など一次史料でも一定しない。本章では「神戸海軍操練所」もしくは単に「神戸操練所」と称する。

（3）例えば松浦玲『勝海舟』（筑摩書房、二〇一〇年）二一一〜二一三頁。

（4）海軍歴史保存会編『日本海軍史』（第一法規出版、一九九五年）一巻、二七〜二九頁。

（5）羽場俊秀「神戸海軍操練所の設立に関する一考察」（『軍事史学』六十三号、一九八〇年十二月）。

（6）神谷大介『幕末期軍事技術の基盤形成』（岩田書院、二〇一三年）三五七頁。

（7）主なものを挙げると田中彰『幕末の長州』（中央公論社、一九六五年）、石井孝『増訂明治維新の国際的環境』（吉川弘文館、一九六六年）、家近良樹『幕末政治と倒幕運動』（吉川弘文館、一九九五年）、井上勲『王政復古』（中央公論社、一九九一年）、古川薫『幕末長州藩の攘夷戦争』（中央公論社、一九九六年）、高木不二「第二次幕長戦争期の越前藩と薩摩藩」（『史学』六十八巻一・

二号、一九九九年一月)、青山忠正『明治維新と国家形成』(吉川弘文館、二〇〇〇年)、久住真也『幕長戦争と徳川将軍』(岩田書院、二〇〇五年)など。

(8) 篠原宏『海軍創設史』(一九八六年、リブロポート)、『日本海軍史』一巻など。

(9) 野口武彦『幕府歩兵隊』(中央公論社、二〇〇二年)、同『長州戦争』(中央公論社、二〇〇六年)。

(10) 野口『長州戦争』二一四～二一五頁。

(11) 末松謙澄『修訂防長回天史』(東京国文館、一九一三年)第五編、堀内信編『南紀徳川史 13巻』(名著出版、一九七一年)、鈴木棠三、小池章太郎編『藤岡屋日記 十四巻』(一九九四年、三一書房)、八王子市郷土資料館編『八王子千人同心関係史料集 第8集』(二〇〇一年)、「浦靭負日記」(山口県編『山口県史 史料編 幕末維新三』二〇〇七年)など。

(12) 望月大象「富士山艦長望月大象、長州征伐日記」(仲田正之編『近世史料 補遺―韮山町史別篇資料集五―』韮山町史刊行委員会、一九九八年)。なお、『韮山町史』編纂時、望月の子孫宅に残されていたのは、同日記のうち、「三番」と記された竪帳一冊のみであり、その他は現在も所在不明である。

(13) なお、軍艦方の通称は慶応二年七月に軍艦操練所が海軍所と改称されたのに伴い「海軍方」に変わっている。「御軍艦所之留」(国立公文書館所蔵多聞櫓文書、国立公文書館デジタルアーカイブ)二〇三～二〇七コマ。

(14) 『大日本近世史料 柳営補任 五』(東京大学出版会、一九六四年)一九六～一九九頁。

(15) 同上 二〇五～二〇六頁。

(16) 『柳営補任 三』一三三、三四二、『柳営補任 四』一〇七、『柳営補任 六』一五頁。

(17) 『柳営補任 五』二一六頁。

(18) 佐藤政養遺墨研究会編『政養佐藤与之助資料集』(佐藤政養先生顕彰会、一九七五年)二～三、二九一～二九五頁。

(19) 「御軍艦所之留」六～七コマ。

(20) 同上 八～九コマ。

(21) 同上 一四三～一四五コマ。

(22) 同上 一三三～一三八コマ。

(23) 樋口雄彦『沼津兵学校の研究』(吉川弘文館、二〇〇七年)六九～七一頁。

(24) 「御軍艦所之留」一六五～一七〇コマ。

(25) 一人扶持は一日あたり五合を基礎とし、月俸一斗五升、年俸にすると一石八斗が支給された。これは蔵米取りの御家人の高五石に相当する。

(26) 宮崎ふみ子「蕃書調所＝開成所における陪臣使用問題」(『東京大学史紀要』二号、一九七九年三月。家近良樹編『幕末維新論集3　幕政改革』吉川弘文館、二〇〇一年に再録)。

(27) サミュエル・ハンチントン『軍人と国家　上』市川良一訳（原書房、一九七八年）一九頁。

(28) 安政五年（一八五八）七月、日英修好通商条約締結のため来日した英国使節エルギン伯爵（James Bruce, 8th Earl of Elgin and 12th Earl of Kincardine, 一八一一〜一八六三）が女王の名において将軍に贈呈したもの。構造が堅牢であったため幕府は軍艦として扱った。

(29) 「海舟日記」（東京都江戸東京博物館蔵『勝海舟関係文書』）文久二年九月九日条。なお、全文は以下のとおりである。

春嶽殿、周防殿、和泉殿江蟠龍船十一月頃ニは御修覆落成すへきと申上る、命に云、急ニ落成すへからさるや、十月頃充らるへき御用あり、御間に合へきや、且、神奈川に買船あるの聞あり、如何と、心当りの商船有之を云、且申、当今海軍にあらされは兵備立かたきの御着眼あり、若上官船を以て遠路に航し給ハんに軍艦に限きるへからす、商船たりともまた佳ならんか、且本邦いまた軍艦の名あるも実地の備充実せす、また海路を以て上官高位の航せられし事なし、然るを今蒸気船を以て其御用途に充られんに於ては、軍艦ならすと《(ママ)》共尤佳なるへく、且旧染御一洗の挙とも申へくか云々と申、又命あり、明日金川江赴き、買船一見し其良否を極むへしとなり

(30) 「御軍艦所之留」二二一〜二二七コマ。当該部分は次のとおりである。

是迄軍艦、送船とも丸と申文字下タへ来候得とも、左候ては軍艦、運送船の区別相立不申差支候品も有之、御船号を唱候得は忽ち運送船分り易き様仕度候間、以来軍艦は丸の文字相脱し観光とのみ相唱、運送船は丸文字相存し置候様可仕奉存候

(31) 勝海舟全集刊行会編『勝海舟全集10　海軍歴史Ⅲ』（講談社、一九七四年）三七二〜三七七頁、神谷「幕末期における石炭供給体制の展開と相州浦賀湊」。

(32) 中岡哲郎ほか編『新体系日本史11　産業技術史』（山川出版社、二〇〇一年）九九頁。

(33) 竹川竹斎「護国後論」（竹川裕久氏蔵。なお、三重県飯南郡教育会編『竹川竹斎翁』（一九一五年）にも所収）。

(34) 金光男「幕末九州の石炭開発に関する一考察」（『ユーラシア研究』五巻三号、二〇〇八年十二月）。

(35) 価格変動が激しく塩田経営を圧迫していた薪、松葉などに比べて価格が安定し、火力が強く一気に塩を焚き上げることができる

石炭は製塩用燃料として普及、十九世紀前半には播州赤穂に達した。山下恭『近世後期瀬戸内塩業史の研究』(思文閣出版、二〇〇六年）一六三頁。

(36) 有田辰男「幕末・維新期の石炭産業の一側面」(『経営と経済』四十九巻二号、一九六九年七月)。

(37) 金「幕末九州の石炭開発に関する一考察」。この時期の政治状況を考えると、幕府が西南諸藩を統制して石炭販売を独占することは不可能だっただろう。

(38) 春日豊「北海道石炭業の技術と労働」(国際連合大学編『国連大学人間と社会の開発プログラム研究報告』一九八一年)。

(39)『いわき市史　別巻　常磐炭田史』(一九八九年、いわき市）三一〜三五、五二頁。

(40)『横浜市史　補巻』(横浜市、一九八二年）一五九〜一六〇、一六六頁。

(41) 同上　一六九〜一七〇頁。

(42) 神谷『幕末期軍事技術の基盤形成』三三九頁。

(43)『いわき市史　別巻』六一頁。

(44) 同上　三三四頁。

(45) 同上　三三頁。

(46)『新修神戸市史　歴史編Ⅲ近世』(一九九二年、神戸市）七八一〜七八六頁。

(47)『勝海舟全集二　書簡と建言』二六四〜二六六頁。

(48)『勝海舟全集別巻　来簡と資料』六八三〜六八五頁。

(49)「海舟日記」文久三年四月二十三日条。

(50) 同上　文久三年四月二十四日条。

(51) 同上　文久三年四月二十七日条。

(52) 同上　文久三年五月二十二日条。

(53) 同上　文久三年六月五日条。

(54) 同上　文久三年九月二十五日条。

(55)『書簡と建言』二六六〜二六七頁。

(56)「海舟日記」元治元年四月十六日条。

(57)『政養佐藤与之助資料集』八頁。
(58)『来簡と資料』六八七〜六九〇頁。
(59)原文は以下のとおりである。
若我国三、四隊之軍艦あらば、自国之応接一隊を残し、一隊は彼が護送を半途に妨げ、一隊は其所属空虚之地を攻撃せば、彼が三所之軍隊戦機を失し、自から裏崩れして引かざる事を不得、弾薬、石炭減少して狼狽せむ。軍艦数隻ある共、何之恐れあらん哉。或は半途に破摧し、上岸をば束縛、踵を廻らすべからず。此故に、海国之武備は海軍より急なるはなく、護国之要は出征より良方には無き所以に御座候
(60)「海舟日記」元治元年四月十六日条。
(61)同上　元治元年九月十九日条。
(62)『政養佐藤与之助資料集』一五頁。
(63)同上　一四頁。
(64)「御軍艦所之留」一二六〜一二七コマ。
(65)『水戸藩史料　下編全』(吉川弘文館、一九一五年)八一六〜八一七、八二一、八四〇〜八四一頁。
(66)久住『幕長戦争と徳川将軍』八〜九頁。
(67)「富士山艦長望月大象、長州征伐日記」一二三頁。以後、特に断りのない限り経過概要は同日記による。
(68)秋政久裕「長州戦争と幕府海軍」(広島城編『長州戦争と広島　展示図録』二〇一三年)。
(69)野口『幕府歩兵隊』一一一頁。
(70)『八王子千人同心関係史料集　第8集』三六頁。
(71)「浦靱負日記」九〇九頁。
(72)三宅『幕長戦争』六二頁。
(73)『海軍歴史Ⅲ』二二二頁。
(74)小野友五郎「先祖書」(広島県立文書館蔵『東京府日本橋区　小野友五郎家文書』)。
(75)末松『修訂防長回天史』第五編中八、四〇八頁。
(76)『修訂防長回天史』第五編中八、四一六頁。

(77) 野口『幕長戦争』一六六頁。
(78) 長州藩の海軍建設については、川口雅昭「三田尻海軍学校の教育」(『広島大学教育学部紀要第一部』二十七号、一九七八年三月)、小川亜弥子「幕末期長州藩の洋学と海軍創設」(有元正雄先生退官記念論文集刊行会編『近世近代の社会と民衆』清文堂出版、一九九三年)、熊谷光久「毛利家海軍士官の養成」(『軍事史学』百三十七号、一九九九年六月)を参照。
(79) 三宅『幕長戦争』八八頁。
(80) 同上 四九四〜四九五頁。
(81) 「富士山艦長望月大象、長州征伐日記」一三二頁。
(82) 「御軍艦所之留」一九八〜二〇四コマ。
(83) 末松『修訂防長回天史』六一九頁。
(84) 三宅『幕長戦争』二二一頁。
(85) 「御軍艦所之留(慶応三年)」一四一〜一四五、二〇〇〜二〇五コマ。
(86) 同上 二二一〜二二三頁。
(87) 「富士山艦長望月大象、長州征伐日記」一四七頁。
(88) 回天は、修理・再武装を施された上で長崎に回航されていたプロイセンの退役軍艦で、長崎奉行服部常純が十八万六千ドルで購入、第二次幕長戦争に際して長崎奉行所から海軍方へ転籍したものである。荒井郁之助「回天丸」(『旧幕府』三巻三号、一八九九年三月)を参照。
(89) 三宅『幕長戦争』二二三頁。
(90) 熊本勢は参陣以来力戦を続けていたが、小笠原長行の消極姿勢に不信感を募らせていたようである。『藤岡屋日記』十四巻、一二五〜一二七頁を参照。
(91) 慶應義塾図書館編『木村摂津守喜毅日記』(塙書房、一九七七年)三三九頁。
(92) 『八王子千人同心関係史料集 第8集』四四頁。
(93) 「富士山艦長望月大象、長州征伐日記」一二五頁。
(94) 海兵隊は艦艇乗組の、もしくは海軍力と協同して作戦行動をとる兵士である。元来は艦内の治安維持、移乗白兵戦、上陸戦に従事する歩兵であったが、数世紀の間にその組織は所要の変化に合わせて発達し、その有用性が証明されていく中で現在は多様な特殊任務に従事する軍種となっている。Spencer C. Tucker, John C. Fredriksen, and James C. Bradford, *Naval Warfare: An International Encyclopedia* (Santa Barbara, Ca.: ABC-CLIO, 2002), 'Marines' の項を参照。

(95) 長谷川健二・平野研一『地文航法』(海文堂、一九九三年)二七六頁。

(96) 陸軍方は元治元年の天狗党の乱で実戦を経験している。野口『幕府歩兵隊』七九〜八九頁。

(97) イタリアのマルコーニ(Guglielmo Marconi, 一八七四〜一九三七)が無線電信を発明するのは一八九六年、更にこれが初めて船舶間で使用されたのは一八九九年のイギリス海軍による艦隊演習においてである。青木栄一『シー・パワーの世界史②』(出版協同社、一九八三年)八一頁。

(98) 『柳営補任　五』二一三〜二一四頁。

(99) 十六世紀初頭まで艦載砲は戦時仮設物である船楼に据えられていたため商船の軍艦転用は容易だったが、大砲の大型化により従来貨物艙に用いられていた上甲板の下部に砲甲板が設けられるようになり、戦闘を目的とする軍艦と物資輸送を目的とする商船との間に船体構造上の分化が始まる。更に十九世紀に入ると大砲の飛躍的な進歩、装鉄艦、鋼鉄艦の登場によりその流れは一気に加速した。青木栄一『シー・パワーの世界史①』(出版協同社、一九八二年)六六〜七一頁及び同『シー・パワーの世界史②』五五〜七三頁を参照。

(100) 「富士山艦長望月大象、長州征伐日記」一三六頁。

第七章　慶応の改革と幕府海軍の解体

はじめに

第二次幕長戦争の敗北、将軍徳川家茂の陣没という異常事態の中、幕府は後世「慶応の改革」と称される幕政改革を開始する。慶応二年十二月に始まったこの改革では、幕閣制度の変更や大幅な人材登用が行われる一方で(1)、第二次幕長戦争で失墜した幕府の武威を回復させるための軍制改革が進められ、文久の改革で挫折した海軍でも人事制度が整備された。

慶応の改革は近世国家から近代国家への転換を図った画期として従来から注目され、絶対主義への志向(2)、フランスの援助に頼った買弁政権(3)など、様々な視点からの評価が試みられてきたが、未だ一定を見ない。改革の一角を担った軍制改革についても、保谷（熊澤）徹氏の研究を中心に議論が積み上げられてきたもの(4)の、海軍に関しては職制や艦艇導入に触れられているのみであり(5)、人事の実態、軍制改革上の意義などの議論は長らく等閑視されてきた。近年、多聞櫓文書を駆使した水上たかね氏の意欲的な研究が提示され、未解明部分の多かった当該時期の士官制度に関する研究が大きく進捗したが、水上氏の視点は幕府制度史からのものであり、軍事組織、近代海軍としての幕府海軍評価については、なお検討の余地がある(6)。

慶応の改革は慶応三年十二月の王政復古による幕府廃止、翌年一月の鳥羽・伏見の戦いによる徳川政権の崩壊で挫折するが、この間の海軍方の運用については、阿波沖海戦など一部の戦闘について言及されているもの(7)の、総体的な分析は未だに行われていない。特に第二次幕長戦争に続く武力衝突事態となった鳥羽・伏見の戦において、幕府の海軍力がどのように用いられたかは、慶応の改革における海軍建設の成果を評価する上で重要な要素であると同時に、安政期以来進められてきた近代海軍建設事業そのものの評価にも関わる。

また、幕府から明治政府への人員の移動も重要な問題である。明治政府の実務官僚に多くの旧幕臣が登用されてきたことは、これまでもしばしば指摘され(8)、幕府陸海軍から明治陸海軍への人的連続性に言及した研究もあるが(9)、これらは他省と横並びに官等などの基準で兵部省、陸・海軍省を分析しているため、軍隊特有の人事制度を十分に反映していない面があると言わざるを得ない。

そこで本章では、慶応の改革における海軍建設の状況、鳥羽・伏見の戦いにおける海軍の動向、幕府瓦解に伴う海軍方解体と新政府への移管について検討する。慶応の改革から幕府終焉に至るまでの約一年半は史料上の制約が最も厳しい時期である。特に職制の改編はめまぐるしく、一次史料上でもかなりの混乱が生じている。幕末期に勘定奉行、大目付などを歴任した根岸肥前守衛奮《もりいさむ》（一八二一〜一八七六）の著した幕吏任免記録『柳営補任』は、幕府人事を見る上での基本史料であるが、幕末期は遺漏が多く、海軍関係では下級士官の全貌をつかめないなどの問題がある。本章では国立公文書館所蔵の幕府海軍関係史料(10)を中心に、海軍人事の全容解明を試みると共に、勝義邦、木村喜毅らの個人史料でその欠落を補うものである。

なお、本書ではこれまで軍艦方、海軍方の包括的名称として「幕府海軍」を用いてきたが、幕府廃止後についてはこれを旧幕府海軍と称することとする。

1　慶応の改革における海軍建設

海軍の役職は、安政六年二月に軍艦方の責任者として軍艦奉行が、同年九月に次席の軍艦奉行並が新設されたのを皮切りに、文久元年七月に船将配置として軍艦頭取が、同二年十月に吏員配置として軍艦奉行支配組頭が置かれる。外国の海軍制度に倣った階級導入が文久の改革で見送られたのは、既に第四章で見たとおりであるが、慶応の改革に先立ち、慶応元年七月に軍艦奉行の上位職として海軍奉行（役高五千石）、同二年八月に海軍奉行並（役高三千石）が置かれ、大関肥後守増裕（一八三八～一八六八。黒羽藩主）、小笠原筑後守長常（生没年不詳、三千石、隠居）がそれぞれ就任する。海軍に先行して、文久二年十二月には陸軍奉行（役高五千石）が置かれており、海軍奉行の新設は、軍艦方の要望する士官ポストの増設に陸軍との釣り合いが優先された結果であった。慶応の改革が開始されると、船将系の士官職階が細分化されるとともに、格の引き上げが行われる。海軍方史料を中心に、改革開始前からの職制の推移をまとめたのが【表7―1】である。

慶応二年十月、フリゲート、コルベット及び一等蒸気船の船将を勤め、外国海軍の大佐に相当する軍艦頭、三・四等蒸気船の船将及びフリゲートの先任士官となり、同じく大尉に相当する軍艦役、これに次ぐ軍艦役勤方が新たに設けられた。翌年二月七日には軍艦頭に次ぐ階級として軍艦頭並が置かれ、軍艦役肥田浜五郎、同伴鉄太郎が昇格する。また、慶応三年五月に沢太郎左衛門（一八三四～一八九八）が富士見宝蔵番格軍艦役並勤方に任じられていることから[11]、少なくともその頃までには、軍艦役の下に軍艦役並、軍艦役並勤方が設けられていたことがわかる。軍艦頭取に比べ、これらの新設職の格が引き上げられていることは役高から一目瞭然であるが、もう一つの判断材料は、船将職の最高位である軍艦頭が諸大夫役とされた点である。

【表7-1】幕府海軍職制の推移

慶応の改革開始前の職階・役高等			慶応3年1月の役名変更時の職階・役高等	
軍艦頭取	二丸留守居格		軍艦頭	2千石、諸大夫役
	両番上席	300俵	軍艦役	400俵
	両番格	200俵	軍艦役勤方	100俵
	小十人格	150俵	軍艦組	
	富士見宝蔵番格		軍艦組勤方	
	出役	15人扶持	軍艦組出役	等級に応じて出役扶持
軍艦組	両番格		軍艦組当分出役	
	大番格		軍艦役勤方以下には身分に応じて両番上席、両番格、大番格、小十人格、富士見宝蔵番格、諸組与力格、諸組同心上席などの別を置き、1等～3等の等級に分けられた（役扶持は慶応の改革開始前と同じ）。	
	小十人格	100俵持扶持		
	富士見宝蔵番格	80俵持扶持		
	諸組与力格	50俵持扶持		
	諸組同心上席	30俵2人扶持		
	出役・当分出役	1等：10人扶持 2等： 7人扶持 3等： 5人扶持		

（「軍艦所之留」、「慶応四年正月至三月　海軍御用留」などより作成）

江戸幕府は徳川氏の「武威」を統治の根拠とすると同時に、朝廷の官位によって政権の権威付けを行っていた。武家社会における官位の頂点は将軍であり、武家の中では唯一、律令官制における大臣に任ぜられる。以下、将軍家との親疎、家禄の多寡などに応じて官位が授けられた[12]。近世武家社会の格式を計る上で、官位の要素は大きく、寛永四年（一六六四）の例を挙げると、当時の武家人口約百五十万人のうち、官位を有したのは五百十九人、全体の〇・〇三五％に過ぎなかった[13]。幕府内で旗本が就任する役職のうち、従五位下（諸大夫）に叙任される「諸大夫役」は江戸時代を通じて二十八（これと別に就任後に叙任される役職が三）であり、大目付、町奉行などの要職がこれに該当した。例えば、浦賀奉行は享保五年（一七二〇）の設置以来、諸大夫役の一段下の格式である「布衣《ほい》役」[14]であったが、外国船来航を契機にその重要性が高まり、弘化四年（一八四七）年七月に諸大夫役へ昇格している[15]。

慶応二年十月、砲兵頭から最初の軍艦頭に任ぜられた矢田堀景蔵は諸大夫に叙され、讃岐守と称した。矢田堀以降の軍艦頭四名は、徳川家家臣の官位が停止された後の就任であるため、実際に叙任されることはなかったが、軍艦頭が諸大夫役とされたことは、幕府海軍の士官待遇改善の象徴的な出来事であった。これと時を同じくして、慶応二年十一月に海軍奉行並が役高三千石から五千石へ、慶応三年一月に軍艦奉行が役高二千石、外国奉行次席から役高三千石、町奉行次席へ、軍艦奉行並が役高千石、留守居上席から役高二千石、新潟奉行次席へ格上げされている。

次に具体的な人事の状況を見る。海軍方の幹部人事は、慶応元年七月から海軍奉行の任にある大関肥後守増裕、軍艦奉行に木下大内記利義、勝安房守義邦が引き続きその任にあたっている。第六章で見たとおり木下は、第二次幕長戦争における小倉口の戦いで、方面指揮官小笠原長行の消極姿勢を不服として、旅宿に引き籠って海軍方の指揮を放棄する事件を起こしているが、戦後、特に処分されることもなく職に留まっている。

【表7−2】は海軍方幹部の一覧である。慶応期に新設された海軍奉行、海軍奉行並には大名及び高級旗本が就任しているが、ほとんどは幕府の様々な役職で経歴を重ねてきた行政官であり、海軍の専門家ではない。最後の海軍奉行並は海軍士官である勝義邦だが、これは鳥羽・伏見の戦い後の大規模な人事刷新の一環であり、後節で触れる。こうした海軍人事の傾向は、文久期における軍艦奉行の位置づけと類似している。代りに軍艦奉行及び軍艦奉行並は、士官や吏員として海軍に携わってきた者が、その半数を占めるようになる。より高位の職位として新設された海軍奉行、海軍奉行並に大名ないし高級旗本を以て充てることで、より実務的・専門的な配置となった軍艦奉行、軍艦奉行並に、安政期以来、海軍実務に携わってきた士官・吏員が充てられ、結果的に彼らの身分が引き上げられることとなったのである。

また、【表7−3】は慶応二年十月二十四日に一斉に行われた、海軍方の船将級人事である。船将要員として海軍創設に参画し、文久期には軍艦奉行並に昇った矢田堀が軍艦頭に充てられたのは順当であるが、それ以外の十名は全員将軍への拝謁権を持たない御目見以下の出自で、長崎海軍伝習以来の基幹要員ながら、身分が障害となり十分

【表7-2】第2次幕長戦争以降の海軍方幹部一覧

氏名（禄高）	在任期間	前　職	後　職	主要経歴
海軍奉行（役高5,000石）				
大関肥後守増裕（1万8,000石）	慶応元.7.8〜4.1.23	柳之間詰	在職中死去	黒羽藩主。講武所奉行、陸軍奉行
京極主膳正高富（1万1,000石）	慶応3.12.2〜4.1.23	若年寄より兼帯	御役御免若年寄専任	峰山藩主。大番頭、大坂定番
海軍奉行並（役高3,000石、次いで5,000石）				
小笠原筑後守長常（3,000石、隠居）	慶応2.8.5〜2.11.15	陸軍奉行並	御役御免	大目付、勘定奉行、町奉行、書院番頭、神奈川奉行
小栗上野介忠順（1,700石）	慶応2.8.11〜4.1.15	勘定奉行より兼帯	御役御免勤仕並寄合	外国奉行、歩兵奉行、陸軍奉行並、**軍艦奉行**
菅沼左近将監定長（7,000石）	慶応2.10.15〜3.4.27	大番頭	御役御免（仏国留学）	大坂城在番
土岐肥前守頼徳（3,500石）	慶応2.11.15〜4.1.28	大番頭	御役御免勤仕並寄合	書院番頭、神奈川奉行
駒井甲斐守朝温（1,800石）	慶応2.12.3〜3.1.19	大目付兼陸軍奉行並	陸軍奉行並	目付、歩兵頭、歩兵奉行、講武所奉行並、勘定奉行
織田宮内大輔信愛（2,700石）	慶応3.1.19〜4.1.28	陸軍奉行並	高家	表高家柳之間席、高家
服部筑前守常純（600石）	慶応3.5.-〜4.1.28	勘定奉行	側衆	目付兼講武所頭取、小納戸頭取、長崎奉行
稲垣若狭守太清（1万3,000石）	慶応3.12.2〜4.1.8	菊之間縁頬詰	御役御免	山上藩主。大番頭、大坂定番
勝安房守義邦（100俵）	慶応4.1.17〜4.1.23	**軍艦奉行**	陸軍総裁	**長崎海軍伝習、軍艦頭取、軍艦奉行並、軍艦奉行**
軍艦奉行（役高2,000石、次いで3,000石）				
木下大内記利義（2千石、部屋住）	慶応元.2.2〜3.6.17	**軍艦奉行並**	辞任	**長崎海軍伝習、軍艦頭取**※外国奉行、大目付兼任
勝安房守義邦（100俵）	慶応2.5.28〜4.1.17	寄合	**海軍奉行並**	**長崎海軍伝習、軍艦頭取、軍艦奉行並、軍艦奉行**
藤澤志摩守次謙（1500石）	慶応2.10.15〜3.1.19	**軍艦奉行並**	歩兵奉行	講武所頭取、歩兵頭、歩兵奉行並
木村兵庫頭喜毅（200俵）	慶応3.6.24〜4.2.19	**軍艦奉行並**	**海軍所頭取**	**目付（長崎海軍伝習御用）、軍艦奉行並、軍艦奉行**
赤松播磨守範静（3,015石、部屋住）	慶応3.10.14〜4.2.19	**軍艦奉行並**	辞任	中奥番、歩兵頭並、二丸留守居、目付
軍艦奉行並（役高1,000石、次いで2,000石）				
藤澤志摩守次謙（1,500石）	慶応元.7.8〜2.10.15	寄合	**軍艦奉行**	講武所頭取、歩兵頭、歩兵奉行並
木村兵庫頭喜毅（200石）	慶応2.7.26〜3.6.24	寄合	**軍艦奉行**	**目付（長崎海軍伝習御用）、軍艦奉行並、軍艦奉行**
池田可軒長発（600石、隠居）	慶応3.1.19〜4.2.19	隠居	辞任	小十人頭、目付、火付盗賊改、京都町奉行、外国奉行
赤松左京範静（3,015石）	慶応3.2.21〜3.10.14	目付	**軍艦奉行**	中奥番、歩兵頭並、二丸留守居、目付
矢田堀讃岐守鴻（100俵）	慶応3.9.19〜4.1.28	**軍艦頭**	**海軍総裁**	**長崎海軍伝習、軍艦頭取、軍艦奉行並**、砲兵組之頭

（『柳営補任』、日本歴史学会編『明治維新人名辞典』、「海舟日記」より作成）
※太字は海軍関係役職

【表7-3】慶応2年10月24日の船将級人事

	氏　名	前　職	主要経歴
軍艦頭	矢田堀景蔵（就任後、讃岐守）	砲兵頭	嘉永6年学問吟味及第、小十人組、長崎海軍伝習（1期）、大番・軍艦操練教授方頭取出役、両番格軍艦頭取、小笠原諸島開拓調査（朝陽丸船将）、二丸留守居格軍艦頭取、小笠原長行率兵上京（朝陽丸船将）、軍艦奉行並、砲兵組之頭。慶応3年9月19日軍艦奉行並
軍艦役	肥田為五郎	両番上席軍艦頭取	普請役格鉄砲方手代見習、長崎海軍伝習（2期）、軍艦操練教授方出役、米国派遣（万延元年）、富士見宝蔵番格軍艦頭取、小十人格軍艦頭取、徳川家茂上洛御用（翔鶴丸船将）、両番格軍艦頭取、和蘭派遣（慶応元年）、第2次幕長戦争従軍（富士山船将）。慶応3年2月7日軍艦頭並
	伴鉄太郎	両番上席軍艦頭取	御徒、箱館奉行支配調役並、長崎海軍伝習（2期）、軍艦操練教授方助合、同教授方出役、同教授方頭取出役、米国派遣（万延元年）、小十人組、小十人格、次いで両番上席軍艦頭取、徳川家茂上洛御用（朝陽丸船将）、開成所取締役。慶応3年2月7日軍艦頭並
大番格軍艦役勤方	浜口興右衛門	小十人組	浦賀奉行組同心、長崎海軍伝習（1期）、軍艦操練教授方出役、米国派遣（万延元年）、諸組与力格軍艦組、徳川家茂上洛御用（蟠龍丸船将）
	望月大象	小十人格軍艦頭取	普請役格鉄砲方手代、長崎海軍伝習（2期）、軍艦操練教授方出役、諸組与力格軍艦組、江戸内海測量御用、第2次幕長戦争従軍（富士山船将）。慶応3年2月22日軍艦役
	安井完治（旧名畑蔵）	小十人格軍艦頭取	与力次席鉄砲方手代、長崎海軍伝習（2期）、軍艦操練教授方出役、軍艦組、八丈島派遣（翔鶴丸船将）。慶応3年7月16日軍艦役
	鈴藤勇次郎	小十人格軍艦頭取	鉄砲方手代、長崎海軍伝習（1期）、軍艦操練教授方出役、米国派遣（万延元年）、小十人格軍艦組。慶応4年1月8日軍艦役
	福岡久右衛門（旧名金吾）	小十人格軍艦頭取	天文方手付、長崎海軍伝習（2期）、天璋院御広敷添番・軍艦操練教授方出役、長崎派遣（蟠龍丸船将）。慶応4年1月8日軍艦役
	根津勢吉（旧名欽次郎）	小十人格軍艦頭取	小普請組、長崎海軍伝習（3期）、軍艦操練教授方手伝、米国派遣（万延元年）、小十人格軍艦組、開陽運用方。慶応4年？軍艦役
	松岡磐吉	不詳	与力次席鉄砲方手代、長崎海軍伝習（2期）、軍艦操練教授方出役、米国派遣（万延元年）、軍艦組、第2次幕長戦争従軍（大江丸船将）。慶応4年？軍艦役
	柴誠一	長崎奉行支配調役並	与力次席鉄砲方手代、長崎海軍伝習（2期）、諸組与力格軍艦組、富士見宝蔵番格軍艦組、第2次幕長戦争従軍（長崎丸二番及び回天船将）。慶応3年3月24日軍艦役

（「慶応四年正月至三月　海軍御用留」、『柳営補任』、『明治維新人名辞典』より作成）

な抜擢を受けてこなかった者達である。「勤方」は本来定員外の配置を表す言葉で、旧制度において既に両番上席へ進んでいた肥田、伴と差をつけたものであるが、それまでの小十人格から大番格に身分が引き上げられている。彼らの多くは、将軍海路上洛をはじめとする平時の航海任務や、第二次幕長戦争で船将を務めた軍艦指揮経験者であり、この人事は、慶応の改革開始時点で海軍方が十一人に及ぶ船将要員を擁していたことを示している。

では一般士官はどうだろうか。文久元年に軍艦組が創設された段階で、士官の等級は船将要員である軍艦頭取以外存在せず、軍艦奉行木村喜毅が外国海軍の階級を参考にした制度の整備を目指した。これが慶応期に入ると、軍艦組の平士も小十人格（百俵持扶持）、富士見宝蔵番格（八十俵持扶持）、諸組与力格（五十俵持扶持）と分けられるようになった。また、これとは別に、各人の技量に応じて一等（十人扶持）、二等（七人扶持）、三等（五人扶持）の等級が定められ、士官の階級が徐々に整備されていく。

慶応二年八月四日には、無役の幕臣が所属する小普請支配が廃止され、翌五日、小普請組五組のうち二組が海軍奉行支配に移された[16]。既に第四章で見たとおり、文久二年閏八月に小普請組二百六十六人が新設された軍艦組に編入され、海軍教育を施されることとなったが、翌年九月二十九日付の軍艦奉行伺では、彼らの中に「海軍術稽古無精」の者があり、周囲に悪影響を与えるとして、小普請へ戻すよう求めている[17]。小普請組からの配置転換の狙いは、非職幕臣の有効活用と幕府の軍事力強化にあったが、軍艦方は必ずしもこの増員処置を歓迎していなかったことが分かる。ただし、その後、この中から他部署へ転用される者が相次ぎ、小普請組から軍艦組への転属組が百七十名程にまで減少したため、元治元年四月に改めて八十名が軍艦方へ編入されている。その後も人員の減少は続き、遂に九十名程となったため、慶応元年七月に改めて小普請組支配へ、十四・十五〜二十歳位までの者の中から、「人物相応之者」を百名程軍艦方へ転属させるべき旨が達せられている[18]。この一連の人事施策は、小普請組からの編入者にも洋学の素養がある者、吏僚としての適性を持つ者が少なからず存在し、軍艦方も彼らを戦力になりうる者と

【表7-4】海軍方保有艦船の推移

	安政4年(1857)7月	文久元年(1861)6月	慶応2年(1866)12月
蒸気軍艦	2	4	9
蒸気運送船	0	0	11
帆　船	3	4	6
計	5	8	26

（勝海舟「船譜」（『海軍歴史Ⅲ』）及び「御軍船順序」（「軍艦所之留」）より作成）

して認識していたこと、しかし、そうした者は他部署へ転用されがちであったことを暗示している。

このようにして人員確保の努力が続けられた背景には、言うまでもなく艦船数の増加がある。【表7-4】のように、江戸に軍艦操練所が設置された安政四年七月、軍艦組が創設された文久元年六月、慶応の改革が開始された慶応二年十二月における幕府海軍の保有艦船数を比較するとそれは一目瞭然である。

慶応二年八月十六日、鷹匠鈴木金之助惣領鈴木新之助以下十名が軍艦組出役に、軍艦奉行支配小櫛和三郎以下十名が軍艦組当分出役にそれぞれ任命されているが、[19]このうち十二名が惣領・部屋住・厄介、六名が陪臣であり、本来役職に任用されない層の人間が積極的に任用されていることが分かる。陪臣の新規召出も引き続き進められ、慶応三年一月二十一日、軍艦組出役一等島津文三郎（中津藩士）は小十人格軍艦組に召し出され、一代限りで家禄百俵を給されることとなった。実は島津は以前から軍艦組出役一等田辺十三郎（生没年不詳。佐倉藩士）、同三等市川慎太郎（生没年不詳。旗本市川国太郎家来）と共に、海軍方から新規召出の願いが出されていた者であり、島津、田辺は富士見宝蔵番格軍艦組に召出し、市川は万石以下の家の家臣が召出された前例がないため却下という形で調整されていたが、第二次幕長戦争で富士山に乗り組んでいた島津が、小倉口での戦闘中に重傷を負ったため、「出格之訳」を以て一段身分を引き上げられたものである。[20]

ただし、軍事・外交をはじめとする洋学の素養を要する部門において、陪臣の新規召出が進んだ結果、人件費の上昇がこの頃既に財政上の問題として顕在化しており、[21]慶応二年九月、陪臣の新規召出は全て一代限りとする通達が大目付から出された(22)。島津の召出もこの方針に沿った形で行われているが、個人の能力に基づく役職の任用という方向性が既定路線となってきたことを指摘できるよう。

2　鳥羽・伏見の戦い

慶応三年九月に武力討幕を決意した薩摩藩、長州藩、広島藩との駆け引きが続く中、同年十月十四日、将軍徳川慶喜は土佐藩の建白を容れて朝廷に大政を奉還、武力討幕派の機先を制し、天皇を中心に形成されることが予想される新体制での影響力維持を図った。十二月九日の小御所会議で王政復古の大号令が発せられ、摂政、関白、将軍職の廃止が決定、幕府は名目上消滅した。徳川慶喜には内大臣の官職辞任と所領の返上が求められたが、徳川家を含めた諸侯会議の実現を志向する福井藩、尾張藩、土佐藩などの巻き返しも激しく、情勢は予断を許さなかった。

薩摩藩は幕府との武力衝突事態を引き起こすため、江戸で浪人を使って夜盗、御用金の強要を行うなどの破壊工作を実施(23)、十二月二十三日に江戸城二ノ丸が焼失した際も、彼らの放火ではないかという声があった(24)。将軍の留守を預かる江戸の留守幕閣はこの挑発に乗り、十二月二十五日に庄内藩兵を主力とした薩摩藩邸焼き打ちを断行した。これにより、旧幕府側と薩長を中心とする武力討幕派との武力衝突は不可避となり、鳥羽・伏見の戦いが生起する。

【表7-4】で示したとおり、慶応二年十二月の時点で蒸気船、帆船合わせて二十六隻を数えた旧幕府海軍方艦船は、勘定方への移管（蒸気運送船神速丸及び大江丸）、仙台藩への貸与（帆船鳳凰丸及び千秋丸）により、蒸気軍艦八隻、砲艦一隻（国産砲艦千代田形）、蒸気運送船九隻、帆船四隻の計二十二隻と漸減していたが、慶応三年五月には榎本釜次郎ら留学生によってオランダから回航された開陽（二五九〇トン、四百十馬力、砲二十六門、スクリュー）が就役しており、慶応元年二月に就役して第二次幕長戦争でも活躍した富士山と合わせて、海軍方の戦闘力は飛躍的に強化されていた。慶応三年四月二十九日、回天、長崎丸二番、奇捷丸の三隻に大坂への兵員輸送が命じられる。(25)また、十月から十一月にかけては、回天及び順動丸が老中格海軍総裁稲葉兵部大輔正巳、老中格陸軍総裁松平縫殿頭乗謨《のりかた》の江戸～大坂往復に、富士山が若年寄兼陸軍奉行石川若狭守総管《ふさかね》（一八四一～一八九九。下館藩主）、陸軍奉行並藤澤志摩守次謙の上坂にそれぞれ用いられるなど、(26)京都の政治情勢緊迫化に伴い、海軍方の艦船は要人移動・兵員・物資輸送の任務に投入されていく。このうち、開戦時に大坂湾に展開していたことが確認できるのは、軍艦奉行並矢田堀讃岐守鴻が座乗する開陽の他、富士山、蟠龍、翔鶴、順動丸、美賀保丸の計六隻である。

一方、武力討幕派三藩も艦船の運用を本格化し、十月三日に豊瑞丸（百四十六トン、百五十馬力、外輪）、翔鳳丸（四百六十一トン、馬力不詳、砲四門、スクリュー）、平運丸（七百五十トン、百五十馬力、スクリュー）が兵員四百名を乗せて鹿児島港を出港、以降、三藩合わせて約四千二百名が海路上京、(27)開戦時には春日丸（一〇一五トン、三百馬力、砲六門、外輪）、平運丸、翔鳳丸の三隻が大坂湾に展開していた。しかし、薩摩側の三隻はいずれも商船ないし通報艦として建造された艦船であり、旧幕府海軍方との戦力差は圧倒的であった。

海上の動向に話を戻すと、薩摩藩邸の浪人達は品川沖に停泊中の翔鳳丸へ逃れ、江戸脱出を試みた。軍艦奉行木村兵庫頭喜毅（元治元年十二月、摂津守より遷任）、同赤松播磨守範静に江戸内海の警戒を命ぜられていた回天（船将：軍艦頭並柴誠一）と咸臨丸（慶応三年、老朽化に伴い機関を撤去、運送船に艦種替え。船将：小十人格軍艦役勤方小林文次郎）は、翔鳳丸の抜錨に気付くと直ちに追跡を開始し、翔鳳丸に砲撃を加えたものの、帆船となっていた咸臨丸は進退自由ならず、ほどなく追跡から脱落、以後は回天単艦で追跡を続行した。翔鳳丸は計二十八発の敵弾を受けながらも、船体の穴に布団を詰め、支柱でこれを押さえて漏水を防ぎ、逃走を継続、羽田沖を過ぎた辺りで逆に回天への衝角突撃を試み、回天がこれを避けた隙に再度逃走、午後五時頃、観音崎付近で回天を振り切った。その後、翔鳳丸は伊豆国子浦港で応急修理を施したのち兵庫港を目指して出港、紀伊国九木浦を経由して翌慶応四年一月二日に兵庫沖へ入った[28]。

江戸薩摩藩邸焼き討ちの報は直ちに大坂にも達し、これを受け大坂湾では蟠龍が平運丸を砲撃、平運丸は被弾しつつ兵庫港へ逃れた。兵庫港に停泊中の春日丸から開陽へ抗議が行われたが、船将の軍艦頭並榎本和泉守武揚は、徳川家と薩摩藩は戦争状態にあり、徳川家の港である兵庫港を武力封鎖するのは国際法上の権利であるとして、この抗議を撥ねつけた。榎本は長崎海軍伝習二期で、軍艦操練教授方出役などを経て、文久二年六月からオランダへ留学、兵制、器械学、国際法、化学など幅広い分野を学び、慶応三年三月、幕府がオランダへ注文していた開陽を回航して帰国した。帰国後、直ちに軍艦役に挙げられ、新規召出家禄百俵となり、七月には更に軍艦頭並に昇格、諸大夫に叙されて和泉守と称した。榎本がオランダで学んだ国際法知識は、直ちに活用されたのである。

三日に陸上で鳥羽・伏見の戦いが始まると兵庫港を封鎖していた開陽、富士山、蟠龍、翔鶴、順動丸の五艦は大坂の薩摩藩邸襲撃に合わせて天保山沖へ移動、兵庫港脱出の機会を窺っていた三隻の薩摩艦は直ちに出港、春日丸が翔凰丸を曳航し、平運丸は単艦で鹿児島へ向かったが、この時に春日丸と平運丸が衝突して春日丸は舵輪を損傷、航海に大きな支障を生じた。薩摩艦の脱出に気付いた開陽は、紀淡海峡を抜け土佐沖へ逃れようとする春日丸、翔凰丸を追跡して阿波沖で捕捉、春日丸は翔凰丸を切り離して単艦脱出させ、開陽との交戦を決意する。両艦は距離三千メートルから戦闘を開始して千二百メートルまで接近、双方合わせて数十発の砲弾を放ったが、命中弾はほとんどなく、通報艦として建造された春日丸は優速を生かして逃走、六日に鹿児島へ入港した。平運丸も機関の故障に苦しみつつ二十日に鹿児島へ到着したが、翔凰丸は阿波由岐浦で座礁、乗員を淡路島へ脱出させ自焼した[29]。これがのちに阿波沖海戦と称される戦闘の概要である。

薩摩藩艦船の脱出以後海上での戦闘は生起しなかったが、陸上の戦闘でも戦場が海岸から遠く離れていたこと、戦闘が四日間で終結したことから、第二次幕長戦争と異なり、艦船による対地攻撃、海兵隊の陸戦支援などは行われなかった。海軍方の注目される活動はむしろ戦闘終結後に行われた。大坂城で全軍を指揮する前将軍徳川慶喜は敗色の濃くなった六日に秘かに城を脱出し、米艦イロコイ号（Iroquois）を経由して天保山沖の開陽に乗艦、軍艦奉行並の矢田堀、船将の榎本がともに上陸中だったため、先任士官の軍艦頭並沢太郎左衛門に出航を命じて大坂を脱出、十一日に品川沖へ投錨した。(30)

残された榎本は、残余の艦船に敗残兵を収容して江戸へ帰投するが、この間の海軍方の動向については、勘定奉行並小野内膳正広胖《ひろとき》（友五郎）の日記で確認することができる。(31) 小野は第三〜五章で見てきたとおり、安政〜文久期に軍艦方で活躍し、木村喜毅の軍艦奉行辞任後、勘定方へ転じた人物である。鳥羽・伏見の戦いでは淀で兵站を担当し、徳川慶喜の大坂城脱出時には城内の御金蔵を管理する立場にあった。(32) 小野は計数に関する能力を求められる航海、財政の分野でそれぞれ成果を挙げた緻密な頭脳と、几帳面な性格の持ち主であり、咸臨丸の米国派遣時にも詳細な航海日記を残しているが、徳川慶喜が大坂城を脱出した一月六日の日記は判読不能なほどに字が乱れ、慶喜脱出が発覚した後の城内の混乱、小野の茫然自失のほどが窺える。しかし、翌七日には薩長軍の迫る中で粛々と金蔵の正金搬出の調整を開始し、夜半に入ると大坂湾の海軍方を率いる榎本と面談、(33) 翌八日に軍艦への人員・物資搭載を始めている。(34)

この時に海軍方艦船に乗り組んだ傷病兵の数は詳らかでないが、正金は翔鶴及び順動丸に金奉行村山五三郎（生没年不詳）、同大久保鍋之助（同）がそれぞれ乗り込み、二分金一万九千両、一分金三万八五六九両三分、合計五万七五六九両三分を搭載、十日には作業を完了した。(35) その後、直ちに兵庫港へ移動し、更に夜半になって出帆、十一日に紀州藩領和歌浦で正金を陸揚げしている。(36) また、翔鶴、順動丸に分乗した傷病兵は、十三日に江戸へ到着した。なお、この時に榎本が富士山に大坂城の古金十八万両を搭載し、一部は榎本艦隊脱走後の軍資金となったとする説があるが、(37) 小野の記録には翔鶴・順動丸への搭載分しか記されていない。

このように、鳥羽・伏見の戦いにおいて、旧幕府の海軍力は敵艦の追跡、戦闘に従事したものの、特筆すべき戦果は挙がらず、大坂湾に展開する海軍力の圧倒的な差から、薩摩側が海上での決戦を回避したこともあり、第二次幕長戦争の時と同じく、大規模な海戦は生起しなかった。第二次幕長戦争において陸軍方から大いに頼みとされた対地攻撃力も、戦場との距離から威力を発揮する機会を得なかった。行われた海戦も、旧幕府・薩摩藩共に個艦戦闘に終始しており、この時点でもフリート・アクションが行われなかったことも注意を要する点である。むしろ海軍力は旧幕府、武力討幕派諸藩ともに、要人の移動、大坂から江戸への人員・物資の輸送任務において活躍することとなったのである。

3　幕府海軍の解体

(1) 鳥羽・伏見の戦い後の人事と海軍方の分裂

慶応四年一月三日から六日にかけて京都で行われた鳥羽・伏見の戦いは、旧幕府軍の敗北に終わり、これを受けて旧幕府の軍制は緊急事態的に改編される。海軍では役名の唱替が再度行われ、軍艦役勤方が軍艦役並見習と改められ、同時に機関士官が独立した階級として新設、兵科士官と機関科士官の対応が【表7-5】のように定められた(38)。軍艦役並見習三等及び軍艦蒸気役見習は御目見以上の末席と定められ、海軍方の階級制度は一応の完成を見ることとなる。この時に大番格軍艦役並勤方一等力石太郎が軍艦役並見習一等と役名を変更したのを始めとして、計五十名が新たな役名を付与された(39)。また、この時に出役十八名が本役に改められている。同月十九日には海軍奉行並、軍艦奉行、軍艦頭連名で老中格兼海軍総裁稲葉兵部大輔正巳に「軍艦役以下御登庸之儀相願候書付(40)」が提出

【表7-5】慶応4年1月の職制変更

兵科士官	機関士官	役高等
軍艦頭		2,000石、諸大夫役、騎兵頭上席
軍艦頭並		1,000俵、布衣役、
軍艦役		400俵、騎兵指図役頭取上席
軍艦役並	軍艦蒸気役一等	300俵、役扶持 3人扶持
軍艦役並見習一等	軍艦蒸気役二等	100俵、役扶持10人扶持
軍艦役並見習二等	軍艦蒸気役三等	80俵持扶持、役扶持7人扶持
軍艦役並見習三等	軍艦蒸気役見習	50俵持扶持、役扶持5人扶持
軍艦役並見習一等出役	軍艦蒸気役二等出役	扶持方10人扶持、役扶持10人扶持
軍艦役並見習二等出役	軍艦蒸気役三等出役	扶持方 7人扶持、役扶持 7人扶持
軍艦役並見習三等出役	軍艦蒸気役見習出役	扶持方 5人扶持、役扶持 5人扶持

（「慶応四年正月至三月　海軍御用留」より作成）
※軍艦蒸気役一等の席次は軍艦役並次席

される。この上申では、小十人格軍艦役並勤方一等近藤熊吉以下九名を軍艦役並へ、軍艦役並勤方出役一等矢作平三郎以下三名を軍艦役並出役へ、小十人格軍艦役並勤方一等喰代和三郎以下九名を軍艦蒸気役一等へ、諸組与力格軍艦役並勤方二等高松観次郎以下十名を軍艦役並見習一等へ、軍艦役並勤方三等大澤亀之丞以下十一名を軍艦役並見習二等へ、軍艦役並勤方当分出役朝夷正太郎以下六名を軍艦役並見習三等へ、小十人格軍艦役並勤方二等高山隼之助以下十二名を軍艦蒸気役二等へ、軍艦役並勤方出役二等高橋新兵以下八名を軍艦蒸気役三等へ、軍艦役並勤方当分出役佐藤安之允以下三名を軍艦蒸気役見習へ、それぞれ昇格させるというもので、総計七十一名に及ぶ過去に例を見ない大規模な人事案であった。更に画期的だったのは、二月十六日付でこの上申が全て要望どおり裁可されている点である。その中には部屋住・次三男・厄介二十七名、陪臣十一名が含まれ、過去に家禄・家格や出自ゆえに抜擢の上申を却下された者も複数存在している。鳥羽・伏見の戦いを契機に、それまで漸進的に行われてきた個人の能力に基づく士官任用の流れが一気に加速したことがわかる。

また、これまで海軍方の職制は両番上席、小十人格などの身分に、士官としての個人的技量（一等〜三等）を組み合わせたものであった。例えば、浦賀奉行組与力の中島三郎助は、長崎海軍伝習以来海軍に参画してきた古参の士官であり、軍艦頭取出役として遇されていたが、御目見以下の出自ゆえにその席次は慶応二年三月の段階で、富士見宝蔵番格であった。これは席次の上では両番格軍艦組の者に劣る。同様に諸組与力格軍艦組一等の士官は小十人格軍艦組三等の士官に幕臣としての格式において劣っていた。これが家格と個人の能力との折り合いの中で運用されてきた幕府海軍の限界であったが、画期的だったのが、慶応四年一月の役名変更で、職階の基準を個人の能力で一本化した点である。

この傾向は、慶応三年の段階で既に始まっている。同年七月十六日、大番格軍艦役勤方安井完治は軍艦役に昇格する。安井は鉄砲方江川太郎左衛門組手代から長崎海軍伝習に派遣され、以後一貫して海軍士官として経歴を重ね、慶応元年三月の翔鶴丸八丈島派遣では船将として指揮を執った練達の士官である(41)。しかし、御目見以下の出自ゆえに、昇進速度は木下、矢田堀ら御目見以上の出身者に比べて決して順調なものではなかった。この人事は両番格軍艦役勤方、両番上席軍艦役勤方、軍艦役並の三段階を飛び越えた抜擢であり、「順席難相立、以後の差害に相成候間」、本来であれば却下されるべきところであったが、同人が「常々出精、業前抜群」の上に「当今格別人少手足兼、無余儀相聞」という事情から「此度限り出格の訳を以」と、特例として承認されたものである(42)。しかし、翌慶応四年一月八日には同じく大番格軍艦役勤方福岡久右衛門、同鈴藤勇次郎の両名も、「当節人少、格別御用相嵩候に付」、やはり「此度限り」の特例として、軍艦役への昇格が認められている(43)。慶応四年一月以降の人事ではこうした「特例」が常態化していくのである。

こうした傾向が最も如実に表されているのが、二月に軍艦頭から提出された「軍艦蒸気役其外場所高等之儀ニ付相願候書付(44)」である。建議の主旨は部屋住・隠居・次三男厄介、あるいは陪臣の出役勤務者に対しても、一家の当主で海軍の役職についている者と同様に役高・役扶持を支給することを求めたものであり、二月二十六日付で願いのとおり承認されている。この建議でより重要なのは、「素より海軍士官の儀は、何も業前の功拙に寄被仰付候者」

と明記している点である。文久期以来、個人の能力に応じた士官任用を求める建議が幾度も行われてきたが、この建議ではそれを既定の原則として扱っている。ここに来て、海軍方は人事制度において、近代海軍としての要件である個人の能力を基準とした士官任用をようやく達成したと言えよう。

一月十七日には、勝義邦が海軍士官として初めて海軍奉行並に就任する。既述のとおり、海軍奉行及び同奉行並は、慶応二年の設置以来、海軍実務の経験を持たない大名や高級旗本によって占められ、安政期以来、海軍行政に携わってきた軍艦奉行木村兵庫頭喜毅が、「多くは門閥の華冑、或は他の文官経歴の勲功ある者を挙げて之に任じ、其間情実の弊なきこと能はず。此輩素より海軍の事に通ずるに非れば唯空位に備ハるなり」と批判する状況であった(45)（ただし、勝は一月二十三日には陸軍総裁へ転じており、海軍奉行並としての活動実績はない）。鳥羽・伏見の戦いの後、それまで幕府の役職にあった諸大名は、二月末までに順次役職を辞し、幕府は旗本が運営する徳川家の家政機関となった。海軍総裁兼任の老中格稲葉正巳もこれを辞任し、代わって軍艦頭から軍艦奉行並に再任していた矢田堀鴻が一月二十八日付で就任、新設された副総裁には軍艦頭並から榎本武揚が抜擢された。身分、閲歴から言えば、長崎海軍伝習出身で、第二次幕長戦争では軍艦奉行として小倉口の海軍方を指揮した木下利義が当然総裁、少なくとも副総裁の席を埋めるべきであったが、木下は慶応三年六月に軍艦奉行を辞任し、同年十月に大目付に再任、同四年二月二十二日に辞任するまで大目付専任であり、事実上、海軍から離れていた。

大きく変化したのは士官任用だけではない。この時期、水夫・火焚の採用制度も刷新される。一月（日付不明）に海軍奉行並、軍艦奉行、軍艦頭連名で老中小笠原壱岐守長行に提出された、「御船々乗組水夫・火焚御抱入方之儀ニ付申上候書付(46)」の要点は次のとおりである。

①　幕府艦船乗組の水夫・火焚は、これまで讃岐国塩飽島出生で身体強壮の者を選び、大坂町奉行の添触をもって、江戸へ到着し次第各船に乗り組ませ、海軍所水夫・火焚差配御用達に抱入の処置を行わせてきた。

② しかし、「身元慥成者之由」を申し立てているにもかかわらず、多人数のため人選も十分に行き届かず、支障が生じている。

③ そこで相模国三浦郷より伊豆国三沢までの海外沿いの村々へ百戸につき十人ずつ、船手、漁業渡世の者の中から十六～二十五歳で篤実強剛の者を選び採用したい。

④ 火焚については平生鍛冶職に従事している者が望ましい。

塩飽島を根拠地とする塩飽衆は、戦国時代に細川氏に属した海賊衆で、細川氏滅亡後は織田信長、次いで豊臣秀吉に従属した。特に豊臣秀吉の下で四国征伐、九州統一で水主役を務め、朝鮮出兵では兵船三十二艘、水主六百五十人を水主役として負担するなど、時の政権に海上軍事力を提供する存在であった(47)。江戸幕府成立後は浦賀奉行所番船へ水主を提供し、この由緒から幕府海軍へも要員を提供してきたのである。先祖からの由緒、家筋は近世軍制において家禄・家格と共に大きな意味を持ったが、艦船数の増加はそうした軍制上の原則を変更せざるを得ない状況を創出したのである。

この頃になると士官のみに留まらず、水夫・火焚の格式引き上げに関する伺も散見されるようになる。慶応四年二月、軍艦奉行・軍艦頭連名で老中・国内事務総裁稲葉美濃守正邦に提出した伺では、船付大工小林菊三郎以下二名に帯刀、船付鍛冶職源太郎以下二名へ苗字をそれぞれ勤務期間中に限って許すよう上申している(48)。近代海軍としての幕府海軍の人材養成は一つの到達点に達したと言えよう。

しかし、皮肉なことに近代海軍としての要件が揃い始めると同時に、海軍方は日本政府の正規海軍としての地位を急速に失っていく。二月以降、海軍方に出役勤務する陪臣の主人から免職願が相次ぎ、計七名が出役御免となり国元へ帰国している(49)。諸藩から届けられた出役御免願の理由は病気、家中の江戸引き払いなど様々であるが、諸藩にとり、旧幕府海軍方はもはや家中有為の人材を差し出すべき存在ではなくなっていたのである。これは開成所な

ど、陪臣を多数集めていた「業前之場所」で共通して見られた現象である。(50)

三月以降、旧幕府勢力瓦解の動きと海軍方解体への道は密接に繋がっていく。三月九日、江戸攻略のため東下する征東大総督府参謀西郷吉之助（隆盛。一八二八～一八七七）と江戸総攻撃中止交渉のため徳川家から派遣された歩兵頭格精鋭隊頭山岡鉄太郎（一八三六～一八八八）の会談が行われる。この席で西郷から示された徳川家の五つの降伏条件の一つが、徳川家の保有する軍艦の没収であり、四月四日、東海道先鋒総督橋本実梁（一八三四～一八八五）から正式に通告された降伏条件でも、軍艦を全て差し出したのち、新たに与えられる予定の徳川家の所領相応の分を差し戻す旨が明記されていた。

四月十一日に江戸城が新政府に明け渡されると、海軍副総裁榎本武揚に率いられた海軍方艦船は、品川沖から館山へ脱走する。海軍総裁の矢田堀はこの混乱の中で姿を消しており、海軍方は徳川家の指揮系統から逸脱していった。この時は、陸軍総裁から軍事取扱に転じていた勝の説得により、榎本率いる艦隊は四月十七日に品川沖へ帰投、二十八日には観光、富士山、翔鶴、朝陽の四隻の新政府への引き渡しが完了した。なお、この時点で徳川家には開陽、回天、蟠龍、咸臨が残されている。五月十五日に上野で旧幕臣有志を中心に結成された彰義隊が、新政府軍と交戦して一日で壊滅すると、徳川家の駿河七十万石への移封が決定するが、その後も海軍方は残余の艦船を引き渡さず、徳川宗家を相続した徳川亀之助（家達。一八六三～一九四〇）の駿府移住にも同行せず、八月十九日に江戸を脱走する。榎本脱走艦隊は東北へ走り、最後は箱館に拠って新政府への抵抗を続けた。

一方、駿河府中藩を立藩した徳川家は、軍事力の大規模な再編成を行い、軍事機関として沼津兵学校を創設するが、徳川家には運送船行速丸一隻が残されているのみであった（駿河府中藩は明治二年六月、静岡藩と改称）。明治元年十月には「海軍学校」設立の方針が藩庁から示され、元軍艦役佐々倉桐太郎以下五十名の教官を任命、十一月には元軍艦頭肥田浜五郎が教官団に加わるが、実効的な活動のないまま、翌明治二年一月に藩庁は海軍局廃止を布達、佐々倉、肥田は勘定方の下に設けられた運送方頭取に転じ、行速丸による物資輸送に従事した[51]。赤松大三郎ら静岡移封に従った海軍士官達は、新政府に登用されるまでの短期間、沼津兵学校などの他部署で勤務することとなる。榎本艦隊脱走により、徳川家の海軍力は名実共に失われたのである。

(2) 新政府への移管

幕府の瓦解、徳川家の駿河移封により、海軍方の戦力は新政府と徳川家に二分された。新政府に引き渡された艦船は軍艦観光、富士山、翔鶴、朝陽の四隻で、船付の水夫も同時に移籍したようである。その残余は徳川家に残されたが、八月に軍艦開陽、回天、蟠龍、千代田形の四隻、運送船長崎丸二番、神速丸、大江丸、長鯨丸、咸臨丸(帆船)、鳳凰丸(同)、美賀保丸(同)の七隻、計十一隻が榎本武揚に率いられて東北へ脱走したため、戊辰戦争の後半戦は、新政府と榎本脱走艦隊に分かれた旧幕府海軍が相討つ形となった。戊辰戦争は、箱館の五稜郭に拠った榎本らが明治二年五月十八日に降伏したことで終結するが、この間に宮古湾海戦(明治二年三月二十三日)、箱館湾海戦(同年四月九日～五月十一日)が生起し、榎本艦隊は軍艦の全てを沈没や座礁などで喪失、運送船も三隻が沈没、二隻が新政府の手に落ち、二隻が五稜郭陥落後に投降した。また、明治元年五月二十一日には榎本艦隊の脱走に先立ち、会津藩への兵器・弾薬輸送のため越後国寺泊沖に派遣された運送船順動丸が、新政府軍の艦船と交戦して自沈している(寺泊沖海戦)。

一方、新政府に引き渡された艦船のうち、軍艦朝陽は箱館沖海戦で蟠龍と交戦して撃沈されている。日本最大の軍艦開陽を含めた海軍方艦船は、過半が戊辰戦争期間中に失われたのである。明治二年七月に兵部省が設置された際、その管轄とされた艦船は軍艦三隻(富士山、甲鉄、千代田形)、運送船四隻(飛隼、飛龍、快風、長鯨)であるが[52]、南部藩の飛隼、備中松山藩の快風以外は全て旧幕府艦船である(ただし、甲鉄は幕府がアメリカに発注したものの、戊辰戦争により局外中立を宣言したアメリカが幕府への引き渡しを拒否、のちに新政府へ引き渡されたため、幕府軍艦としての活動実績はない）。その後、各藩からの献納により、新政府の艦船は次第に増強されていくが、帝国海軍の最初の立ち上がりは紛れもなく幕府海軍の艦船をその母体として成立したのである。

次に人員である。幕府瓦解時の海軍方の人員は、慶応三年十月二十日に海軍方が提出した予算要求資料の中で挙げられている人員現況から類推できる。この中では海軍奉行並以下、士官百六十名（海軍奉行は若年寄兼任のため計上せず）、吏員四百六十七人、各艦船付の水夫・火焚一五七〇人、これに押送船付水夫八十人、海軍所の小遣、人員五十名、計二三二七人が挙げられている(53)。一方、徳川家が駿河移封時に新政府へ提出した「駿河表召連候家来姓名」に、海軍方として記載されているのは五百三十名である(54)。この中に雇入の水夫・火焚は含まれておらず、幕臣全体で徳川家に暇願を出した者が三千人余り、朝臣となった者が約四千五百人、木村喜毅のように帰農商・土着を願い出た者が六百三十人いることから(55)、徳川家に残された海軍方の人員としては妥当な数字であろう。この五百三十名の大半が榎本武揚と共に東北へ脱走し、甲賀源吾（維新時軍艦頭並）、松岡磐吉（同）ら戦死者・獄死者を出すが、戊辰戦争を生き残った士官の中から、相当数が明治海軍に参画することとなる。

幕府海軍から帝国海軍に登用された者では、勝安芳（旧名義邦。明治五年海軍大輔、同六〜八年参議兼初代海軍卿）、榎本武揚（明治七年任海軍中将、同十三年〜十四年第三代海軍卿）、赤松則良（大三郎。海軍中将、佐世保及び横須賀鎮守府司令長官）、肥田為良（浜五郎。海軍機関総監、次いで機技総監）ら、海軍高官に昇った者が有名であるが、海軍卿時代の勝は「海軍卿の時かエ……。みンな、川村サ（引用者註：海軍少輔・川村純義。薩摩藩出身、第二代海軍卿、海軍中将）。川村が次官だから、功はあれに帰させたよ。時々出ていつて、小印をつくばかりサ。何もしないよ。」と、本人が述懐しているとおり(56)、自らが海軍の運営を主導した形跡はない。勝は晩年に至っても海軍草創期の生き残りとしてしばしば発言し、海軍省の幹部に海軍のあり方について見解を述べることもあったが(57)、その姿は海軍実務から離れた第三者としてのそれである。榎本の海軍中将任命も、特命全権公使としてロシアへ派遣されるにあたっての箔付けという意味合いが強く、こちらは一切海軍の実務に携わっていない点を考慮する必要がある。

そもそも、幕府から明治政府への士官の移籍は、こうした一握りの高官の事例のみで済まされるべき問題ではない。むしろ注目すべきは、佐官・尉官級の士官達であった。勝安芳が明治六年の政変後、一時的に文官として海軍卿の職にあった他、海軍の枢要ポストは基本的に薩摩藩出身者によって占められたが、幕府海軍方出身の士官達は、尉官、佐官級の実務の他に、技術分野の責任者、中堅幹部として活躍し、明治二十年代前半までにその役割を終えて相次いで引退している。佐々倉義行（桐太郎。維新時軍艦役。明治四年兵部省出仕、海軍兵学寮兵学助、同寮監長を経て、同八年海軍兵学権頭で退官）、沢太郎左衛門（維新時軍艦頭並。榎本艦隊に参加。開拓使御用掛を経て、明治五年兵部省出仕、次いで海軍兵学寮大教授、同十六年海軍兵学校教務副総理、同十九年海軍一等教官で退官）、伴鉄太郎（維新時軍艦頭。明治五年兵部省出仕、海軍大佐、水路部副長）らはその典型的な例であるし、赤松、肥田も横須賀造船所技師長、同所長、主船局長など、造船畑で活躍した上での栄進であった。

明治五年二月に兵部省が廃止され、陸・海軍省が新設されてから最初に編まれた職員録である『官員全書』（明治五年五月版）に記載されている海軍の職員は五百九十六名、このうち旧幕臣と推定される東京府及び旧静岡藩領（静岡県、浜松県、足柄県）に籍を置く者は海軍大輔の勝以下百七十五名、全体の約二九％に達する。このうち一等官（海軍卿。当時欠員）から士官相当官の最下級である九等官（少尉、兵学中教授、海軍省九等出仕等）は八十四名である。明治維新時に新政府側に立った諸藩のうち、強力な海軍力を有していた雄藩出身者の海軍への出仕状況は、薩摩が八十九名で全体の一四・九％、長州が三十四名で五・七％、佐賀藩が三十三名で五・五％であり、明治海軍黎明期における旧幕臣の担った役割の大きさがわかる。(58)

また、海軍以外の部局に出仕した者達の存在も無視できない。主だった者では矢田堀鴻（維新時海軍総裁。工部大丞、逓信試験官等を歴任)、荒井郁之助(維新時軍艦頭。榎本艦隊に参加。開拓使出仕、内務省地理寮出仕を経て、初代中央気象台長)、内田正雄(恒次郎。維新時軍艦頭。大学権大丞兼大学中博士、文部中教授を経て文部省出仕)、塚本明毅(桓輔。維新時軍艦頭並。陸軍少丞兼陸軍兵学大教授、正院地誌課長などを経て、内務省地理寮出仕。改暦事業に従事)、小野広胖(維新時勘定奉行並。民部省、次いで工部省出仕。鉄道敷設に伴う測量業務を担当)らがいる。彼らの多くは、幕府海軍で培った技能を生かして技術官僚として活躍しており、その中には小野のように、新政府から海軍への出仕を請われながら、敗軍の将の故にこれを固辞して他部局に出仕した者も少なくない(59)。彼らは幕府海軍と帝国海軍という枠に留まらず、幕府と明治政府の人的連続性を担うこととなった。

明治海軍に引き継がれたのは艦船や人員だけではない。安政二年にオランダから観光丸が贈呈され、その後も相次いで蒸気船が導入されていく中で、軍艦方が直面した問題が造修施設の確保だった。日本初の蒸気船用造修施設としては、文久元年三月に完成した長崎製鉄所があり、完成後は軍艦方艦船の修理に活躍しているが(60)、品川沖を根拠地とする軍艦方艦船の造修施設としては遠方に過ぎ、艦船修理の多くは浦賀港で行われた。しかしながら、浦賀は土地狭隘であるのみならず、江戸へ入津する廻船の船改め場であったため、商業港としても繁栄しており、民家、商家、土蔵が密集して防火上の懸念があった。また、乾ドックのような専門施設を持たなかったため、艦船修理のたび河口を閉鎖し排水した上で作業を実施しており、その間は商品流通が停止を余儀なくされることから、町方の不満も大きかった(61)。

このため、幕府は慶応元年一月にフランス人技師ヴェルニー(Francois Leonce Verny、一八三七〜一九〇八)を招聘し、横須賀に大規模な造修施設の建設を開始する。横須賀製鉄所と称されるこの施設は、製鉄所、艦船修理施設、造船所、技術学校、語学学校などを包括した大規模施設であり、幕府瓦解までに完成を見なかったが、新政府に接収された後も建設が続けられ、工部省管轄を経て、明治四年に海軍管轄の横須賀造船所として完工、幾度かの組織改編を経て明治三十六年に横須賀海軍工廠となり、帝国海軍の造兵部門で重要な役割を果たすこととなる。[62]そして、横須賀造船所の運営実務を担ったのが、前述のとおり赤松、肥田に代表される幕府海軍出身の士官、技術者達だったのである。

また、明治二年に新政府の海軍士官養成機関として、東京築地に海軍操練所が開設され、翌三年には海軍兵学寮と改称されるが、言うまでもなく、これは築地の旧海軍所施設を引き継いだものであった。築地での海軍士官教育は、海軍兵学寮が明治九年に海軍兵学校と改称された後も、同校が同二十一年に広島県江田島へ移転するまで続く。なお、明治五年における海軍兵学寮在官者百二十五人中、旧幕臣と推定される者は五十七人で、全体の約四五・六%に達する。[63]教官団は佐々倉、沢が統括しており、横須賀造船所同様、海軍兵学寮もまた幕府の海軍教育を母体として出発したと言えよう。幕府の瓦解と共にその歴史に幕を閉じた幕府海軍であるが、このように艦船、人員、施設のそれぞれの分野において、帝国海軍が成立する上の前提条件としての役割を果たしたのである。

おわりに

以上、慶応の改革から幕府の瓦解に至るまでの海軍方の動向と、新政府への移管について検討した。第二次幕長戦争の敗北を受けて開始された慶応の改革は、海軍方の近代海軍化を加速し、職制面の整備は一層進んだ。海軍士官としての専門教育を受けた幕臣の身分引き上げが順次行われ、船将級の役職が新設されたことで、文久の改革において軍艦方が挫折した海軍建設計画の一端は実現を見る。これは軍事力近代化の必要性に迫られた幕府が、従来の軍制の変更を余儀なくされた結果であるが、同時に海軍創設時に士官教育を受けた者の中から、高位の役職に進み得るだけの経験・職歴を重ねた者が現れるようになったことから実現したことであり、十三年間にわたる幕府の海軍建設の成果と言える。

慶応三年十二月九日の王政復古により幕府が廃止された後も、徳川家の海軍力近代化は進められていくが、そうした中で生起したのが鳥羽・伏見の戦いである。この戦いでは、旧幕府海軍、武力討幕派諸藩の海軍力ともに、兵員輸送や通信任務への投入が中心であり、海戦は副次的なものに留まった。その主因は、海軍力において著しく劣勢な武力討幕派が海戦を避けたためであるが、薩摩藩船を追跡・捕捉する形で二度にわたって海戦を仕掛けた旧幕府海軍も、艦船の運用は事実上個艦単位に留まった。幕府海軍においてフリート・アクションが実施されることは遂になかったのである。

鳥羽・伏見の戦い後、旧幕府勢力は瓦解の一途を辿るが、海軍方はその大混乱の中でも職制の改編を進め、機関士官の独立、個人の能力に基づく士官任用など、その後の帝国海軍に引き継がれる重要な方向性を確立する。特に「海軍士官の儀は、何も業前の功拙に寄被仰付」という原則が既定のものとして扱われ、慶応四年二月人事において、海軍方の求める士官の抜擢が全て承認されたことは特筆すべきだろう。しかし、その瞬間から既に海軍方の解体は始まっており、四月の新政府への江戸城明け渡しと同時に、その半ばは新政府へ移管され、その四ヶ月後には残余艦のほとんどが榎本武揚に率いられて東北へ脱走、艦船のほとんどと少なからぬ数の士卒が失われた。ここに幕府海軍は名実ともに消滅することとなる。しかし、幕府が養成・整備した艦船、人員、施設のうち、戊辰戦争での損耗を免れたものの多くは帝国海軍に移管され、草創期の帝国海軍を下支えすることとなる。

帝国海軍へ出仕した幕府海軍士官の中でも、勝、榎本、赤松、肥田は自身の能力や人脈などにより栄進し、将官ないし将官相当官に至るが、幕府海軍と帝国海軍の人的連続性はこうした一部の高級幹部の存在のみで語られるべきものではない。むしろ奏任官・判任官という実務・現場レベルの層で、旧幕臣が全体の三分の一を越える割合を占め、幕府から移管された艦船、施設と一体となって海軍の実務を運営していたことこそ、草創期の帝国海軍の幕府海軍との連続性を考える上で重要な点となろう。

安政二年の長崎海軍伝習開始から十三年間を経る中で、幾度かの制度改革や実戦を経験した幕府海軍は、その終焉直前にようやく近代海軍としての構成要件をほぼ具備するようになる。こうして実現した幕府海軍近代化の成果は、その直後に幕府海軍が解体されたことで真価を問われることなく終わったが、その間に養成・整備された艦船・人員・施設の多くは帝国海軍が成立する上の母体となり、近代日本における海軍建設を下支えしていくのである。

註

（1）慶応三年五月の老中人事では稲葉美濃守正邦（一八四三～一八九八、淀藩主）が国内事務総裁、松平周防守康英（一八三〇～一九〇四、棚倉藩主）が会計総裁、小笠原壱岐守長行（一八二二～一八九一、唐津藩世子）が外国事務総裁、松平縫殿頭乗謨（一八三九～一九一〇、田野口藩主、老中格）が陸軍総裁、稲葉兵部大輔正巳（一八一五～一八七八、館山藩主、老中格）が海軍総裁をそれぞれ兼務し、板倉伊賀守勝静（一八二三～一八八九、備中松山藩主）が特定の所掌を持たない首相格として幕閣を主宰した。これは月番・合議制を原則とした幕閣運営の根本的な改革であった。また、永井玄蕃頭尚志（千石）が大目付兼外国奉行から若年寄格、次いで若年寄に抜擢されたのをはじめとして浅野美作守氏祐（二千石）、平山図書頭敬忠（百俵）、川勝備後守広運（二千五百七十三石）、竹中丹後守重固（五千石）、塚原但馬守昌義（四百五十石、部屋住）が相次いで若年寄並に就任するなど、旗本の大名役への抜擢を含む大規模かつ前例のない人材登用が行われた。

（2）服部之総「明治絶対主義の史的展開」（同『服部之総著作集4　絶対主義論』理論社、一九五五年）、遠山茂樹『明治維新』（岩波書店、一九五一年）一六八頁、井上清『日本現代史Ⅰ　明治維新』（東京大学出版部、一九五一年）二四八～二五一頁、田中彰『明治維新政治史研究』（青木書店、一九六三年）二四七～二四九頁、原口清『戊辰戦争』（塙書房、一九六三年）二一、四一頁など。

（3）石井孝『増補新訂　明治維新論』六九三頁、田中『明治維新政治史研究』二四九頁、中村哲「開港」（歴史学研究会、日本史研究会編『講座日本史5　明治維新』東京大学出版会、一九七〇年）、平野義太郎「幕末における半植民地化の危機と条約改正の二

つの道」（『歴史評論』三十五号、一九五二年四月）など。なお、慶応の改革に関する研究史の整理は亀掛川博正「慶応幕政改革について（I）」（『政治経済史学』百六十四号、一九八〇年一月）を参照。

（4）熊澤徹「幕末の軍制改革と兵賦徴発」（『歴史評論』四百九十九号、一九九一年十一月）、同「幕末維新期の軍事と徴兵」（『歴史学研究』六百五十一号、一九九三年十月）、同「幕府軍制改革の展開と挫折」（坂野潤治他編『日本近現代史一』岩波書店、一九九三年。家近良樹編『幕政改革』吉川弘文館、二〇〇一年に再録）、保谷徹『戊辰戦争』（吉川弘文館、二〇〇七年）など。

（5）多田実「幕末の船舶購入」（『海事史研究』一号、一九六三年十二月）、高橋茂夫「徳川家海軍の職制」（『海事史研究』三・四号、一九六五年四月）、近松真知子「開国以後における幕府職制の研究」（児玉幸多先生古稀記念会編『幕府制度史の研究』吉川弘文館、一九八三年）など。

（6）水上たかね「幕府海軍における「業前」と身分」（『史学雑誌』百二十二編十一号、二〇一三年十一月）。水上氏の論考は検討時期、使用史料などの点で本章と類似している部分が多いが、士官任用制度における「家」の枠組みの存在を重視し、「身分・格式の問題は、明治新政府へと持ち越されることになる」と結論づけるなど、幕府海軍に関する慶応の改革への評価は著者と異なっている。

（7）海軍歴史保存会編『日本海軍史』（第一法規出版、一九九五年）一巻、四八〜四九頁。

（8）飛鳥井雅道「啓蒙主義、民権論、ナショナリズム」（古田光ほか編『近代日本社会思想史I』有斐閣、一九六八年）、石塚裕道『日本資本主義成立史研究』（吉川弘文館、一九七三年）、板垣哲夫「大久保内務卿期における内務官僚」（『年報・近代日本研究』三号、一九八一年）、門松秀樹『開拓使と幕臣』（慶應義塾大学出版会、二〇〇九年）など。

（9）植手通有「明治啓蒙思想の形成とその脆弱性」（『西周・加藤弘之』中央公論社、一九七二年）、毛利敏彦「明治初期政府官僚の出身地」（『法学雑誌』〈大阪市立大学法学会〉三十巻・三・四号、一九八四年三月。同『明治維新政治外交史研究』吉川弘文館、二〇〇二年に改題して再録）、三野行徳「近代移行期、官僚組織編成における幕府官僚に関する統計的検討」（大石学編『近世国家の権力構造』岩田書院、二〇〇三年）など。

（10）「慶應三卯年　軍艦所之留」及び「慶應四年正月至三月　海軍御用留」（国立公文書館所蔵多聞櫓文書、国立公文書館デジタルアーカイブ）。

（11）慶應義塾図書館編『木村摂津守喜毅日記』（塙書房、一九七七年）四〇四頁。

（12）橋本政宣「近世の武家官位」（橋本政宣編『近世武家官位の研究』一九九九年、続群書類従完成会）。

（13）藤井讓治「日本近世社会における武家の官位」（中村賢二郎編『国家―理念と制度』京都大学人文科学研究所、一九八九年）二三〇頁。
（14）布衣役は儀式の際、「布衣」という衣服の着用を許された格式である。深井雅海『図解・江戸城をよむ』（原書房、一九九七年）九頁。
（15）橋本政宣「江戸幕府における武家官位の銓衡」（橋本編『近世武家官位の研究』）。
（16）『木村摂津守喜毅日記』三三四～三三五頁。
（17）樋口雄彦『沼津兵学校の研究』（吉川弘文館、二〇〇七年）七一頁。
（18）「軍艦所之留」一一二～一一四コマ。
（19）同上　一六五～一七〇コマ。
（20）「軍艦所之留」（慶応三年）一三五～一四一コマ。
（21）宮崎ふみ子「蕃書調所＝開成所における陪臣使用問題」（『東京大学史紀要』二号、一九七九年三月。家近良樹編『幕末維新論集3　幕政改革』吉川弘文館、二〇〇一年に再録）。
（22）「軍艦所之留」（慶応三年）一六一～一六二コマ。
（23）「海舟日記」（東京都江戸東京博物館蔵『勝海舟関係文書』）慶応三年十二月二五日条。
（24）文倉平次郎『幕末軍艦咸臨丸』（巌松堂、一九三八年）三五六頁。
（25）「海舟日記」慶応三年四月二十九日条。
（26）『木村摂津守喜毅日記』四三三、四三四、四四二頁。
（27）保谷『戊辰戦争』一六～一九頁。
（28）同上　三五六～三五八頁。
（29）『日本海軍史』一巻四八～四九頁。
（30）「海舟日記」慶応四年一月十一～十二日条。
（31）「日記」（広島県立文書館蔵「東京府日本橋区小野友五郎家文書」、以後「小野友五郎日記」とする）。
（32）「履歴書」（「東京府日本橋区小野友五郎家文書」、以後「小野友五郎履歴書」とする）。
（33）「小野友五郎日記」慶応四年一月七日条。

（34）同上　一月八日条。
（35）「小野友五郎履歴書」。
（36）「小野友五郎日記」十〜十一日条。
（37）例えば野口武彦『鳥羽伏見の戦い』（中央公論新社、二〇一〇年）二七七〜二七八頁。
（38）「慶應四年正月至三月　海軍御用留」一五〇〜一五二コマ。
（39）同上　五九〜六八コマ。
（40）同上　八七〜九六コマ。
（41）「御軍艦所之留」（国立公文書館所蔵多聞櫓文書、国立公文書館デジタルアーカイブ）一三三〜一三八コマ。
（42）「慶應四年正月至三月　海軍御用留」一四〜一六コマ。
（43）同上。
（44）同上二三八〜二三九コマ。
（45）「木村芥舟翁履歴略記」（横浜開港資料館編『木村芥舟とその資料』、横浜開港資料普及協会、一九七八年）八一頁。
（46）「慶應四年正月至三月　海軍御用留」一七三〜一七七コマ。なお、全文は以下のとおりである。

御船々水夫火焚之儀、是迄大坂町奉行江申達、讃州塩飽島出生ニ而身体強壮之者相撰み、同奉行添触を以申越次第、御船々之内江為乗組候処、同島出生之者而已ニ而は引足兼、無據海軍所水夫火焚差配御用達江申付、御抱入取計候儀之処、身元慥成者之由申立候得共、多人数之儀ニ付、充分人撰方も不行届差支候儀毎々有之候ニ付、兼而別紙之通、伊豆、相模等海岸村々江浦触差出し置、御船々ニ而水夫火焚等闕員仕差支候節、支配向之者差遣、猶篤と精撰之上御抱入取計候様可仕と奉存候、依之別紙相添此段申上置候　以上

辰正月

（「浦触」従相模国三浦郷より伊豆国三沢迄海岸村々名主年寄江）

覚

御軍艦追々相増候ニ付、水夫火焚抱入、相当之給分被下候間、平生船手渡世并漁業等致し居候者共為冥加、家数百戸ニ付拾人宛、年齢十六歳ゟ二十五歳迄ニ而、篤実強情之者名主年寄共ニ而急速相撰み、名前年齢等取調置可申候、右ニ付、当二月中旬支配向出役申付、尚人物相撰給分相立支度金等相渡、凡之心得方申渡、其上浦役人請負証文等可申付候、尤、火焚之儀は平生

鍛冶渡世等致し居候者ニ而可然候、依之浦触如斯もの也
辰正月　播磨

(47)　河岡武春「船手組の成立と機能及び変質（二）」（『史学研究』〈広島大学文学部広島史学研究会〉七十一号、一九五九年一月）。
(48)　「慶應四年正月至三月　海軍御用留」二七二〜二七五コマ。
(49)　同上　一八〇〜一八五、二三六〜二三七、二五七〜二五八、二七八〜二八一コマ。
(50)　宮崎「蕃書調所＝開成所における陪臣使用問題」。
(51)　樋口雄彦『旧幕臣の明治維新』（吉川弘文館、二〇〇五年）三〇〜三一頁。
(52)　『日本海軍史』一巻、五九頁。
(53)　勝海舟全集刊行会編『勝海舟全集10　海軍歴史Ⅲ』（講談社、一九七四年）二九五〜三一八頁。
(54)　樋口『旧幕臣の明治維新』二九頁。
(55)　『勝海舟全集22　秘録と随想』一四五〜一四六頁。
(56)　江藤淳・松浦玲編『海舟語録』（講談社、二〇〇四年）二五〇頁。
(57)　明治二十三年十一月十九日付本宿宅命宛勝海舟書簡（東京都江戸東京博物館蔵『本宿家文書』）。書簡の中で勝は「畢竟海軍之拡張は、交易之盛不盛ニ因而強縮候、（中略）国税ヲ以而実用之費途は増申間敷」と旧幕時代からの持論を述べている。本宿宅命（一八五二〜一八九二）はこの時海軍大臣官房主事、海軍大佐。海軍大臣樺山資紀（一八三七〜一九二二）の依頼で勝が『海軍歴史』を編纂した際、海軍側の窓口として勝との連絡にあたり、勝を介して旧幕臣の洋画家川村清雄（一八五二〜一九三四）に「海軍将校像」の制作を依頼するなど交流が深かった。この翌年海軍省第三局長となり主計総監に昇進するが、海軍費を巡って紛糾した第三帝国議会への対応による過労から、明治二十五年に急逝し勝を落胆させた。本宿の死後、勝からの書簡等は本宿家に所蔵されたまま存在を知る者もなかったが、二〇一一年に江戸東京博物館と著者の合同調査によりその存在が明らかとなり、同年『本宿家文書』として江戸東京博物館に寄託された。本書簡はその一部であり、『勝海舟全集』をはじめとするいずれの史料集にも未所収である。なお、本宿と勝の関係については落合典子「川村清雄の海軍関係作品の製作経緯について」（『東京都江戸東京博物館研究報告』十六号、二〇一〇年三月）を参照。
(58)　「職員録・明治五年五年・官員全書改（海軍省）」（国立公文書館所蔵アジア歴史資料センターデジタルアーカイブ）。
(59)　「海軍出仕・軍務官呼出状」（「東京府日本橋区小野友五郎家文書」）、「小野友五郎履歴書」。

(60) 長崎製鉄所については楠本寿一『長崎製鉄所　日本近代工業の創始』(中央公論社、一九九二年)を参照。
(61) 「御軍艦所之留」六九〜七四コマ。
(62) 横須賀製鉄所については安達裕之「猶ほ土蔵附売家の栄誉を残す可し」(『海事史研究』六十四号、二〇〇七年十二月)を参照。
(63) 「職員録・明治五年五年・官員全書改(海軍省)」。

終章

十八世紀後半から頻発するようになった外国船の日本近海への来航は、日本国内における海防論議の活性化をもたらした。江戸幕府成立以来、幕府の海上軍事力を担ってきた船手は、十七世紀初頭の大坂の陣を最後に実戦から遠ざかっていたこともあって、その機能は水上警察的なものになっていた。このため、海防論の中で主張されたような、外国船に対抗し得る沿岸防備能力強化の担い手として期待することはできなかった。やがてそうした海防論の中から近代的な海軍力整備の重要性を主張する海軍論が生まれることとなる。嘉永六年のペリー来航は洋式軍艦の導入、ひいては近代的な海軍力建設の必要性を朝野に認識させ、多くの論者が海軍という未知の軍事力の建設の方策について論じた。

数多く現れた海防論者の中でも伊勢の商人竹川竹斎は、洋式海軍の建設に要する費用を試算し、その財源として軍艦を平時に海運業に従事させることで得られる利益を挙げた。この海外交易論と密接に結びついた海軍構想は、竹斎が支援者となっていた幕臣蘭学者勝麟太郎の海軍構想に影響を与えると同時に、勝を介して幕府要路へも取り次がれた。終生商人身分に留まった竹斎が、幕府の海軍建設に直接参画することはなかった。しかし、幕府為替御用竹川家の分家当主という出自もあり、竹斎の主張は海防掛の実務幕吏や幕閣の目に触れる機会を得、数度にわたって彼らから直接諮問を受けることとなる。竹斎が海軍建設に何らかの影響を与えた可能性を否定するのは早計であろう。

勝は竹斎をはじめとする豪商達、師である永井青崖をはじめとする蘭学者達との交遊を通じ、洋式軍艦導入を主軸とする海軍の建設、軍艦を用いた海外交易、交易利潤による更なる海軍建設という、循環的な海軍建設論を構築する。勝の幸運は竹斎と異なり、戦国時代以来の徳川家直臣の家に生まれ、なおかつその家が高祖父以来、御目見以上の家格を保持していたことにある。幕府為替御用竹川家の一族とはいえ庶民である竹斎と比べ、直参である勝の建白は、幕府要路にとってより受け入れやすいものであり、同時に勝自身の登用も従来の幕府職制の秩序の中で容易に行い得るものであった。勝は自説を展開した嘉永六年の海防建白書をきっかけに幕吏への登用を果たし、更には幕府海軍創設にあたり、その基幹要員に選抜されることとなる。

ここで注意したいのは、彼らの海軍構想の軸となる「海軍と海運の一致」という理念は、この二人の完全なオリジナルではないという点である。近世日本には、その海軍力の中心となった水軍の発展過程から、軍船を平時に廻船として運用する発想があり、長らく太平の世が続いた江戸時代ではその傾向が一段と強まった。竹斎や勝は、商人あるいは洋式砲術家としての知見を生かし、こうした伝統的な海上軍事力概念の延長上に、海軍という新たな海上軍事力のイメージを描き出した。すなわち、日本における近代海軍建設は紛れもなく近世の海軍力概念との連続性をもって開始されたのである。

日本の近代海軍建設事業は、安政二年の観光丸日本回航及び、長崎での海軍伝習開始により始まる。長崎での海軍伝習は、蒸気船の個艦運用能力獲得を目的として行われ、その後、十数年間にわたって幕府海軍を支える基幹要員の多くが、この地で養成された。長崎海軍伝習開始から二年後には、幕府終焉まで海軍の行政、運用、教育機能を司る唯一の海軍機関となる軍艦操練所（＝軍艦方。のちの海軍所＝海軍方）が開設される。万延元年には咸臨丸が米国へ派遣され、五年間にわたる基幹要員養成の成果が示されることとなった。軍艦奉行木村喜毅に率いられた咸臨丸は、荒天時の術科能力不足、指揮系統の不備などの問題を露呈しつつも、一万海里余、八十三日間にわたる航海を全うする。咸臨丸の太平洋横断航海成功は、軍艦方の能力に懐疑的だった幕閣に、蒸気船の有用性と軍艦方の実力を認識させる直接的な契機となり、万延・文久期に軍艦方の艦船が多岐多様な任務に活躍する道を開いた。しかし、その一方で、運用術科能力の不均衡、シーマンシップの欠如など、後年の幕府海軍が直面する諸問題の萌芽は既にこの時に見られている。これは幕府の海軍教育が残した課題とも言うべきものだろう。

こうして始まった万延・文久期の海軍建設であるが、警備、救難、輸送などの多様な諸任務への投入は、軍艦方が基幹要員養成のための教育・訓練組織から実動組織への転換期を迎えたことを表している。しかしながら、急速に増加した任務量はすぐに軍艦方の軍艦展開能力を超過する。また、艦船不足と同時に長崎で養成された基幹要員数を遥かに上回る人員の需要は、以後、常に軍艦方の頭を悩ませることとなる。このような状況の中で始まった文久の改革において、軍艦方は全国を六管区に分け、それぞれに艦隊を配備する大規模な海軍建設計画を策定し、併せて要員不足を根本的に解消するために、個人の能力に基づいた士官任用を求める。この計画は、財政上の理由や、松平春嶽ら幕府への軍事力集中を懸念する勢力の反対から結局廃案となり、計画策定を主導した木村喜毅と、理論・実務の両面で木村を支えた軍艦頭取小野友五郎は、相次いで軍艦方を去ることとなる。これは安政四年の創設以来、軍艦方が味わった初めての挫折であった。

この顚末は、これまで文久の改革を巡る政治的状況から、幕府内の幕権強化派と公議政体派の対立という文脈で語られることが多かったが、そうした理念上の対立軸と同等、あるいはそれ以上に重要な要素として考慮しなければならないのは、経費の問題であった。次々ともたらされる軍艦方からの経費伺に対し、勘定方は人員派出に係る諸手当、消耗品の調達など、既存の人員、装備、施設に関する予算の執行は粛々とこれを認めていたが、定員増、軍艦購入など軍艦方の規模拡大に関わる案件に対しては極力その抑制を図っている。文久の改革における海軍建設計画の背景には、こうした行政実務上の問題を考慮する必要がある。艦船、人員、装備がひと通り揃ったこの時期、幕府は初めて真の意味での海軍コストを経験するのである。

こうした制度整備の動きと同時に進められたのが、海軍建設の指針づくりである。ペリー来航時に富津〜走水間の打ち沈め線を簡単に突破され、江戸内海への侵入を許したことが海軍創設の直接的な契機であるが、その後、海軍創設以来の軍艦方士官である小野と勝により、相次いで海軍の存在意義の理論化が行われる。文久の改革における海軍建設計画を巡っては相反する立場にあった両名であるが、この二人に共通しているのは、軍艦を海岸砲台（台場）の補助戦力として位置付けている点である。小野が同僚である望月大象とともに、台場の築造場所選定に係る江戸内海測量調査を実施し、勝が大坂湾周辺の台場築造に深く関わっていたことからも、それは明らかであった。こうした沿岸防備のための海軍力という海軍建設理念の理論化は、この時期に軍艦方が港湾防備用の小型砲艦千代田形の建造を計画するなど、軍艦方の施策に採り入れられていく。逆に幕府の政治・外交部門では、軍艦を交渉上の道具として活用しようとする発想が生まれる。文久元年の小笠原開拓事業を主導した外国奉行水野忠徳が、白人の現地住民への示威効果を狙って軍艦の派遣に固執したことはその代表例であるが、軍艦方はそうした動きに対しては概して及び腰であった。これはこの時期の海軍建設、特に海軍実務者である軍艦方の志向が、沿岸海軍の理念に基づいたものであったことを表しているだろう。

このように「西洋の衝撃」という対外的な要素によって創設され、建設を進められてきた幕府海軍であるが、元治・慶応期に入ると否応なく国内政治の情勢に巻き込まれていく。この時期の海軍建設は、当時軍艦方の主導権を握っていた勝によりその持論が施策化され、中古商船の大量購入に代表されるような、輸送力重視の海軍建設という勝個人の海軍思想が色濃く反映されたものとなった。この間に国内の政治情勢は緊迫の度合いを深め、慶応二年の第二次幕長戦争により、日本は内戦期に入る。これにより、軍艦方（海軍方）は戦場へ投入され、幕府海軍は初めて本格的な実戦を経験することとなる。

幕府のみならず、日本における近代海軍史上初の実戦となったこの戦いでは、幕府海軍に対して著しく劣勢だった長州藩海軍が、一貫して幕府海軍との決戦を避け続けたこともあり、大規模な海戦こそ生起しなかったが、現地に展開する海軍方の艦船は輸送、対地攻撃、上陸支援、小規模な個艦戦闘などに従事し、その戦闘力は協同する幕府陸軍に大いに頼みとされた。しかし、海軍方の作戦行動も戦局全体の敗勢を覆すには至らず、第二次幕長戦争は幕府の敗北に終わる。皮肉なことに、この時、海軍方艦船は、小倉から脱出する老中小笠原長行以下幕府軍首脳陣の便船として用いられ、その行動は小倉方面の戦線崩壊を決定づけることとなった。

また、この戦いでは、小倉口に配備された順動丸が、敵の砲台と艦船が待ち受ける関門海峡を通峡できなくなるという事態が生じ、商船から転用された艦船の脆弱性が初めて問題となった。これは大島口に展開中の軍艦を急遽小倉口へ転進させるなど、幕府軍全体の作戦計画に影響を与えている。欧米の海軍先進国では軍艦と商船の船体構造が完全に分化していた十九世紀半ばにあって、「海軍と海運の一致」は、もはや実効的な海軍建設の理念とはなり得ないことが明らかとなったのである。

第二次幕長戦争の敗北後、新将軍徳川慶喜の下で開始された慶応の改革において、海軍方は大規模な制度改編、人材登用を行い、徐々に能力本位の士官任用が実現されていく。王政復古によって幕府が廃止された後も旧幕府の軍制改革は進められるが、その中で生起したのが鳥羽・伏見の戦いである。この戦いにおいて江戸や兵庫で海軍方と対峙した薩摩藩海軍は、徹底して衝突を避けた。このため、海軍方は小規模な遭遇戦を行った以外には、第二次幕長戦争時と同様、薩摩・長州勢と大規模な海戦を行うには至らず、主に輸送・通信任務に従事する。第二次幕長戦争に引続き、この戦いも旧幕府の敗北に終わるが、海軍方がこの戦いに関与した度合は、第二次幕長戦争に比べると相対的に低い。この戦いの後も、海軍方の制度整備は更に進められ、慶応四年二月の大規模人事において、個人の能力を基準とした士官任用の原則がほぼ確立される。しかし、その時には既に海軍の解体が始まっており、諸藩が出役として出仕していた家臣を続々と引き上げるなど、旧幕府海軍方は、日本政府を代表する海軍としての地位を急速に失っていく。新政府への艦船引き渡し、徳川家の駿河移封後の榎本武揚艦隊脱走により、幕府海軍は十三年間にわたる歴史に幕を下ろし、東北に走った榎本艦隊もそのほとんどが、箱館戦争で失われることとなったのである。

ここで幕府海軍の十三年間を総括する必要があるだろう。序章で挙げた、日本における近代海軍の構成要件に照らし合わせて、幕府海軍はどのように評価できるのだろうか。

第一の点、人事制度については、万延元年の咸臨丸米国派遣を直接的な契機として、幕府海軍は家格、家禄によらない、個人の能力に基づく士官任用を志向するようになる。この主張が初めて前面に押し出されたのが、文久の改革における海軍建設計画であった。しかし、近世的軍隊の枠組みを大きく踏み越える、この方向転換への抵抗は強く、新規召出あるいは足高による人件費上昇を嫌う勘定方の思惑もあり、この時の試みは挫折する。ただし、その後も厄介、陪臣などの任用は漸進的に進められていく。第二次幕長戦争、鳥羽・伏見の戦いという二つの実戦により、軍事力近代化の必要性が証明されたことでこの動きは一気に加速し、幕府海軍の解体直前に、その原則がほぼ確立される。これは、外国方、開成所、陸軍方など、西洋の新知識を要する部署に共通して見られた現象であるが、幾度かの挫折を経つつ、最終的には従来の幕府軍制の枠内で実現された意義は、その後の近代海軍建設に与えた影響を考える上でも、決して小さいものではない。

二つ目の軍艦運用能力は、安政期の教育・訓練期間を経て、万延期以降多様な諸任務の経験を積むことにより、幕府海軍は急速にその能力を高めていった。咸臨丸米国派遣時には、同乗の米海軍士卒の助力により、辛うじて荒天時の操帆が行われていたのが、六年後の第二次幕長戦争時には、まがりなりにも複数隻の艦船を同時に運用し、戦場での兵員輸送、対地攻撃、個艦戦闘などが行われ、通信任務のため小倉から大島へ派遣された軍艦が、洋上で僚艦と会同を果たすまでになっていたのである。蒸気軍艦の運用能力獲得を目的として、長崎で海軍伝習が開始されてから、幕府海軍が解体されるまでの間に、幕府海軍は少なくとも個艦単位の軍艦運用能力は獲得していたと言って良い。ただし、海軍方から脱走した榎本武揚艦隊を含め、幕府海軍の艦船喪失理由の多くが、荒天時の措置不全にあったことは無視することはできない。その事実は、幕府海軍の軍艦運用能力が決して完全なものではなく、むしろ多くの問題点をはらんだものであったことを如実に物語っている。

最後にフリート・アクション能力についてであるが、幕府海軍は遂にこれを獲得することがなかった。複数隻の艦船を同時に同一の海域で運用する任務は既に万延期の頃から行われるようになり、元治期には将軍が幕府と諸藩の軍艦を率いて上洛するという形で艦隊規模の行動も行われている。しかし、それも個別に運用される軍艦の集合体という枠を越えず、統一された意志の下、有機的に行動する艦隊の域には、最後まで達することがなかった。それは通信能力の実態からも明らかである。当時、西洋の海軍では旗旒信号による艦船間の意思疎通が可能になって久しく、それは会話レベルにまで達していたが、第二次幕長戦争において海軍方の各船将は、僚艦との意思疎通のために短艇で相互に移乗、もしくは参集しており、それは戦闘中も例外ではなかった。事前の作戦計画の想定を超えた状況に際し、臨機に艦隊行動を行うなど期待するべくもなかったのである。ここで注意すべきは、幕府の海軍当局者自身が、フリート・アクションという概念の存在と、自分達にその能力が欠如していることを認識していた点である。それは時として、予算要求上の名目としても利用された。これは幕府海軍が帝国海軍に引き継がれ、近代海軍建設が進められていく上で重要な自覚である。

幕府（＝徳川家）の海軍力は、明治元年にほぼ完全に解体されるが、戊辰戦争を生き残った艦船、人員、施設の多くは新政府へ移管、召出となる。特に人員については、海軍省の上層部や部隊指揮官こそ薩摩藩出身者が役職の多くを占め、「薩摩の海軍」と評される状況が生まれるが、尉官、佐官級の実務レベルでは、海軍省創設当初において全体の三分の一を越える数を旧幕臣が占め、海軍兵学寮、横須賀造船所など、幕府から引き継がれた施設、装備と一体化して新たな近代海軍建設を担った。帝国海軍で活躍した幕府海軍出身者としては、明治六年政変後に海軍卿を務めた勝安芳ばかりが注目されがちであるが、彼ら実務士官の一団、更にその中から自身の力量により、高級士官へ栄進していった赤松則良、肥田為良らの存在を無視することはできない。

幕府海軍は十三年間にわたる歴史の中で、それ単独で近代海軍としての要件を完全に満たすことはなかったが、様々な試行錯誤を経て、近代海軍という当時の日本人にとって未知なる軍事力をゼロから作り上げていった。また、士官の養成制度、造修施設の建設、石炭管理システムの構築など、途半ばにして中断された事業の多くは、幕府海軍を事実上の母体として創設された帝国海軍に引き継がれて完成する。まさに幕府海軍は、軍事組織として日本における近代海軍建設の黎明期の役割を果たしたのである。

明治二十三年（一八九〇）、第一回帝国議会が招集され、建艦予算への理解を得る必要に迫られた海軍は、海軍力の必要性を説く小冊子を刊行し、議会対策に活用する。この時に著された『海軍振興論』（十一月刊行）及び『兵商論』（翌年七月刊行）の主旨は、海洋国家としての日本の発展には、海軍力が不可欠であるというものであったが、著者の海軍編修書記寺島成信（一八六九〜一九三九）と共に、編輯兼発行人として刊行に携わった海軍少佐伴正利は東京府士族であり、幕府海軍出身者と推定される。明治海軍に幕府海軍の遺産とも言うべきものが存在したことを窺わせるものであるが、この点については今後の課題としたい。

【付表1】幕府海軍の艦船所有状況

	安政元	同2	同3	同4	同5	同6	万延元	文久元	同2	同3	元治元	慶応元	同2	同3	同4
観光（400t、外輪）		6月											新政府へ上納		
咸臨（625t、スクリュー）				8月									榎本艦隊へ		
蟠龍（370t、スクリュー）					7月								榎本艦隊へ		
朝陽（300t、スクリュー）					5月								新政府へ上納		
翔鶴（350t、外輪）										11月			新政府へ上納		
黒龍（排水量不明、スクリュー）											8月				
富士山（1000t、スクリュー）												2月	新政府へ上納		
回天（710t、外輪）												6月	榎本艦隊へ		
千代田形（138t、スクリュー）												5月	榎本艦隊へ		
開陽（2590t、スクリュー）													5月	榎本艦隊へ	
鳳凰丸（排水量不明、帆船）	5月												榎本艦隊へ		
昌平丸（370t、帆船）		8月													
鳳瑞丸（排水量不明、帆船）		破却													
旭日丸（排水量不明、帆船）			5月												
君沢形一番～七番（排水量不明、帆船）			除籍時期不明（安政3年、会津藩へ2隻譲渡。七番は先登丸に改造？）												
長崎形（排水量不明、帆船）				除籍時期不明											
鵬翔丸（340t、帆船）					1月～2月破船		（7月）								
君沢形八番～十一番（排水量不明、帆船）						除籍時期不明									
千秋丸（263t、帆船）								7月					榎本艦隊へ		
千歳丸（358t、帆船）									6月	2月（長崎丸一番購入代価の一部へ）					
順動丸（405t、外輪）									10月						
昌光丸（81t、スクリュー）									12月	6月破船					
長崎丸一番（94t、スクリュー）										2月（12月破船）					
協鄰丸（360t、外輪）									2月	5月破船					
長崎丸（138t、外輪）										2月	5月長州藩により焼失				
太平丸（370t、外輪）										2月					
長崎丸二番（341t、スクリュー）										10月			榎本艦隊へ		
エリシールス（85t、スクリュー）										10月					
神速丸（250t、スクリュー）											2月		榎本艦隊へ		
大江丸（510t、スクリュー）											8月		榎本艦隊へ		
美加保丸（800t、帆船）												6月	榎本艦隊へ		
鶴港丸（358t、帆船）												8月	（12月破船）		
龍翔丸（66t、スクリュー）													7月		
長鯨丸（996t、外輪）												8月	榎本艦隊へ		
奇捷丸（517t、スクリュー）													8月		
ケストル（161t、スクリュー）													除籍時期不明		
行速丸（250t、スクリュー）													8月		
千歳丸（323t、帆船）												9月			
飛龍丸（380t、スクリュー）													6月	（新政府へ上納）	
先登丸（排水量不明、スクリュー）								遅くとも8月迄に完成				遅くとも1月迄に解船			

（『海軍歴史』「船譜」、文倉平次郎『幕末軍艦咸臨丸』（巌松堂、1938年）、杉山謙一郎「内輪式蒸気船『先登丸』について」（『千葉商大論叢』40巻3号、2002年12月）、元綱数道「幕府軍艦開陽丸の概要」（『海事史研究』60号、2003年9月）から作成）

※□は「船譜」もしくは慶応2年2月制定の「御軍船順序」（国立公文書館蔵「軍艦所之留」）で軍艦に区分されているもの。その他は運送船に区分された。ただし、「御軍船順序」では千代田形を「ゴムボート＝gunboat」とし、他の軍艦と区別している。

※軍艦方ないし海軍方（軍艦操練所、海軍所）で管轄しなかった艦船（箱館奉行所備船等）は除外した。

※神速丸と大江丸は慶応3年8月13日付で勘定方へ移管される。

※咸臨の排水量は諸説あり。

【付表2】幕府海軍人事の推移

	安政6年	万延元年	文久元年	文久2年	文久3年	元治元年	慶応元年	慶応2年	慶応3年	慶応4年	前　職	後　職	備　考
海軍奉行													
大関肥後守増裕（1万8千石）							7/8～			～1/23	柳之間詰	御役御免	黒羽藩主。慶応3年12月死去
京極主膳正高富（1万1,044石）									12/2～	～1/23	若年寄より兼帯	御役御免	峰山藩主
海軍奉行並													
小笠原筑後守長常（3,000石、隠居）								8/5～11/15			陸軍奉行並	御役御免	寄合刑部隠居
小栗上野介忠順（1,700石）								8/11～		～1/15	勘定奉行より兼帯	御役御免勤仕並寄合	途中陸軍奉行並兼帯
菅沼左近将監定長（7,000石）								10/15～	～4/27		大番頭	御役御免	御役御免は仏国留学のため
土岐肥前守頼徳（3,500石）								11/15～		～1/28	大番頭	御役御免勤仕並寄合	
駒井甲斐守朝温（1,800石）								12/3～	～1/19		大目付	陸軍奉行並	
織田宮内大輔信愛（2,700石、高家）									1/19～	～1/28	陸軍奉行並	高家	従五位下侍従。途中対馬守へ遷任
服部筑前守常純（600石）									5/?～	～1/28	勘定奉行	御側	
稲垣若狭守太清（1万3,042石）									12/2～		菊之間縁頬詰		山上藩主。元・大坂定番
勝安房守義邦（100俵）										1/17～23	軍艦奉行	陸軍総裁	
軍艦奉行													
永井玄蕃頭尚志（1,000石、部屋住）	2/24～8/27										外国奉行	御役御免	
水野筑後守忠徳（500石）	8/28～10/28										勘定奉行兼外国奉行	西丸留守居	勘定奉行兼帯
井上信濃守清直（200俵）	11/4～			～8/24							小普請奉行	町奉行	

	安政6年	万延元年	文久元年	文久2年	文久3年	元治元年	慶応元年	慶応2年	慶応3年	慶応4年	前　職	後　職	備　考
木村図書喜毅（200俵、部屋住）	11/28～				～9/26						軍艦奉行並	辞任	摂津守任官
内田主殿頭正徳（1万石）				閏8/15～	～5/20						大番頭	死去	小見川藩主
松平備後守乗原（2,000石）					8/14～11/11						講武所奉行	甲府勤番支配	
勝麟太郎義邦（100俵）						5/14～11/10					軍艦奉行並	御役御免	安房守任官
堀伊賀守利孟（1,800石）						5/25～6/29					神奈川奉行	大坂町奉行	
小栗上野介忠順（1,700石）						12/18～	～2/21				勘定奉行	御役御免	
木下謹吾利義（2,000石、部屋住）							2/2～		～6/17		軍艦奉行並	辞任	大内記任官。途中外国奉行・大目付兼帯
石野式部則義（1,100石）							4/15～	～1/7			軍艦奉行並	外国奉行	筑前守任官
岡部駿河守長常（1,200石）							閏5/1～7/8				槍奉行	清水小普請組支配	
勝安房守義邦（100俵）								5/28～		～1/17	寄合	海軍奉行並	再勤
藤澤志摩守次謙（1,500石）								10/15～	～1/19		軍艦奉行並	歩兵奉行	
木村兵庫頭喜毅（200俵）									6/24～	～2/19	軍艦奉行並	海軍所頭取	再勤
赤松左京範静（3,015石）									10/14～	～2/19	軍艦奉行並	辞任	播磨守に任官。御側左衛門尉倅
軍艦奉行並													
木村図書喜毅（200俵、部屋住）	9/10～11/28										目付	軍艦奉行	米国差遣に付昇進
勝麟太郎義邦（100俵）				閏8/17～		～5/14					二丸留守居格軍艦操練所頭取	軍艦奉行	

	安政6年	万延元年	文久元年	文久2年	文久3年	元治元年	慶応元年	慶応2年	慶応3年	慶応4年	前　職	後　職	備　考
矢田堀景蔵鴻（100俵）					3/6～	～11/22					二丸留守居格軍艦操練所頭取	御役御免勤仕並寄合	
木下謹吾利義（2,000石、部屋住）					7/1～		～2/2				二丸留守居格軍艦操練所頭取	軍艦奉行	
石野民部則義（1,100石）						10/23～	～4/15				目付	軍艦奉行	式部と改称
藤澤志摩守次謙（1,500石）							7/8～	～10/15			寄合	軍艦奉行	元・歩兵奉行並
栗本瀬兵衛鯤（300石）							8/10～11/2				先手過人	外国奉行	
木村兵庫頭喜毅（200俵）								7/26～	～6/24		寄合	軍艦奉行	元目付。再勤
池田可軒長発（600石、隠居）									1/19～6/27		隠居	辞任	元・外国奉行、筑後守、横浜鎖港談判使節正使。元1,200石
赤松左京範静（3,015石）									2/21～10/14		目付	軍艦奉行	御側左衛門尉倅
矢田堀讃岐守鴻（100俵）									9/19～	～1/28	軍艦頭	海軍総裁	再勤
軍艦頭取													
矢田堀景蔵鴻（100俵）			7/12～		～3/6						大番組・軍艦操練所頭取出役	軍艦奉行並	両番格、次いで二丸留守居格布衣
伴鉄太郎（100俵）			7/12～			～11/18					小十人組・軍艦操練所頭取出役	開成所取締役	小十人格
小野友五郎広胖（100俵）			7/12～		～12/29						牧野越中守家来より新規召出	勘定組頭	小十人格、次いで両番上席
向井将監正義（2,400石）				7/4～	～9/22						船手	使番	小十人頭格

	安政6年	万延元年	文久元年	文久2年	文久3年	元治元年	慶応元年	慶応2年	慶応3年	慶応4年	前　職	後　職	備　考
勝麟太郎義邦（100俵）				7/4～閏8/17							天守番頭格講武所砲術師範役	軍艦奉行並	二丸留守居格
荒井郁之助（100俵）				10/8～		～11/18					小十人組	講武所取締役	両番格
木下謹吾利義（2,000石、部屋住）				12/29～	～7/21						小姓組左兵衛養子・軍艦頭取出役	軍艦奉行並	両番上席、次いで二丸留守居格布衣
肥田浜五郎為良（100俵）					?～			～10/24			富士見宝蔵番格軍艦頭取出役	軍艦役	小十人格、次いで両番格
片山椿助						10/4～		転役時期不明			組頭勤方		
望月大象						11/18～		～10/24			軍艦組	軍艦役勤方	小十人格
安井畑蔵						11/18～		～10/24			軍艦組	軍艦役勤方	小十人格
鈴藤勇次郎							4/10～	～10/24			小十人格軍艦組	軍艦役勤方	小十人格
根津勢吉								8/2～10/24			小十人格軍艦組	軍艦役勤方	小十人格
軍艦所頭取													
木村兵庫頭喜毅										2/18～3/22	軍艦奉行	勘定奉行	
軍艦頭													
矢田堀景蔵鴻								10/24～	～9/19		砲兵頭	軍艦奉行並	讃岐守任官
荒井郁之助										1/9～	歩兵頭並		
肥田浜五郎為良										1/22～	軍艦頭並		
伴鉄太郎										1/22～	軍艦頭並		
内田恒次郎正章（1,500石）										1/22～	軍艦頭並		
軍艦頭並													
肥田浜五郎為良									2/7～	～1/22	軍艦役	軍艦頭	
伴鉄太郎									2/7～	～1/22	軍艦役	軍艦頭	
内田恒次郎正章									5/10～	～1/22	両番格軍艦役	軍艦頭	
榎本釜次郎武揚									7/8～	～1/28	軍艦役	海軍副総裁	和泉守任官

	安政6年	万延元年	文久元年	文久2年	文久3年	元治元年	慶応元年	慶応2年	慶応3年	慶応4年	前　職	後　職	備　考
柴誠一　(100俵)									12/24〜		軍艦役		
澤太郎左衛門									12/22〜		軍艦役		
松岡磐吉									12/22〜		軍艦役		
塚本桓輔明毅									12/22〜		軍艦役		
甲賀源吾									12/22〜		軍艦役		
軍艦役													
肥田浜五郎為良								10/24〜	〜2/7		両番上席軍艦頭取	軍艦頭並	
伴鉄太郎								10/24〜	〜2/7		両番上席軍艦頭取	軍艦頭並	
望月大象									2/22〜		軍艦役勤方		
柴誠一									3/24〜	〜12/24	軍艦役勤方	軍艦頭並	
榎本釜次郎武揚									5/10〜7/8		勇之助厄介弟・軍艦役出役	軍艦頭並	新規召出。100俵
沢太郎左衛門									7/8〜	〜1/23	軍艦役勤方	軍艦頭並	軍艦役並で発令
小笠原庄三郎									7/16〜		撒兵差図役頭取勤方改役並勤		
安井完治									7/16〜		軍艦役勤方		
福岡久右衛門										1/8〜	軍艦役勤方		
鈴藤勇次郎										1/8〜	軍艦役勤方		
松岡磐吉										〜1/22		軍艦頭並	
塚本桓輔明毅										〜1/22		軍艦頭並	
甲賀源吾										1/16〜1/22	小十人格軍艦役勤方	軍艦頭並	
小笠原賢蔵													
浜口興右衛門英幹													
伴野三次郎													
佐々倉桐太郎										1/22〜	松太郎父小十人格軍艦役勤方		

	安政6年	万延元年	文久元年	文久2年	文久3年	元治元年	慶応元年	慶応2年	慶応3年	慶応4年	前　職	後　職	備　考
大番格軍艦役勤方													
濱口興右衛門英幹								10/24～	～?		小十人組		
望月大象								10/24～	～2/22		小十人格軍艦頭取	軍艦役	
安井完治								10/24～	～7/16		小十人格軍艦頭取	軍艦役	
鈴藤勇次郎								10/24～		～1/8	小十人格軍艦頭取	軍艦役	
福岡久右衛門								10/24～		～1/8	小十人格軍艦頭取	軍艦役	
根津勢吉								10/24～			小十人格軍艦頭取		
松岡磐吉								10/24～	転役時期不明			軍艦役	
柴誠一								10/24～	～3/24		長崎奉行支配調役並	軍艦役	
島津文三郎									1/22～		中津藩士・軍艦組出役より召出		小十人格
沢太郎左衛門									5/10～	～7/8	軍艦奉行並支配・軍艦役出役	軍艦頭並	
田口直次郎										2/24～	久世隠岐守家来より召出		見習
軍艦奉行支配組頭													
石川荘次郎				10/25～					～4/10		軍艦取調役頭取	勘定組頭	勤方、元治1.9.27より本役
小林甚六郎				10/25～		～7/20						二丸留守居過人	
庄田主水						9/27～			～10/24		勤仕並寄合	開成所頭取格・海軍奉行並支配調役組頭	元・船手
依田五郎八郎								8/5～	～10/25		元・小普請組支配組頭	留守居支配組頭	
長谷川儀助								8/5～10/4			小普請組支配組頭	辞任	

	安政6年	万延元年	文久元年	文久2年	文久3年	元治元年	慶応元年	慶応2年	慶応3年	慶応4年	前　職	後　職	備　考
平野雄三郎								10/10～	～10/25		軍艦奉行並支配世話取扱	留守居支配組頭	
伊佐新次郎								11/18～	～10/25		講武所奉行支配組頭	留守居支配組頭	

（『柳営補任』、「御軍艦操練所伺等之留」、「慶應三卯年　軍艦所之留」及び「慶應四年正月至三月　海軍御用留」等より作成）

【付表3】幕府海軍関係年表

元号（西暦）	幕府海軍関係	その他
慶長19～20年(1614～15)	大坂の陣（幕府船手最後の実戦参加）	
寛永12年（1635）	大船建造禁止令（五百石積以上の軍船の建造禁止）	
天明7年（1787）		林子平「海国兵談」を執筆
寛政4年（1792）		ロシア使節ラクスマン来航
文化3～4年（1806～07）		文化魯寇（ロシア軍艦の蝦夷地襲撃）
文化7年（1810）		会津・白河両藩に江戸湾警備を命令
天保8年（1837）		モリソン号事件
同14年（1844）		オスマン・トルコ海軍、汽船による海運業を開始
嘉永6年（1853）	6月、竹川竹斎「護国論」を執筆。勝麟太郎、海防建白書を提出 7月、勝麟太郎、海防建白書を再度提出	6月、ペリー浦賀に来航 8月、台場建設開始（～1856） 10月、徳川家定、13代将軍襲封、
同7年（1854） (11月、安政に改元)	7月、竹川竹斎「護国後論」を執筆	9月、ロシア使節プチャーチン大坂湾に来航
安政2年（1855）	3～4月、勝麟太郎、大坂・伊勢警衛建白書を提出 6月、オランダ国王ウィレム3世より観光丸贈呈 8月、長崎で海軍伝習開始	
同4年（1857）	3月、観光丸、長崎～江戸間を初めて航海（矢田堀景蔵指揮） 閏5月、江戸に軍艦操練教授所設置	
同5年（1858）		イギリス海軍でイラストリアス号における一元的士官教育開始 10月、徳川家茂、14代将軍襲封
同6年（1859）	2月、長崎海軍伝習取り止め 永井尚志、初代軍艦奉行に就任（8月罷免） 11月、井上清直、木村喜毅、軍艦奉行に就任	
同7年（1860） (3月、万延に改元)	1月、咸臨丸を米国へ派遣（～5月） 3月、鵬翔丸、材木商片寄平蔵所有の塩を小名浜へ廻送	3月、桜田門外の変

	閏3月、軍艦による神奈川港警衛開始 4月、観光丸を佐賀藩へ貸与（〜文久3年12月） 7月、神奈川警衛船朝陽丸、英国馬運送船捜索のため出動 鵬翔丸、下田で破船 9月、竹川竹斎「老翁ノ勇言」を執筆。	
万延2年（1861） （2月、文久に改元）	1月、幕府、軍艦方に神奈川〜長崎、箱館〜長崎間の海岸通測量を発令 4〜5月、咸臨丸、小栗忠順を乗せ対馬へ急派（ポサドニック号事件対応） 5月、竹川竹斎「賤廼雄誥」執筆。 小野友五郎、望月大象、江戸内海の砲台位置等について答申 6月、軍艦組創設 7月、矢田堀景蔵、伴鉄太郎、小野友五郎、初の軍艦頭取に任命 8月、神奈川警衛船蟠龍丸、英国測量船を追跡 閏8月、小普請組225名を軍艦奉行支配へ転属 12月、小笠原開拓に咸臨丸、朝陽丸を相次いで派遣（〜文久2年3月）	2月、ポサドニック号事件（ロシア軍艦の対馬滞泊。〜8月） 4月、若年寄遠藤胤統、酒井忠毗を海陸御備向并軍制取調御用に任命 南北戦争はじまる（〜1865年4月）
文久2年（1862）	7月、船手廃止千代田形起工（文久3年進水、慶応2年就役） 勝麟太郎、軍艦方に復帰 閏8月、海軍建設計画・士官待遇改善の建議 12月、小野友五郎「江都海防真論」を執筆 勝麟太郎、諸港及び摂海警衛建白書を提出	8月、生麦事件
同3年（1863）	3月、長崎製鉄所完工 4月、神戸に海軍操練所を設置 6月、昌光丸を対馬藩に貸与するも翌月対馬沖で破船 9月、木村喜毅、軍艦奉行を辞任 12月、将軍徳川家茂、海路上洛（〜文久4年1月）	3月、イギリス艦隊、横浜に入港 7月、薩英戦争 8月、八月十八日の政変
同4年（1864） （2月、元治に改元）	9〜10月、天狗党鎮圧のため黒龍丸を派遣、対地砲撃を実施 4月、軍艦による神奈川港警衛取り止め 小普請組80名を軍艦奉行支配へ転属 5月、勝麟太郎、軍艦奉行に昇格	6月、池田屋事件 7月、禁門の変 8月、馬関戦争

元治2年（1865） （4月、慶応に改元）	11月、勝義邦、軍艦奉行罷免 1月、横須賀製鉄所、建設開始（明治4年完工）	オスマン・トルコ海軍、帝室財務局出資のフェヴァイード汽船を監督下に置く
慶応2年（1866）	3月、神戸海軍操練所廃止 5月、勝義邦、軍艦奉行再任 6月、第2次幕長戦争開戦。軍艦方は大島口、小倉口に投入 7月、軍艦操練所、海軍所と改称（軍艦方→海軍方） 木村喜毅、軍艦奉行並再任（慶応3年6月、軍艦奉行に昇格） 海軍方、老中小笠原長行と共に小倉口から撤退 10月、船将級人事を実施、11名が昇格。	7月、徳川家茂、大坂城で陣没 12月、徳川慶喜、15代将軍襲封 慶応の改革はじまる
同3年（1867）	12月、江戸内海～観音崎間で回天、咸臨丸が薩摩艦と交戦	10月、大政奉還
同4年（1868） （9月、明治に改元）	1月、阿波沖海戦 徳川慶喜、開陽で大坂を脱出 榎本武揚、指揮下艦船に傷病兵、正金を収容して大坂を撤退 海軍方の役名唱替 水夫・火焚採用制度の変更（塩飽島出身者以外からの採用） 勝義邦、海軍奉行並に昇格 矢田堀鴻、榎本武揚、海軍総裁、海軍副総裁にそれぞれ昇格 2月、海軍方、大規模な士官人事を実施 4月、榎本武揚指揮下の艦隊、館山沖へ脱走（同月品川へ帰投） 新政府へ富士山以下4隻引き渡し 5月、寺泊沖海戦 8月、榎本武揚指揮下の艦隊、再度脱走 10月、静岡藩、海軍学校設立を決定 11月、榎本艦隊の旗艦開陽、江差沖で破船	1月、鳥羽伏見の戦い 4月、江戸城明け渡し 5月、彰義隊、上野で壊滅（上野戦争） 徳川家、駿河70万石への移封決定（静岡藩）
明治2年（1869）	1月、静岡藩、海軍局を廃止、勘定所の下に運送方を設置 3月、宮古湾海戦 5月、箱館沖海戦 榎本武揚、箱館で新政府軍に降伏	7月、兵部省設置
同5年（1872）		2月、兵部省廃止、海軍省設置

参考文献リスト

史　料

（1）未公刊史料

慶應義塾図書館蔵『木村芥舟関係資料』。
神戸市立博物館蔵『天保山魯船図』。
国立公文書館内閣文庫蔵「御軍艦操練所伺等之留」。
――――「御軍艦所之留」。
――――「海軍御用留」。
――――「諸家系譜」。
――――「多聞櫓文書」。
国立国会図書館蔵『勝海舟関係文書』。
竹川竹斎「射和文庫射陽書院略目録」（慶應義塾三田メディアセンター蔵）。
竹川裕久氏蔵『射和文庫』。
谷口尚真「咸臨丸ニ関スル研究」（慶應義塾福澤研究センター蔵、複写）。
東京大学史料編纂所蔵『江都海防真論』。
――――『維新史料稿本』。
――――『外務省引継書類』。

東京都江戸東京博物館蔵『勝海舟関係文書』。

――――『本宿家文書』。

広島県立文書館蔵『東京府日本橋区　小野友五郎家文書』。

（2）公刊史料

赤松範一編注『赤松則良半生談――幕末オランダ留学の記録』（平凡社、一九七七年）。

石井良助、服藤弘司編『幕末御触書集成』（岩波書店、一九九二～一九九七年）。

維新史學會編『幕末維新外交史料集成』（財政經濟學會、一九四二～一九四四年）。

いわき市編『いわき市史　別巻　常磐炭田史』（一九八九年）。

岩田澄子「桜田門外の変に関する新資料　翻刻　竹川竹斎『川船の記　巻五』」二―一・二―二（『武蔵野学院大学日本総合研究所研究紀要』七～八輯、二〇〇九年三月～二〇一〇年三月）。

江藤淳、松浦玲編『氷川清話』（講談社、二〇〇〇年）。

大阪市編『大阪市史』（清文堂、一九六五年。復刻）。

小野正雄監修『杉浦梅潭日付日記』（杉浦梅潭日記刊行会、一九九一年）。

外務省調査部編『大日本外交文書』（日本国際協会、一九三六～一九四〇年）。

勝海舟全集刊行会編『勝海舟全集』（講談社、一九七二～一九九四年）。

勝小吉著、勝部真長編『夢酔独言　他』（平凡社、二〇〇〇年）。

カッテンディーケ『長崎海軍伝習所の日々　日本滞在記抄』水田信利訳（平凡社、一九六四年）。

川澄哲夫『増補改訂版　中浜万次郎集成』（小学館、二〇〇一年）。

京都国立博物館編『国指定重要文化財　坂本龍馬関係資料』（一九九九年）。

慶應義塾図書館編『木村摂津守喜毅日記』（塙書房、一九七七年）。

黄栄光「幕末期千歳丸・健順丸の上海派遣等に関する清国外交文書について」（『東京大学史料編纂所研究紀要』十三号、二〇〇三年三月）。

神戸市『新修神戸市史　歴史編Ⅲ近世』（一九九二年）。

ゴロウニン『日本俘虜実記（上）（下）』徳力真太郎訳（講談社、一九八四年）。

佐賀県立図書館編『佐賀県史料集成　古文書編』八巻、一九六四年）。

史籍研究会編『内閣文庫所蔵史籍叢刊35　弘化雑記・嘉永雑記』（汲古書院、一九八三年）。

――『内閣文庫所蔵史籍叢刊36　安政雑記』（汲古書院、一九八三年）。

鈴木棠三、小池章太郎編『藤岡屋日記』（三一書房、一九八七～一九九五年）。

住田正一編『日本海防史料叢書』（海防史料刊行会、一九三二～一九三三年。一九八九年、クレス出版より復刻）。

続群書類従完成会編『寛政重修諸家譜』（続群書類従完成会、一九六四～一九六七年）。

竹川竹斎翁百年祭実行委員会編『射和文庫蔵書目録』（竹川竹斎翁百年祭実行委員会、一九八一年）。

東京市役所編『東京市史外篇第三　講武所』（東京市、一九三〇年）。

東京大学史料編纂所編『大日本近世史料　柳営補任』（東京大学出版会、一九六三～一九七〇年）。

――『大日本古文書　幕末外国関係文書』（東京大学出版会、一九八四～一九八六年、復刻）。

戸羽山瀚編著『江川坦庵全集』（巌南堂書店、一九七二年）。

中島義生『中島三郎助文書』（私家版、一九九六年）。

日米修好通商条約百年記念行事運営会編『万延元年遣米使節史料集成』（風間書房、一九六〇～一九六一年）。

日本史籍協会編『坂本龍馬関係文書』（北泉社、一九九六年、復刻）。

日蘭学会編、大久保利謙編著『幕末和蘭留学関係史料集成』（雄松堂書店、一九八二年）。

――『続幕末和蘭留学関係史料集成』（雄松堂書店、一九八四年）。

八王子市郷土資料館編『八王子千人同心関係史料集　第8集』（二〇〇一年）。

フォス美弥子編『海国日本の夜明け』（思文閣出版、二〇〇〇年）。

保谷徹「熊本藩士木村鉄太渡航談聞書」（『東京大学史料編纂所紀要』五号、一九九五年三月）。

堀内信編『南紀徳川史　13巻』（名著出版、一九七一年）。

三重県飯南郡教育会編『竹川竹斎翁』（一九一五年）。

宮崎道生『定本　折たく柴の記釈義』（至文堂、一九六四年）。

望月大象「富士山艦長望月大象、長州征伐日記」（仲田正之編『近世史料　補遺―韮山町史別篇資料集五―』韮山町史刊行委員会、一九九八年）。

山内敏秀編著『戦略論大系⑤　マハン』（芙蓉書房出版、二〇〇二年）。

山口県編『山口県史　史料編　幕末維新三』（二〇〇七年）。

横浜市編『横浜市史　補巻』（一九八二年）。

横浜開港資料館編『木村芥舟とその史料　旧幕臣の記録』（一九八八年）。

書　籍

青木栄一『シー・パワーの世界史①　海軍の誕生と帆走海軍の発達』（出版協同社、一九八二年）。

――『シー・パワーの世界史②　蒸気力海軍の発達』（出版協同社、一九八三年）。

淺川道夫『お台場―品川台場の設計・構造・機能―』（錦正社、二〇〇九年）。

――『江戸湾海防史』（錦正社、二〇一〇年）。

安達裕之『異様の船―洋式船導入と鎖国体制―』（平凡社選書、一九九五年）。

荒野泰典『近世日本と東アジア』（東京大学出版会、一九八八年）。

飯島千秋『江戸幕府財政の研究』（吉川弘文館、二〇〇四年）。

飯田嘉郎『日本航海術史』（原書房、一九八〇年）。

池田清『日本の海軍』（至誠堂、一九六六～一九六七年）。

石井孝『勝海舟』（吉川弘文館、一九七四年）。

石津朋之編『戦争の本質と軍事力の諸相』（彩流社、二〇〇四年）。

石橋絢彦『回天艦長甲賀源吾伝　附・函館戦記』（甲賀源吾伝刊行会、一九三三年）。

井野辺茂男『新訂　維新前史の研究』（中文館書店、一九四二年）。

岩下哲典『幕末日本の情報活動　改訂増補版』（雄山閣、二〇〇八年四月）。

マックス・ウェーバー『権力と支配』濱島朗訳（有斐閣、一九六七年）。

上野利三・高倉一紀編『伊勢商人竹口家の研究』（和泉書院、一九九九年）。

上野利三『幕末維新期　伊勢商人の文化史的研究』（多賀出版、二〇〇一年）。

宇田川武久『瀬戸内水軍』（教育社歴史新書、一九八一年）。

――『日本の海賊』（誠文堂新光社、一九八三年）。

大山柏『戊辰役戦史』（時事通信社、一九六八年）。

小川亜弥子『幕末期長州藩洋学史の研究』（思文閣出版、一九九八年）。

小川恭一『徳川幕府の昇進制度―寛政十年末旗本昇進表』（岩田書院、二〇〇六年）。

小川雄『徳川権力と海上軍事』（岩田書院、二〇一六年）。

海軍有終会編『近世帝国海軍史要』（海軍有終会、一九三八年。一九七四年、原書房より復刻）。

海軍歴史保存会編『日本海軍史』（第一法規出版、一九九五年）。

門松秀樹『開拓使と幕臣　幕末・維新期の行政的連続性』（慶應義塾大学出版会、二〇〇九年）。

上白石実『幕末の海防戦略　異国船を隔離せよ』（吉川弘文館、二〇一一年）。

――『幕末期対外関係の研究』（吉川弘文館、二〇一一年）。

神谷大介『幕末期軍事技術の基盤形成―砲術・海軍・地域―』（岩田書院、二〇一三年）。

河北展生、佐志傳編著『「福翁自伝」の研究』（慶應義塾大学出版会、二〇〇六年）。

倉沢剛『幕末教育史の研究　一～三』（吉川弘文館、一九八三～一九八六年）。

黒田英雄『世界海運史』（成山堂書店、一九七九年）。

公爵島津家編輯所編『薩藩海軍史』（薩藩海軍史刊行会、一九二八～一九二九年。一九六八年、原書房より復刻）。

小松香織『オスマン帝国の海運と海軍』（山川出版社、二〇〇二年）。

阪口修平、丸畠宏太編著『近代ヨーロッパの探求12　軍隊』（ミネルヴァ書房、二〇〇九年）。

作道洋太郎『日本貨幣金融史の研究』（未来社、一九六一年）。

佐藤和夫『海と水軍の日本史』（原書房、一九九五年）。

――『水軍の日本史』（原書房、二〇一二年）。

佐藤昌介『洋学史の研究』（中央公論社、一九八〇年）。

――『洋学史論考』（思文閣出版、一九九三年）。

佐藤正夫『品川台場史考』（理工学社、一九九七年）。

佐野真由子『オールコックの江戸―初代英国公使が見た幕末日本』（中央公論新社、二〇〇三年）。

品川区立品川歴史館編『平成23年度特別展　品川御台場』（品川区立品川歴史館、二〇一一年）。

篠原宏『海軍創設史―イギリス軍事顧問団の陰』（リブロポート、一九八六年）。

沈箕載『幕末維新日朝外交史の研究』臨川書店、一九九七年）。

末松謙澄『修訂防長回天史』（東京国文館、一九一三年）。

造船協会編『日本近世造船史』（弘道館、一九一一年）。

園田英弘『西洋化の構造―黒船・武士・国家―』（思文閣出版、一九九三年）。

高木昭作『日本近世国家史の研究』（岩波書店、一九九〇年）。

高木不二『幕末維新期の米国留学　横井左平太の海軍修学』（慶應義塾大学出版会、二〇一五年）。

竹川竹斎翁百年祭実行委員会編『竹川竹斎』（一九八一年）。

立川京一ほか編『シリーズ軍事力の本質②シー・パワー』（芙蓉書房出版、二〇〇八年）。

田所昌幸編『ロイヤル・ネイビィーとパクス・ブリタニカ』（有斐閣、二〇〇六年）。

田中健夫『中世海外交渉史の研究』（東京大学出版会、一九五九年）。

――『中世対外関係史』（東京大学出版会、一九七五年）。

田中弘之『幕末の小笠原―欧米の捕鯨船で栄えた緑の島―』（中央公論社、一九九七年）。

田保橋潔『近代日鮮関係の研究』（朝鮮総督府中枢院、一九四〇年）。

C・M・チポラ『大砲と帆船』大谷隆昶訳（平凡社、一九九六年）。

土居良三『軍艦奉行木村摂津守　近代海軍誕生の陰の立役者』（中央公論社、一九九四年）。

中岡哲郎ほか編『新体系日本史11　産業技術史』（山川出版社、二〇〇一年）。

マクレガー・ノックス、ウィリアムソン・マーレー編著『軍事革命とRMAの戦略史』今村伸哉訳（芙蓉書房、二〇〇四年）。

野村実『日本海軍の歴史』（吉川弘文館、二〇〇二年）。

橋本昭彦『江戸幕府試験制度史の研究』（風間書房、一九九三年）。

橋本進『咸臨丸還る―蒸気方小杉雅之進の軌跡』（中央公論新社、二〇〇一年）。

――『咸臨丸、大海をゆく―サンフランシスコ航海の真相』（海文堂出版、二〇一〇年）。

原剛『幕末海防史の研究―全国的にみた日本の海防態勢―』（名著出版、一九八八年）。

サミュエル・ハンチントン『軍人と国家』市川良一訳（原書房、二〇〇八年）。

樋口雄彦『旧幕臣の明治維新―沼津兵学校とその群像』（吉川弘文館、二〇〇五年）。

――『沼津兵学校の研究』（吉川弘文館、二〇〇七年）。

秀島成忠編『佐賀藩海軍史』（知新会、一九一七年。一九七二年、原書房より復刻）。

日野清三郎著、長正統編『幕末における対馬と英露』（東京大学出版会、一九六八年）。

平野龍二『日清・日露戦争における政策と戦略　「海洋限定戦争」と陸海軍の協同』（千倉書房、二〇一五年）。

広島城編『長州戦争と広島　展示図録』（二〇一三年）。

馮青『中国海軍と近代日中関係』（錦正社、二〇一一年）。

深井雅海『図解・江戸城をよむ』（原書房、一九九七年）。

――『江戸城―本丸御殿と幕府政治』（中央公論新社、二〇〇八年）。

藤井哲博『咸臨丸航海長小野友五郎の生涯　幕末明治のテクノクラート』（中央公論社、一九八五年）。

――『長崎海軍伝習所　19世紀東西文化の接点』（中央公論社、一九九一年）。

藤野保『幕藩制国家と明治維新』（清文堂出版、二〇〇九年）。

文倉平次郎『幕末軍艦咸臨丸』（巌松堂、一九三八年。一九六九年、名著刊行会より復刻）。

保谷徹『戊辰戦争』（吉川弘文館、二〇〇七年）。

――『幕末日本と対外戦争の危機―下関戦争の舞台裏』（吉川弘文館、二〇一〇年）。

本庄栄治郎『本庄栄治郎著作集第9巻　幕末維新の諸研究』（清文堂出版、一九七三年）。

前田勉『近世日本の儒学と兵学』（ぺりかん社、一九九六年）。

――『兵学と朱子学・蘭学・国学―近世日本思想史の構図』（平凡社、二〇〇六年）。

眞壁仁『徳川後期の学問と政治』（名古屋大学出版会、二〇〇七年）。

松浦章『海外情報からみる東アジア―唐船風説書の世界―』（清文堂出版、二〇〇九年）。

松浦玲『勝海舟』（中央公論社、一九六八年）。

――『勝海舟と幕末明治』（講談社、一九七三年）。

――『明治の海舟とアジア』（岩波書店、一九八七年）。

――『勝海舟』（筑摩書房、二〇一〇年）。

松枝正根『古代日本の軍事航海史』上下巻（かや書房、一九九三～九四年）。

松岡英夫『大久保一翁　最後の幕臣』（中央公論社、一九七九年）。

マイケル・マン『ソーシャル・パワー：社会的な〈力〉の世界歴史Ⅱ　階級と国民国家の「長い19世紀」（下）』森本醇、君塚直隆訳（ＮＴＴ出版、二〇〇五年）。

三谷博『明治維新とナショナリズム―幕末の外交と政治変動―』（山川出版社、一九九七年）。

――『ペリー来航』（吉川弘文館、二〇〇三年）。

宮永孝『幕末オランダ留学生の研究』（日本経済評論社、一九九〇年）。

明治維新史学会編『明治維新と西洋国際社会』（吉川弘文館、一九九九年）。

――『明治維新とアジア』（吉川弘文館、二〇〇一年）。

安岡昭男『明治維新と領土問題』（教育社、一九八〇年）。

――『幕末維新の領土と外交』（清文堂出版、二〇〇二年）。

山内譲『海賊と海城』（平凡社選書、一九九七年）。

――『豊臣水軍興亡史』（吉川弘文館、二〇一六年）。

山口徹『日本近世商業史の研究』（東京大学出版会、一九九一年）。

山下恭『近世後期瀬戸内塩業史の研究』（思文閣出版、二〇〇六年）。

山本博文『鎖国と海禁の時代』（校倉書房、一九九五年）。

山本英貴『江戸幕府大目付の研究』（吉川弘文館、二〇一一年）。

柚木學『近世海運史の研究』（法政大学出版局、一九七九年）。

横井勝彦『アジアの海の大英帝国　19世紀海洋支配の構図』（講談社、二〇〇四年）。

――『大英帝国の〈死の商人〉』（講談社、一九九七年）。

横須賀市編『新横須賀市史　別編　軍事』（二〇一二年）。

吉野俊彦『忘れられた元日銀總裁―富田鐵之助傳―』（東洋経済新報社一九七四年）。

論文等

青木隆幸「福澤諭吉、島津文三郎、そして佐久間象山―北信濃に残る福澤諭吉関連史料から―」（『福澤手帖』百五十五号、二〇一二年十二月）。

秋政久裕「長州戦争と幕府海軍」（広島城編『長州戦争と広島　展示図録』二〇一三年）。

淺井良亮「嘉永六年の江戸湾巡見」（『佛教大学大学院紀要　文学研究科篇』三十九号、二〇一一年三月）。

淺川道夫「江戸湾内海の防衛と品川台場」（『軍事史学』一五三号、二〇〇三年六月）。

――「品川台場にみる西洋築城技術の影響」（『土木史研究　講演集』Vol. 27、土木学会、二〇〇七年七月）。

大豆生田稔「幕末開港と上海貿易」（田中健夫編『前近代の日本と東アジア』吉川弘文館、一九九五年）。

安達裕之「海軍興起―久世・安藤政権の海軍政策―」（『海事史研究』六十三号、二〇〇六年十一月）。

――「猶ほ土蔵附売家の栄誉を残す可し―横須賀製鉄所の創立―」（『海事史研究』六十四号、二〇〇七年十二月）。

天野雅敏「維新期の徳島藩商法方政策と藩有汽船戊辰丸について」（柚木学編『日本水上交通史論集第三巻　瀬戸内海水上交通史』文献出版、一九八九年）。

荒川秀俊「矢田堀讃岐守鴻」（『日本歴史』三百八十七号、一九八〇年八月）。

荒野泰典「明治維新期の日朝外交体制「一元化」問題」（田中健夫編『日本前近代の国家と対外関係』、吉川弘文館、一九八七年）。

有泉和子「19世紀はじめの北方紛争とロシア史料：遠征の後始末」（『東京大学史料編纂所紀要』十八号、二〇〇八年三月）。

有田辰男「幕末・維新期の石炭産業の一側面」（『経営と経済』四十九巻二号、一九六九年七月）。

飯島章「文久の軍制改革と旗本知行所徴発兵賦」（『千葉史学』二十八号、一九九六年五月。家近良樹編『幕末維新論集3　幕政改革』（吉川弘文館、二〇〇一年に再録）。

飯田嘉郎「伊呂波丸事件について」（『海事史研究』十六号、一九七一年四月）。

――「咸臨丸の航海技術」（『海事史研究』十七号、一九七一年十月）。

――「戦力として見た航海術の回顧」（『軍事史学』三十九号、一九七四年十二月）。

石川寛「明治維新期における対馬藩の動向」（『歴史学研究』七百九号、一九九八年四月）。

――「明治維新期の対馬藩政と日朝関係」（『朝鮮学報』百八十三輯、二〇〇二年四月）。

――「日朝関係の近代的改編と対馬藩」（『日本史研究』四百八十号、二〇〇二年八月）。

石塚裕道「幕藩営軍事工業の形成（1）・（2）」（『史学雑誌』八十編八・九号、一九七一年八・九月）。

市来俊男「中国海軍の建設と日本海軍」（『軍事史学』三十九号、一九七四年十二月）。

市村祐子「幕末明治初期における伊勢国松坂の茶の湯」（『茶の湯文化学』十六号、二〇〇九年三月）。

井上勝生「「万国公法」と幕末の国際関係」（田中彰編『日本の近世18　近代国家への志向』、一九九四年）。

岩下哲典「アヘン戦争情報の伝達と受容」（明治維新史学会編『明治維新と西洋国際社会』吉川弘文館、一九九九年）。

――「江戸時代における白旗認識と「ペリーの白旗」」（『青山史学』二十一号、二〇〇三年三月）。

岩田澄子「竹川竹斎『川船の記　巻五』」（『武蔵野学院大学日本総合研究所研究紀要』五号、二〇〇八年三月）。

――「竹川竹斎『川船の記　巻五』―解題と目次―」（『武蔵野学院大学日本総合研究所研究紀要』六号、二〇〇八年四月）。

――「開国論者・竹川竹斎の茶に関する活動について」（『茶の湯文化学』十八号、二〇一一年二月）。

上野隆生「幕末・維新期の朝鮮政策と対馬藩」（近代日本研究会編『年報・近代日本研究』七号、一九八五年）。

上野利三「射和文庫所蔵の江戸時代科学技術史資料について」（『松阪大学地域社会研究所報』十六号、二〇〇四年三月）。

鵜飼政志「一八六三年前後におけるイギリス海軍の対日政策」（『学習院史学』三十七号、一九九九年三月）。

――「海図と外交」（鵜飼政志ほか編『歴史を読む』東京大学出版会、二〇〇四年）。

――「イギリス関係史料と明治維新史研究の歩み」（明治維新史学会編『明治維新と史料学』吉川弘文館、二〇一〇年）。

――「ペリー来航と内外の政治状況」（明治維新史学会編『幕末政治と社会変動』有志舎、二〇一一年）。

大井知範「ドイツ海軍」（三宅正樹ほか編『ドイツ史と戦争』彩流社、二〇一一年）。

大口勇次郎「文久期の幕府財政」（近代日本研究会編『年報・近代日本研究』三号、一九八一年）。

大久保利謙「海舟勝麟太郎と蘭学」（『大久保利謙歴史著作集5　幕末維新の洋学』吉川弘文館、一九八六年）。

太田弘毅「海防・海外発展の書としての『雄飛論』」（『軍事史学』二十四号、一九七一年四月）。

――「『日本防考略』の倭寇論」（『政治経済史学』五百十四号、二〇〇九年八月）。

小川亜弥子「幕末期長州藩の洋学と海軍建設」（有元正雄先生退官記念論文集刊行会編『近世近代の社会と民衆』清文堂出版、一九九三年）。

小川雄「徳川家奉行人小笠原正吉について」（『戦国史研究』五十三号、二〇〇七年二月）。

――「徳川氏の海上軍事と幡豆小笠原氏」（『織豊期研究』九号、二〇〇七年十月。同『徳川権力と海上軍事』岩田書院、二〇一六年に再録)。

――「船手頭石川政次に関する考察」(『海事史研究』六十五号、二〇〇八年十二月。同『徳川権力と海上軍事』に再録)。

荻生茂博「幕末士人と言説形成　海防論者の「場」」(『江戸の思想』三号、一九九六年二月)。

――「海防論再考」(『江戸の思想』九号、一九九八年十二月)。

奥山英男「幕末の軍事改革について」(『法政史学』十九号、一九六七年一月)。

落合則子「川村清雄の海軍関係作品の製作経緯について」(『東京都江戸東京博物館研究報告』第十六号、二〇一〇年三月)。

梶輝行「近世後期の日本における洋式兵学の導入」(『戦いのシステムと対外戦略』東洋書林、一九九九年)。

――「高島流砲術から三兵戦術への展開」(『攻撃と防衛の軌跡』東洋書林、二〇〇二年)。

春日豊「北海道石炭業の技術と労働」(国際連合大学編『国連大学人間と社会の開発プログラム研究報告』一九八一年)。

加藤英明「徳川幕府外国方」(『法政論叢』〔名古屋大学法学部〕九十三号、一九八二年十月)。

門松秀樹「明治草創期における幕臣と明治政府との関係に関する一考察」(『法学政治学論究（法学・政治学・社会）』〈慶應義塾大学〉、四十六号、二〇〇〇年九月)。

――「開拓使における旧幕臣」(『法政論叢』三十八巻二号、二〇〇二年六月)。

――「開拓使における旧箱館奉行所吏員の「中継」性に関する考察」(『法学研究』〈慶應義塾大学法学研究会〉、八十巻六号、二〇〇七年六月)。

――「明治維新期における朝臣に関する考察」(『法学研究』〈慶應義塾大学法学研究会〉、八十二巻二号、二〇〇九年二月)。

上白石実「弘化・嘉永年間の対外問題と阿部正弘政権」(『地方史研究』二百三十一号、一九九一年六月)。

――「安政改革期における外交機構」(『日本歴史』五百三十七号、一九九三年二月)。

――「筒井正憲～開港前後の幕臣の危機意識について」(『史苑』五十四巻一号、一九九三年十二月)。

――「寛政期対馬藩の海防体制」(『白山史学』四十号、二〇〇四年四月)。

神谷大介「浦賀奉行所における西洋砲術導入問題」(『市史研究横須賀』二号、二〇〇三年一月。同『幕末期軍事技術の基盤形成』に再録)。

——「嘉永・安政期の幕府海軍創設計画」(『京浜歴科研年報』十七号、二〇〇三年二月。同『幕末期軍事技術の基盤形成』に再録)。

——「弘化・嘉永期における幕府砲術稽古場と江戸湾防備の展開」(京浜歴史科学研究会編『近代京浜社会の形成』岩田書院、二〇〇四年。同『幕末期軍事技術の基盤形成』に再録)。

——「幕末期における浦賀湊の大砲鋳造事業」(京浜歴科研年報二十号、二〇〇八年二月。同『幕末期軍事技術の基盤形成』に再録)。

——「幕末期における幕府艦船運用と寄港地整備」(『地方史研究』三百三十二号、二〇〇八年四月。同『幕末期軍事技術の基盤形成』に再録)。

——「幕末期における石炭供給体制の展開と相州浦賀湊」(『関東近世史研究』六十四号、二〇〇八年七月。同『幕末期軍事技術の基盤形成』に再録)。

——「文久・元治期の将軍上洛と「軍港」の展開」(『関東近世史研究』七十二号、二〇一二年十月)。

河岡武春「船手組の成立と機能及び變質(一)」(『史学研究』〔広島大学文学部広島史学研究会〕七十一号、一九五九年一月)。

川口雅昭「三田尻海軍学校の教育」(『広島大学教育学部紀要　第一部』二十七号一九七九年三月)。

菊池久「維新の変革と幕臣の系譜:改革派勢力を中心に(1)~(7)」(『北大法学論集』二十九巻三・四号~三十三巻五号、一九七九年三月~一九八三年三月)。

——「維新期幕臣研究再論(一)・(二)」(『釧路論集』二十五・二十六号、一九九三年一一・一九九四年十一月)。

亀掛川博正「幕府倒壊期における軍制改革の諸構想(上)・(下)」(『軍事史学』九・十号、一九六七年.五・八月)。

——「幕末における軍事官僚の形成」(『軍事史学』二十二号、一九七〇年八年)。

——「幕末幕府陸軍の動向」(『軍事史学』二十七号、一九七一年十二月)。

――「慶応幕政改革について（Ⅰ）・（Ⅱ）・（Ⅲ）」（『政治経済史学』百六十四〜百六十六号、一九八〇年一月〜三月）。

――「慶応三年、幕府の朝鮮遣使計画について（Ⅰ）〜（Ⅲ）」（『政治経済史学』三百七〜三百九号、一九八二年一〜三月）。

――「外交官としての小栗忠順」（『政治経済史学』二百七十七号、一九八九年五月）。

岸田裕之「生本伝九郎と小野友五郎」（『岡山県立記録資料館紀要』十一号、二〇一六年三月）。

岸本覚「幕末海防論と「境界」意識」（『江戸の思想』九号、一九九八年十二月）。

北野雄士「横井小楠と坂本龍馬」（『大阪産業大学人間環境論集』三、二〇〇四年六月）。

木部和昭「幕府海運機構における下関の役割」（『社会文化史学』三十号、一九九三年二月）。

金光男「幕末九州の石炭開発に関する一考察」（『ユーラシア研究』五巻三号、二〇〇八年十二月）。

金蓮玉「長崎「海軍」伝習再考」（『日本歴史』八百十四号、二〇一六年三月）。

木村直也「文久三年対馬藩援助要求運動について」（田中健夫編『日本前近代の国家と対外関係』吉川弘文館、一九八七年）。

――「幕末期の日朝関係と征韓論」（『歴史評論』五百十六号、一九九三年四月）。

――「幕末期の幕府の朝鮮政策」（田中健夫編『前近代の日本と東アジア』吉川弘文館、一九九五年。紙屋敦之、木村直也編『展望日本歴史14　海禁と鎖国』東京堂出版、二〇〇二年に再録）。

吉良芳恵「幕末維新期の軍制と英仏駐屯軍」（『戦いと民衆』東洋書林、二〇〇〇年）。

久野勝弥「小野友五郎の第一回渡米について」（『日本歴史』二百九十六号、一九七三年一月）。

――「小野友五郎の第二回渡米について」（『日本歴史』三百四十一号、一九七六年十月）。

久保田恭平「幕末・明治初期の日本海軍とイギリス」（『日本歴史』二百九十六号、一九七三年一月）。

熊澤徹「幕末の軍制改革と兵賦徴発」（『歴史評論』四百九十九号、一九九一年十一月）。

――「幕末維新期の軍事と徴兵」（『歴史学研究』六百五十一号、一九九三年十月）。

――「幕府軍制改革の展開と挫折」（坂野潤治ほか編『講座日本近現代史1』岩波書店、一九九三年）。

――「幕末の鎖港問題と英国の軍事戦略」（『歴史学研究』七百号、一九九七年八月）。

熊谷光久「毛利家海軍士官の養成」(『軍事史学』百三十七号、一九九九年六月)。

倉田貞「松阪商人「竹口家」の経営戦略」(『松阪大学地域社会研究所報』四号、一九九二年二月)。

倉田貞・中井良宏「竹口家の家訓と江戸店の経営」(『松阪大学地域社会研究所報』六号、一九九四年二月)。

後藤敦史「幕末期通商政策への転換とその前提」(『歴史学研究』八百九十四号、二〇一二年七月)。

――「一八～一九世紀の北太平洋と日本の海国」(桃木至朗・秋田茂編『グローバルヒストリーと帝国』大阪大学出版会、二〇一三年)。

阪口修平「社会的規律化と軍隊」(『規範と統合』岩波書店、一九九〇年)。

坂本保富「佐久間象山の洋学研究とその教育的展開」(『教職研究』四号、二〇一一年六月)。

佐志傳「咸臨丸搭乗者長尾幸作の生涯」(『史学』三十六巻二・三号、一九六三年九月)。

佐藤匠「箱館奉行所における外交政策」(『政治経済史学』四百五十六号、二〇〇四年八月)。

佐野真由子「幕臣筒井正憲における徳川の外交」(『日本研究』三十九号、二〇〇九年三月)。

――「坂本龍馬と開明派幕臣の系譜」(岩下哲典・小美濃清明編『龍馬の世界認識』藤原書店、二〇一〇年)。

――「引き継がれた外交儀礼」(笠谷和比古編『一八世紀日本の文化状況と国際環境』思文閣出版、二〇一一年)。

沈箕載「幕末期の幕府の朝鮮政策と機構の変化」(『史林』七十七巻二号、一九九四年三月)。

杉本恭一「「咸臨丸」太平洋横断航海の意義」(『北陸史学』五十三号、二〇〇四年十二月)。

杉山謙一郎「明治の企業家杉山徳三郎の研究　内輪式蒸気船「先登丸」について」(『千葉商大論叢』四十巻三号、二〇〇二年十二月)。

杉山信亮「『氷川清話』にみたる勝海舟の教育思想」(『政治経済史学』二百七十七号、一九八九年五月)。

鈴木淳「鉄砲鍛冶から機械工へ」(近代日本研究会編『年報・近代日本研究』十四号、一九九二年)。

鈴木隆春「西南戦争における政府の対応と海軍の行動」(『軍事史学』百八十三号、二〇一〇年十二月)。

M・W・スティール「維新への抵抗」(近代日本研究会編『年報・近代日本研究』三号、一九八一年)。

ウラジミル・S・ソボレフ「露日関係資料としてのI・F・リハチョフの中国海域艦隊の文書」(『東京大学史料編纂所紀

要』十七号、二〇〇七年三月）。

高木昭作「近世の軍勢」（『日本史研究』三百八十八号、一九九四年十二月）。

高木不二「長州再征期の越前藩と薩摩藩」（『史学』六十八巻一・二号、一九九九年一月）。

高倉一紀「伊勢商人中万竹口家の教養と国学」（『松阪大学地域社会研究所報』五号、一九九三年二月）。

高輪真澄「木村喜毅と文久軍制改革」（『史学』五十七巻四号、一九八八年三月）。

高橋茂夫「徳川家海軍の職制」（『海事史研究』三・四号、一九六五年四月）。

――「創建期の旧帝国海軍」（『軍事史学』二十五号、一九七一年六月）。

瀧川修吾「山田方谷と征韓論」（『法学研究年報』〈日本大学大学院法学研究科〉三十二号、二〇〇三年三月）。

――「征韓論と勝海舟」『法学研究年報』〈日本大学大学院法学研究科〉三十三号、二〇〇四年三月）。

――「対馬藩の征韓論に関する比較考察」（『法学研究年報』〈日本大学大学院法学研究科〉三十五号、二〇〇六年二月）。

田代和生「一七世紀末より一八世紀初に至る対馬藩の朝鮮貿易経営」（『社会経済史学』四十一巻一号、一九七五年五月）。

――「幕末期日朝私貿易と倭館貿易商人」（速水融他編『徳川社会からの展望』同文舘出版、一九八九年）。

多田実「幕末の船舶購入」（『海事史研究』一号、一九六三年十二月）。

田中弘之「文久度の小笠原島回収をめぐる外交」（『駒沢史学』二十号、一九七三年三月）。

――「咸臨丸の小笠原諸島への航海―その往復の記録―」（『海事史研究』二十五号、一九七五年十月）。

田中宏巳「清末における海軍の消長（一）～（三）」（『防衛大学校紀要　人文科学分冊』六十三～六十五輯、一九九一年九月～一九九二年九月）。

谷口眞子「近世軍隊の内部組織と軍法」（『民衆史研究』四十七号、一九九四年五月）。

田畑勉「加賀藩の洋式軍艦〝発機丸〟について」（『金沢星稜大学論集』四十巻三号、二〇〇七年三月）。

田原昇「江戸幕府御家人の抱入と暇」（『日本歴史』六百七十七号、二〇〇四年十月）。

――「寛保水害以後の幕府水防体制と「鯨船」」『東京都江戸東京博物館研究報告』十六号、二〇一〇年三月）。

丹治健蔵「嘉永期における江戸湾防備問題と異国船対策」（『海事史研究』二十号、一九七三年四月）。

近松真知子「開国以後における幕府職制の研究」（児玉幸多先生古稀記念会編『幕府制度史の研究』吉川弘文館、一九八三年）。

筑土竜男「水軍と明治海軍」（『軍事史学』三十号、一九七二年九月）。

鶴田啓「近世日本の四つの「口」」（『アジアの中の日本史Ⅱ　外交と戦争』東京大学出版会、一九九二年）。

――「万延元年、対馬藩による朝鮮への四国通商告知一件」（横浜開港資料館、横浜近世史研究会編『一九世紀の世界と横浜』山川出版社、一九九三年）。

土居晴夫「神戸海軍操練所史考」（『軍事史学』十三号、一九六八年五月）。

冨川武史「文久期の江戸湾防備」（『文化財学雑誌』〈鶴見大学〉一号、二〇〇五年三月）。

――「幕末期における長崎警衛と江戸湾防備」（『日蘭学会会誌』三十巻一号、二〇〇五年十月）。

――「小野友五郎の江戸湾海防構想とその形成過程」（『海事史研究』六十二号、二〇〇五年十二月）。

――「品川御殿山下砲台の築造と鳥取藩池田家による警衛」（『品川歴史館紀要』二十一号、二〇〇六年三月）。

――「品川台場警衛体制下における東海道品川宿への影響」（『品川歴史館紀要』二十三号、二〇〇八年三月）。

中井晶夫「プロイセン艦隊の東アジア遠征」（『上智史学』十三号、一九六八年十月）。

長尾正憲「安政期海防掛の制度史的考察」（長尾正憲『福沢屋諭吉の研究』思文閣出版、一九八八年）。

仲田正之「安政の幕政改革における鉄砲方江川氏」（『駒沢史学』二十三号、一九七六年三月）。

――「安政の幕政改革における鉄砲方江川氏の役割」（『地方史研究』二十六巻三号、一九七六年十月。家近良樹編『幕末維新論集3　幕政改革』吉川弘文館、二〇〇一年に再録）。

中村一基「伊勢と鈴門」（『岩手大学教育学部研究年報』四十二巻一号、一九八二年十月）。

長山沙織「開国期におけるオランダ人殺害事件とその影響」（『文化財学雑誌』〈鶴見大学〉五号、二〇〇九年三月）。

新津光彦「幕府海軍創設の経緯と歴史的意義」（『政治経済史学』五百三十六号、二〇一一年六月）。

――「軍艦奉行の設置と職務について」（『政治経済史学』五百九十五号、二〇一六年七月）。

新村容子「佐久間象山と魏源」（『文化共生学研究』六巻二号、二〇〇七年三月）。

西井易穂「竹川竹斎と軽粉雑記」(『日本医史学雑誌』第五十二巻一号、二〇〇六年三月)。

根岸茂夫『雑兵物語』に見る近世の軍制と武家奉公人」(『國學院雑誌』九十四巻十号、一九九三年十月)。

朴栄濬「幕末期の海軍建設再考」(『軍事史学』百五十号、二〇〇二年九月)。

――「近代日本における海軍建設の政治的起源」(『国際関係論研究』十九号、二〇〇三年三月)。

――「海軍の誕生と近代日本」(『SGRAレポート』〈関口グローバル研究会〉十九号、二〇〇三年十二月)。

アレッシオ・パタラーノ「「海軍」から「海自」へ」矢吹啓訳(『軍事史学』百七十六号、二〇〇九年三月)。

羽場俊秀「神戸海軍操練所の設立に関する一考察」(『軍事史学』六十三号、一九八〇年十二月)。

――「長崎における海軍伝習について」(三好不二雄先生傘寿記念誌刊行会『肥前史研究』一九八五年)。

濱屋雅軌「異国船打払令復活評議の背景」(『社会文化史学』二十七号、一九九一年三月)。

原剛「幕末における伊勢神宮の防衛」(『軍事史学』九十号、一九八七年十月)。

――「対馬及び対馬海峡の防衛」(『新防衛論集』十五巻四号、一九八八年三月)。

原平三「蕃書調所の創設」(『歴史学研究』百三号、一九四二年九月)。

原田環「朝鮮の鎖国攘夷論―金平黙を中心に―」(『史潮』十五号、一九八四年八月)。

針谷武志「近世後期の諸藩海防報告書と海防掛老中」(『学習院史学』二十八号、一九九〇年三月)。

――「江戸府内海防についての基礎的考察」(『江東区文化財研究紀要』二号、一九九一年四月)。

半田良子「第二次征長をめぐる幕府の動向」(『史艸』八号、一九六七年十月)。

樋口雄彦「福沢諭吉夫妻の媒酌人島津文三郎」(『静岡県近代史研究会会報』四百五号、二〇一二年六月)。

玄明喆「対馬藩「攘夷政権」の成立について」(『北大史学』三十二号、一九九二年八月)。

――「対馬藩攘夷政権と援助要求運動」(田中彰編『幕末維新の社会と思想』吉川弘文館、一九九九年)。

平間洋一「海洋権益と外交・軍事戦略」(『国際安全保障』三十五巻一号、二〇〇七年六月)。

平野龍二「海洋限定戦争としての日清戦争」(『軍事史学』百七十六号、二〇〇九年三月)。

馮青「海軍再建の進展と日本モデル導入の試み」(『軍事史学』百六十六号二〇〇六年九月)。

――――「北洋海軍と日本」(『軍事史学』百七十六号、二〇〇九年三月)。

福岡万里子「一八四〇～一八五〇年代の東アジア情勢とドイツ諸国」(『洋学』十七号、二〇〇九年十一月)。

――――「五カ国条約後における幕府条約外交の形成」(『日本歴史』七百四十一号、二〇一〇年二月)。

――――「幕末開国史と日蘭追加条約」(『日蘭学会会誌』三十四巻一号、二〇一〇年三月)。

福田舞子「幕末文久期の軍制改革と火薬製造について」(『文化財学雑誌』〈鶴見大学〉五号、二〇〇九年三月)。

――――「幕府による硝石の統制」(『科学史研究』二百五十八号、二〇一一年六月)。

藤井甚太郎「江戸湾の海防史」(日本地理学会編『武相郷土史論』有峰書店、一九七二年)。

藤井哲博「G．ファビウスの建言と幕府海軍の創立」(『日蘭学会会誌』二十五号、一九八八年十月)。

――――「長崎海軍伝習所と咸臨丸の遠洋航海」(『海事史研究』四十八号、一九九一年六月)。

藤井典子「幕末期の貨幣供給：万延二分金・銭貨を中心に」(『金融研究』三十五巻二号、二〇一六年四月)。

藤田覚「近世後期政治史と日露関係」(『東京大学史料編纂所紀要』十四号、二〇〇四年三月)。

――――「異国船打払令と海外情勢認識」(藤田覚編『近世法の再検討』山川出版社、二〇〇五年)。

藤田正「安政年間の対外交渉と伊達宗城の修好通商策」(『愛媛県歴史文化博物館編『研究紀要』十八号、二〇一三年三月』)。

麓慎一「ポサドニック号事件について」(『東京大学史料編纂所紀要』十五号、二〇〇五年三月)。

星野恒「海賊ノ顚末と海軍ノ沿革」(『史学雑誌』五編四～六・八・九号、一八九四年)。

保谷(熊澤)徹「幕府の米国式施条銃生産について」(『東京大学史料編纂所紀要』十一号、二〇〇一年三月)。

保谷徹「オールコックは対馬占領を言わなかったか」(『歴史学研究』七百九十六号、二〇〇四年十二月)。

前田勉「幕末日本のアヘン戦争観」(『日本思想史学』二十五号、一九九三年九月)。

真栄平房昭「近世日本における海外情報と琉球の位置」(『思想』七百九十六号、一九九〇年十月)。

松浦玲「幕末期の対朝鮮論―同盟論と征韓論―」(『歴史公論』五十七号、一九八〇年八月)。

――――「弘化・嘉永期の勝海舟」(『桃山学院大学人文科学研究』二十五巻一号、一九八九年七月)。

――――「安政開港期のオランダ」(『国際文化論集』〈桃山学院大学国際文化学会〉二号、一九九〇年八月)。

松方冬子「オランダ国王ウィレム2世の親書再考」（『史学雑誌』百十四編九号、二〇〇五年九月）。

――「成功か失敗か―1844年オランダ国王ウィレム二世の親書」（『東京大学史料編纂所紀要』十六号、二〇〇六年三月）。

松下祐三「薩長商社計画と坂本龍馬」（『駒沢史学』五十九号、二〇〇二年七月）。

松本英治「文化期における幕府の戦時国際慣習への関心」（『海事史研究』六十五号、二〇〇八年十二月）。

――「文化期における幕府の洋式軍艦導入計画」（『日本歴史』七百二十九号、二〇〇九年二月）。

三谷博「文久軍制改革の政治過程」（近代日本研究会編『年報・近代日本研究』三号、一九八一年。三谷博『明治維新とナショナリズム』山川出版社、一九九七年に修正の上再録）。

水上たかね「幕府海軍における「業前」と身分」（『史学雑誌』百二十二編十一号、二〇一三年十一月）。

――「文久遣欧使節のオランダ「探索」」（『論集きんせい』三十七号、二〇一五年九月）。

宮崎ふみ子「蕃書調所＝開成所における陪臣使用問題」（『東京大学史紀要』二号、一九七九年三月。家近良樹編『幕末維新論集3　幕政改革』吉川弘文館、二〇〇一年に再録）。

――「開成所における慶応改革」（『史学雑誌』八十九編三号、一九八〇年三月）。

宮永孝「ヴェルニーと横須賀造船所」（『社会労働研究』〈法政大学〉四十五巻二号、一九九八年十二月）。

村上衛「一九世紀中葉、華南沿海秩序の再編」（『東洋史研究』六十三巻三号、二〇〇四年十二月）。

毛利豊「幕末期大島・勝山田ら合作「征韓論」の形成」（『駒沢史学』二十七号、一九八〇年三月）。

――「漂流する「夷狄」」（『エコノミア』五十七巻二号、二〇〇六年十一月）。

元綱数道「幕府軍艦「開陽丸」の概要」（『海事史研究』六十号、二〇〇三年九月）。

森杉夫「幕末期の旗本軍役」（『大阪府立大学紀要（人文・社会科学）』二十一号、一九七三年三月）。

森田武「幕末期における幕府の財政・経済政策と幕藩体制」（『歴史学研究』四百三十号、一九七六年三月）。

森田吉彦「吉田松陰の対外戦略論」（『社会システム研究』七・八号、二〇〇四年二月・二〇〇五年二月）。

森谷秀亮「征韓論分裂の真相」（『史潮』五巻一号、一九三五年）。

守屋嘉美「幕府の蝦夷地政策と箱館産物会所」（石井孝編『幕末維新期の研究』吉川弘文館、一九七八年）。

安岡昭男「小笠原島と江戸幕府の施策」（岩生成一編『近世の洋学と海外交渉』巌南堂、一九七九年）。

――――「慶応期の幕使遣韓策」（箭内健次『鎖国日本と国際交流』下巻、吉川弘文館、一九八八年）。

山口宗之「幕末征韓論の背景」（『日本歴史』百五十五号、一九六一年五月。同『幕末政治思想史研究』隣人社、一九六八年に再録）。

横山伊徳「一九世紀日本近海測量について」（黒田日出男ほか編『地図と絵図の政治文化史』東京大学出版会、二〇〇一年）。

吉田ゆり子「外国人遊参所と横須賀」（『市史研究横須賀』一号、二〇〇二年二月）。

吉野誠「吉田松陰と朝鮮」（『朝鮮学報』百二十八号、一九八八年七月）。

英語書籍

Blusse, Leonard, Willem Remmelink and Ivo Smits. *Bridging the Divide 400 Years the Netherlands–Japan*. Hilversum, Noord-Holland, Netherlands： Hotei Publishing, 2000.
Booth, Ken. *Navies and Foreign Policy*. London： Croom Helm, 1977.
Evans, David C. and Mark R. Peattie. *Kaigun： Strategy, Tactics, and Technology in the Imperial Japanese Navy, 1887–1941*. Annapolis, Md.： Naval Institute Press, 1997.
Jansen, Marius B. *The Making of Modern Japan*. Cambridge, Ma.： Harvard University Press, 2000.
Jordan, David, James D. Kiras, David J. Lonsdale, Ian Speller, Christopher Tuck and C. Dale Walton. *Understanding Modern Warfare*. Cambridge： Cambridge University Press, 2008.
Kennedy, Paul. *The Rise and Fall of British Naval Mastery. 3rd ed*. London： Fontana Press, 1991.
Lewis, Michael. *The Navy of Britain： A Historical Portrait*. London： G. Allen and Unwin, 1948.
Murray, Williamson and Allan R. Millett. *Military Innovation in the Interwar Period*. Cambridge： Cambridge University Press, 1996.

Schencking, Charles J. *Making Waves : Politics, Propaganda, and the Emergence of the Imperial Japanese Navy, 1868–1922*. Stanford, Ca. : Stanford University Press, 2005.

Vego, Milan N. *Naval Strategy and Operations in Narrow Seas*. London : Routledge, 2003.

Willmott, H. P. *The Last Century of Sea Power-Volume1 : From Port Arthur to Chanak, 1894–1922*. Bloomington, In. : Indiana University Press, 2009.

英語論文

Moeshart, Herman J. “The Netherlands and Japan in the 19th Century, The Archives and a Detabase.”（『東京大学史料編纂所紀要』十六号、二〇〇六年三月）。

Schencking, Charles J. “The Politics of Pragmatism and Pageantry : Selling a National Navy at the Entitle and Local Level in Japan, 1890–1913.” In *Nation and Nationalism in Japan*. Edited by Sandra Wilson. London : Routledge/ Curzon, 2002.

あとがき

本書は二〇一三年度に防衛大学校総合安全保障研究科へ提出した博士学位請求論文「幕府海軍の興亡—幕末期における日本の海軍建設　1853～1868年—」を加筆・修正したものである。

各章の初出は次のとおりである。

序　章　書き下ろし
第一章「竹川竹斎の海軍構想—『護国論』を中心に—」（『日本歴史』七百七十号、二〇一二年七月）
第二章「勝海舟の海軍論形成—建設と運用の循環理論—」（『軍事史学』四十二巻二号、二〇〇六年九月）
第三章「咸臨丸米国派遣の軍事史的意義」（『近代日本研究』第二十六巻、二〇一〇年二月）
第四章「万延・文久期の海軍建設—艦船・人事・経費—」（『明治維新史研究』十一号、二〇一四年四月）
第五章「文久期における幕府の海軍運用構想」（『史学』八十四巻一—四号〈第一分冊〉、二〇一五年四月）
第六章「元治・慶応期の幕府海軍と幕長戦争」（『防衛学研究』五十六号、二〇一七年三月）
第七章　書き下ろし
終　章　書き下ろし

幕末維新期の海軍建設に関する研究は、近年意欲的な論文、著作が相次いで発表され、著者がこの分野を研究テーマに選んだ十五年前とは隔世の感がある。その中で、本書は軍事という歴史学のみに留まらない概念の中で、幕府海軍を相対的に評価することに意を用いた。「時代の転換点における軍事力の変容」、これが本書全体を貫くテーマである。

ほかの歴史学諸分野がそうであるように、軍事史の研究もまた、過ぎ去った日々への関心だけで完結するものではない。近年の日本を取り巻く国際環境は、安全保障に関する議論を否応なく惹起するようになってきている。その議論が不毛な水掛け論となるのを避けるためには、理念だけでなく、今まで人類が軍事というものをどのように営んできたのかという、軍事の実相への理解が不可欠となる。容易に実験することができない、また、してはならない分野だからこそ、軍事に関する実証的な歴史研究は、今日その重要性をより一層増してきていると著者は考える。今後、本書が読者諸賢からの批判を頂戴し、踏み台となることで、この分野の研究が発展する一助となることができたならば、著者が本書を著した目的は達成されたと言えよう。

著者はこれまで主として海上自衛隊の土木、建築部門で経歴を重ねてきた海上自衛官である。若き日、歴史学者を目指して学部、修士課程で日本史を専攻したものの、経済的事情で博士課程への進学を断念し、自衛隊に奉職する道を選んだ。海上自衛隊での十年近い勤務を経て、防衛大学校総合安全保障研究科の博士課程に選抜されたのは、いくつかの偶然と幸運の産物でしかない。

大学院を去ってからも歴史研究への思い止みがたく、また、海上自衛隊の実務に従事する中で、軍事の分野における歴史研究の必要性を痛感するに及び、部隊勤務の傍ら休暇や就寝前の僅かな時間を使い、亀のような歩みで研究成果を積み上げていった。本書はその集大成である。

この間、多くの方々の学恩、友情の支えがなければ、現職の自衛官たる著者が研究活動を継続することは到底不可能だった。慶應義塾大学で歴史学のイロハを教えて頂いた田代和生先生、柳田利夫先生、木村直也先生、著者が自衛隊の戦史研究官として処遇されるよう御尽力頂いた影山好一郎先生、機動施設隊在勤中、直属上官として防衛大学校受験を許可してくれた中村照記・元海上自衛隊硫黄島航空基地隊司令、安全保障学の研究テーマとして幕府海軍を選んだ変わり者の指導教授を引き受けて頂いた等松春夫先生、論文審査委員として御指導頂いた高橋和宏先生、多忙を押して論文審査の学外委員を御快諾頂いた三谷博先生、原稿へ貴重なコメントを寄せて頂いた野村玄先生、竹本知行先生、慶應義塾大学出版会への紹介の労を執って頂いた高木不二先生、そして若き日に机を並べて学び、片や研究者、片や自衛官と立場を異にしてからも、著者への激励と協力を惜しまなかった吉岡拓君、その他ここでは到底紹介しきれない方々からの御厚情から本書は成り立っている。現在の勤務先である防衛省防衛研究所戦史研究センターでは、本書の刊行に際して庄司潤一郎センター長、直属上官である石津朋之国際紛争史研究室長、中島信吾安全保障政策史研究室長、平野龍二二等海佐から、多大な御支援と御助言を賜った。

特に、等松先生からは、日本という狭い範囲の時間軸だけで研究を考えてきた著者に、同時代の空間軸を加えて立体的に歴史を理解することの大切さを、幾度となく御指摘頂いた。これは、著者にとって今でも重要な指針となっている。

また、学術出版を巡る情勢が厳しい中、本書の刊行をお引き受け頂いた慶應義塾大学出版会、担当として我慢強く編集作業にお付き合い頂いた飯田建氏には心からの御礼を申し上げる。

最後に、夫、父としての務めを顧みず、わずかな休暇のほとんどを研究に費やす著者を、呆れながらも許してくれた、妻真由美と二人の子供達に本書を捧げることをお許し願い、筆を擱くこととしたい。

軍艦操練所開設から一六〇年後の二〇一七年春　東京市ヶ谷の研究室にて

著者

【付記】　本書は慶應義塾学術出版基金（平成二十八年度前期出版補助）の助成により刊行されたものである。

著者紹介
金澤裕之（かなざわ　ひろゆき）
1977 年東京都生まれ。防衛省防衛研究所戦史研究センター所員。
防衛大学校総合安全保障研究科後期課程修了。博士（安全保障学）。
慶應義塾大学文学部、同大大学院文学研究科で日本史を専攻した後、海上自衛隊に入隊。
機動施設隊施設隊長、海上幕僚監部施設課員などを経て、現職。
本書所収外の論文に「海軍史料の保存と管理」（『波涛』213 号、2011 年 3 月）など。

幕府海軍の興亡
——幕末期における日本の海軍建設

2017 年 5 月 31 日　初版第 1 刷発行
2022 年 7 月 30 日　初版第 3 刷発行

著　者————金澤裕之
発行者————依田俊之
発行所————慶應義塾大学出版会株式会社
〒108-8346　東京都港区三田 2-19-30
TEL〔編集部〕03-3451-0931
〔営業部〕03-3451-3584〈ご注文〉
〔　〃　〕03-3451-6926
FAX〔営業部〕03-3451-3122
振替　00190-8-155497
https://www.keio-up.co.jp/
装　丁———鈴木 衛（東京図鑑）
印刷・製本——亜細亜印刷株式会社
カバー印刷——株式会社太平印刷社

Printed in Japan　ISBN 978-4-7664-2421-8

索　引

人　名

さ行

た行

な行

は行

ま行

や・ら行

艦船名

地　名

事 項

さ行

た行

な行

は行

ま行

や行

ら・わ行